Rob Symington · Dom Jackman · Mikey Howe

Das Escape-Manifest

W0180778

Rob Symington, Dom Jackman, Mikey Howe

DAS ESCAPE-MANIFEST

**Das Leben ist kurz. Steigen Sie aus.
Kündigen Sie. Fangen Sie etwas Neues an!**

Aus dem Englischen
von Nikolas Bertheau

Die englische Originalausgabe »The Escape Manifesto: Quit Your Corporate Job. Do Something Different!« erschien 2013 bei Capstone Publishing Ltd. (A Wiley Company), John Wiley and Sons Ltd., The Artrium, Southern Gate, Chichester, West Sussex, UK Copyright © 2013 Escape the City Ltd.

Bibliografische Information der Deutschen Nationalbibliothek

Die Deutsche Nationalbibliothek verzeichnet diese Publikation in der Deutschen Nationalbibliografie; detaillierte bibliografische Daten sind im Internet über http://dnb.d-nb.de abrufbar.

ISBN 978-3-86936-554-1

Lektorat: Sabine Rock, Frankfurt am Main | www.druckreif-rock.de
Umschlaggestaltung: Martin Zech Design, Bremen | www.martinzech.de
Umschlagfoto: JiSIGN / Fotolia
Satz und Layout: Das Herstellungsbüro, Hamburg, www.buch-herstellungsbuero.de
Druck und Bindung: Salzland Druck, Staßfurt

© 2014 GABAL Verlag GmbH, Offenbach

www.gabal-verlag.de
www.twitter.com/gabalbuecher
www.facebook.com/Gabalbuecher

Inhalt

Das Escape-Manifest   10
Vorwort zur deutschen Ausgabe   11
Einführung   12

TEIL 1 – VOR DEM AUSSTIEG

1 | Das Laufband   25

Warum funktioniert diese Welt für viele von uns nicht?   28

Wir sind unsere Jobs   29
Des Kaisers neue Kleider   31
Politik und Schwachsinn   32
Autonomie, Meisterschaft, Sinn   34
Warnung – Ihre Gesundheit könnte Schaden nehmen   37
Kreative Großfirmen sind ein Widerspruch in sich   38
Vom Scheitern der Institutionen und ihrer Führungskräfte   40

Warum folgen diesem Pfad so viele von uns?   43

Man hat uns gelehrt, nur ein Rädchen im Getriebe zu sein   44
Wir treffen halbbewusste Entscheidungen   45
Die Überfliegerfalle   47
Wir bestimmen unsere Erfolgskriterien nicht selbst   49
Die meisten Karrieretipps sind totaler Quark   51

2 | Gedanken und Blockaden   53

Unvorteilhafte Gedanken   55

»Ich sollte für diesen Job dankbar sein«   56
»Mein Job garantiert mir Sicherheit«   57
»Meine Karriere könnte darunter leiden«   59
»Mir fehlt das erforderliche Netzwerk«   60

»Mir fehlen die richtigen Fähigkeiten«   62

»Ich muss erst die Sicherheit haben, dass es funktioniert«   64

Verbreitete Blockaden   67

Wir wünschen uns eine Betriebsanleitung   68

Wir lassen uns von anderen Menschen beeinflussen   69

Wir lieben die Bequemlichkeit   71

Wir meiden Angst und Verunsicherung   73

Wir scheuen die Entscheidung   75

Wir haben nicht genug Zeit und Energie   77

Wir brauchen Geld zum Überleben   78

3 | Allmähliche Offenbarungen   82

Lebensoffenbarungen   84

Leben Sie Ihr Leben nach Ihrer Fasson   85

Hören Sie den Ruf   87

Leben Sie nicht für die Zukunft   89

Nichts bleibt, wie es ist   90

Greifen Sie Tragödien vor   92

Verfassen Sie Ihren eigenen Nachruf   94

Ignorieren Sie hohle »Selbstfindungsratschläge«   95

Karriereoffenbarungen   97

Erkennen Sie die Zeichen   98

Sammeln Sie nicht länger Qualifikationen   100

Richten Sie den Blick aufwärts   102

Veränderung ist immer mühsam   104

Kämpfen Sie einen Kampf, der es wert ist   106

Lassen Sie genug genug sein   108

4 | Die Geldfrage   112

Betrachten Sie Ihre Finanzen mit anderen Augen   115

Die goldenen Handschellen   116

Geld und Glück   118

Die Konsumspirale   120

Ausstieg beginnt mit Definitionen   123

Definieren Sie Ihre persönlichen Finanzen neu   125

Managen Sie Ihre Finanzen anders   127

Machen Sie eine Bestandsaufnahme Ihrer persönlichen Finanzen   128

Nehmen Sie die Zahlen hinter Ihrem Ausstieg in die Mangel   129

Betrachten Sie Ihren Ausstieg als Start-up   131

Minimieren Sie die Kosten   133

Sparen Sie intelligent   135

Verdienen Sie kreativ   137

Vermeiden Sie Schulden (oder befreien Sie sich davon)   140

Bilden Sie Kapital, hinterfragen Sie Verbindlichkeiten   141

Investieren Sie in sich, nicht in Dinge   143

5 | Evolution statt Revolution   146

Vor der Entscheidung   148

Bekämpfen Sie die Angst   149

Setzen Sie Grenzen, leisten Sie Gegenwehr   151

Lernen Sie, besser zuzuhören   153

Hören Sie auf zu lesen – handeln Sie   155

Nach der Entscheidung   158

Kündigen Sie nicht sofort   159

Beginnen Sie (aber beginnen Sie klein)   161

Testen Sie sich vor   163

Erstellen Sie eine Checkliste   165

Pflegen Sie Kontakte zu Komplizen   166

Verändern Sie Ihr Risikoverständnis   168

Kündigen Sie (mit Umsicht)   170

Erwarten Sie keinen Rosenstrauß   172

TEIL 2 – NACH DEM AUSSTIEG

6 | Finden Sie einen aufregenden Job   179

Arbeit ist Wandel   181

Werden Sie sich über Ihre Entscheidungskriterien klar   184

Vergessen Sie Leidenschaften – was können Sie bieten?   187

Konzentrieren Sie sich auf »Fähigkeiten«   189

Suchen Sie nach Menschen, nicht nach Jobs   193

Erzählen Sie eine gute Geschichte   196

Schaffen Sie sich eine Onlinepräsenz   197

Suchen Sie anders   198

Führen Sie Ihr Bewerbungsgespräch anders   202

7 | Abenteuer   207

Entfliehen Sie der Matrix   209

Erweitern Sie Ihren Erlebnishorizont   211

Trotzen Sie den Widrigkeiten   213

Machen Sie die Planlosigkeit zu Ihrem Plan   215

Abenteuer anders   220

8 | Gründen Sie Ihr eigenes Unternehmen   228

Warum ein Unternehmen gründen?   230

Vermissen Sie etwas?   232

Ideen sind billig, auf die Umsetzung kommt es an   235

Weg mit dem Geschäftsplan   236

Start-up-Finanzierung   238

Schaffen Sie Bedeutung   246

Definieren Sie »Erfolg«   248

Legen Sie los mit dem, was Sie haben   250

Bereiten Sie sich auf die Reise vor   252

9 | Eine Schritt-für-Schritt-Anleitung gibt es nicht   257

Knien Sie sich rein   259

Vertrauen Sie auf den Lauf der Dinge   260

Bekämpfen Sie die Furcht   262

Vergeuden Sie keine Zeit   264

Machen Sie sich frei von Normen   266

Hinterlassen Sie Spuren   268

Bereiten Sie sich auf den Berg vor   271

Ignorieren Sie Zyniker   274

Entwickeln Sie drei Eigenschaften   276

Ein abschließendes Wort   280

Anhang   283

Anmerkungen   285
Empfohlene Ausstiegsquellen   289
Aussteigergeschichten: Lassen Sie sich inspirieren   294
Über Escape the City   304
Danksagung   305
Leserstimmen: Was andere über das Buch sagen   306
Register   310

Das Escape-Manifest

Unser Leben lang strecken wir uns nach der Decke.

Häufig ohne nach dem Grund zu fragen.

Wir sitzen fest – wie ein winziges Rädchen im großen Getriebe.

Das muss nicht so sein.

Leben Sie nicht das Leben von anderen, verschwenden Sie es nicht.

Warten Sie nicht auf Erlaubnis.

Das Leben ist zu kurz für eine Arbeit, die Ihnen nichts bedeutet.

Sollen Ihre Memoiren später einmal lesenswert sein?

Treffen Sie Ihre Entscheidungen selbst. Beweisen Sie Mut.

Schützen Sie nicht länger Geldmangel oder Unerfahrenheit vor.

Sie brauchen nicht alles zu riskieren, um Neues zu erkunden.

Sie schulden sich selbst eine Arbeit, die Sie fesselt.

Unsere Welt wandelt sich. Unsere beruflichen Karrieren ebenso.

Nutzen Sie Chancen oder bleiben Sie in Deckung. Sie entscheiden.

Die Helden gestalten sich ihr Leben selbst.

Beginnen Sie mit kleinen Sprüngen. Treffen Sie Menschen.

Bitten Sie um Hilfe. Sparen Sie. Planen Sie. Wechseln Sie den Job.

Gründen Sie ein Unternehmen. Suchen Sie das GROSSE Abenteuer.

Folgen Sie Ihrer Leidenschaft. Es ist nicht leicht.

Beißen Sie sich durch.

Noch niemand hat die Welt verändert, der alten Pfaden folgte.

Sie sind zu mehr fähig, als Ihnen bewusst ist.

Dies ist keine Generalprobe. Machen Sie daraus eine Premiere.

Den perfekten Zeitpunkt gibt es nicht.

Und der erste Schritt ist häufig der schwerste.

Lassen Sie das Träumen sein und beginnen Sie mit der Planung.

Machen Sie etwas vollkommen Eigenes!

Vorwort zur deutschen Ausgabe

»Escape the City« entstand in London, genauer gesagt in der Londoner »City«, dem Wirtschafts- und Finanzzentrum, in dem wir drei – Rob, Dom und Mikey – als Managementberater beziehungsweise Investmentbanker unseren Lebensunterhalt verdienten. Irgendwann wurde uns bewusst, dass der konventionelle, vorgezeichnete Berufsweg uns keine Erfüllung brachte. Wir waren gelangweilt und wollten mehr – wir sehnten uns nach Veränderung.

»Escape the City« begann mit einem simplen Blog. Unser Projekt sprach sich rasch herum, und binnen weniger Monate erhielten wir E-Mails aus der ganzen Welt von Menschen, die uns schrieben: »So etwas brauchen wir hier auch!« Von Anfang an hatten wir eine starke Fangemeinde in Deutschland; Anfragen für Begegnungen erreichten uns aus sieben oder acht größeren Städten. Wir wollten unsere Jobs hinter uns lassen, stellten aber mit Erstaunen fest, wie schwer uns der Absprung fiel. Wo waren all die aufregenden Alternativen, die realistischen Möglichkeiten? Wie sich herausstellte, rangen die meisten unserer Freunde und Kollegen mit ebendieser Frage: »Wenn nicht dies, was dann?«

Wir wissen, dass es sich hierbei um ein internationales Problem handelt, und so haben wir uns vorgenommen, eine Plattform zu schaffen, die Menschen hilft, ganz gleich, wo in der Welt sie sich befinden. Gerade auch in Deutschland! Die Ratschläge und Ideen sind an keinen Ort gebunden. Wir hoffen sehr, dass auch Sie davon profitieren werden.

Viel Glück und Erfolg!
Rob, Dom und *Mikey*

Einführung

Es war wieder mal so ein trüber Montagmorgen, als Robs Wecker klingelte. Draußen war es noch dunkel. Rob drängte sich in einen Zug voller Menschen – Pendler wie er. Alle hielten sich an die schweigende Übereinkunft der Londoner Underground: Keiner schaut dem anderen in die Augen, keiner sagt etwas. Massen von gut ausgebildeten Fachkräften, die sich, jeder für sich, innerlich auf die vor ihnen liegende Woche vorbereiteten.

In der Firma angekommen, versuchte Rob (immer noch nicht ganz wach), Fahrstuhlgespräche zu vermeiden. Er erreichte seine graue Bürozelle, öffnete Microsoft Excel und atmete tief durch. In diesem Moment streckte Dom den Kopf über die Trennwand und flüsterte: »*Ist das nicht alles irgendwie Müll?!*« Rob spürte sofort den verwandten Geist. Noch einer, der sich nicht damit abfinden mochte, noch einer, der den Mut hatte, sich mehr zu wünschen als irgendeinen »ordentlichen« Job in irgend so einer großen Firma.

Wir waren zwei Managementberater ohne eigene unternehmerische Erfahrung und mit begrenzten finanziellen Möglichkeiten. Aber plötzlich hatten wir eine Idee, die uns so faszinierte, dass sie uns nicht mehr losließ. Ihr ist es zu verdanken, dass wir unsere Jobs kündigten und die letzten drei Jahre damit verbrachten, eine globale Community von über 100 000 Menschen aufzubauen – Menschen, die ebenso wie wir davon überzeugt sind, dass das Leben zu kurz ist, um es mit einer Tätigkeit zu verbringen, die ihnen nichts bedeutet.

Täglich bekommen wir E-Mails von Menschen aus den unterschiedlichsten Städten der Welt, die uns mitteilen: »So etwas brauchen wir hier auch!« Während unsere Idee in der »City« (Londons Finanzdienstleistungszentrum) entstand, findet sie ihren Widerhall in allen nur erdenklichen Branchen und Ländern weit über die britischen Grenzen hinaus. Es handelt sich um ein weitverbreitetes Phänomen – immer mehr Menschen in großen prozess- und bürokratieüberladenen Organisationen beginnen sich zu fragen, ob ihr berufliches Leben nicht möglicherweise noch mehr für sie im Köcher hat.

Mittlerweise ist mit Mikey, einem ehemaligen Investmentbanker, ein dritter Partner zu uns gestoßen, um uns bei der Errichtung unserer New Yorker Zentrale behilflich zu sein. Mikey ist ein weiterer Gefährte im Kampf um die Rettung der Menschen (und unserer selbst) aus den Fängen des grauen Großfirmenalltags. Je mehr Menschen wir ansprechen, desto klarer treten die Dimensionen dieses Problems zutage. So viele talentierte und passionierte Menschen beschäftigen sich tagaus, tagein mit Dingen, die ihnen in Wahrheit nichts bedeuten.

Wir sind drei ganz normale Menschen, die sich auf dem konventionellen Pfad durch die Welt der Großfirmen und ihres Jargons bewegten und dabei Dinge taten, die sie innerlich kalt ließen. Unsere Geschichte durchzieht das gesamte Buch. Wenn Sie jedoch schon einmal bei sich dachten: »Das Leben muss doch noch mehr zu bieten haben als diesen Job!«, dann ist das zugleich auch Ihre Geschichte.

Wir schreiben dieses Buch zu einer Zeit, in der der globale Kapitalismus in der Krise steckt. Überall machen den Institutionen und Regierungen ökologische, gesellschaftliche und politische Herausforderungen, technische Neuerungen und die wachsende Macht der Bürger zu schaffen. Überall stoßen wir auf Umfragen, die einen beunruhigend hohen Grad an beruflicher Unzufriedenheit belegen. Ärzte berichten von Angst- und Depressionsepidemien in den hoch entwickelten Industrienationen.[1]

So kann es nicht weitergehen.

Wir stehen zu Beginn des 21. Jahrhunderts vor gewaltigen Herausforderungen und noch größeren Möglichkeiten. Und doch ziehen viele von uns, gelähmt von Furcht und dem vermeintlichen Mangel an realistischen Alternativen, den Kopf ein und bleiben ihrer bewährten Tretmühle treu.

Die Welt verändert sich. Unternehmen, die noch vor zwei Jahrzehnten die Märkte dominierten, sind spurlos verschwunden. Viele Menschen arbeiten heute für Firmen, die vor zehn Jahren noch nicht erfunden waren. Selbst vor fünf Jahren hätten wir unser Projekt nicht so aufziehen können wie heute. Sich in einer Welt, die sich immer schneller dreht, nicht ebenfalls zu verändern, ist gefährlich. Viel zu leicht lachen wir über die Kodaks und Blockbusters dieser Welt als Beispiele für Firmen, die nicht mit der Zeit gingen – und verkennen zur selben Zeit, dass uns als Einzelne dasselbe Schicksal ereilen wird, falls wir es versäumen, uns anzupassen.

Wenn es Ihnen annähernd so geht wie uns vor unserem Ausstieg, werden Sie eine große Diskrepanz erkennen zwischen dem, was Sie interessiert, und Ihrer beruflichen Realität. Was uns faszinierte, war die Macht des Internets, Menschen für eine Idee zu gewinnen und zu mobilisieren. Wir lasen mit Begeisterung alles über neue Technologien, die die Goliaths diverser Branchen das Fürchten lehrten und den Status quo infrage stellten. Zugleich jedoch arbeiteten wir für Firmenkolosse, die Teil ebendieses Status quo waren. Von ihnen war sicherlich zuletzt zu erwarten, dass sie die Zukunft prägen würden – sie repräsentierten die Vergangenheit. Unsere Firmenjobs hatten nichts mit der Welt zu tun, in der wir leben und arbeiten wollten. Als wir erkannten, dass sich daran auch in Zukunft nichts ändern würde, zogen wir unsere Konsequenzen.

Wir verbrachten die letzten drei Jahre damit, uns Gedanken darüber zu machen, warum so viele von uns in Jobs landen, die uns nichts bedeuten, und wie man das ändern könnte. Unsere persönlichen Erfahrungen waren von unschätzbarem Wert, aber noch aufschlussreicher waren die zahllosen Gespräche mit Menschen, die den Wunsch verspüren, ihr Leben in die eigene Hand zu nehmen.

Viele ihrer Geschichten werden Sie in diesem Buch wiederfinden. Keine zwei Ausstiegsszenarien gleichen einander. Es gibt keine Betriebsanleitung für die unkonventionelle Karriereplanung. Und doch gibt es da gewisse Themen, die allen Menschen, die sich vom grauen Firmenalltag losgesagt haben, gemeinsam sind. Wir haben neun wesentliche Ideen herausgearbeitet, die für eben jene Menschen kennzeichnend sind. Wären wir Ärzte und lautete unsere Diagnose »Unzufriedenheit mit dem Angestelltenjob in der Großfirma«, dann würden diese neun Ideen die Grundlage für unsere Therapie bilden:

Idee 1: Veränderung = Chance

Wo immer es in der menschlichen Zivilisation zu gewaltigen Umbrüchen kam (denken Sie an den Übergang von der Subsistenzwirtschaft zur Landwirtschaft und von der Landwirtschaft zur Industriewirtschaft), passierten zwei Dinge:

1. Menschen wurden zu Leidtragenden (in der Regel jene, die es versäumten, sich anzupassen, und die folglich obsolet wurden).
2. Manche Menschen profitierten im großen Stil (in der Regel jene, die diese Veränderungen richtig erkannten und in der Lage waren, sie zu ihrem Vorteil zu nutzen).

In den kommenden Jahren werden sich diejenigen unter uns entfalten und ihres Lebens erfreuen, die den Wandel mit offenen Armen willkommen heißen, anstatt sich ihm gegenüber zu verschließen. Wir werden in diesem Buch der Frage nachgehen, warum es so wichtig ist, dass wir die Veränderungen, die vor sich gehen, begreifen, wenn wir in der Wirtschaft von morgen ein Bein auf den Boden bekommen wollen – besonders wenn wir unsere berufliche Tätigkeit selbst in die Hand nehmen wollen, anstatt irgendeiner Großfirma »zu Willen« zu sein.

Idee 2: Menschen sind Chancen

Die meisten Menschen, die einen faszinierenden und spannenden Job in zukunftsorientierten Unternehmen haben, sind nicht über eine Stellenanzeige an diesen Job gekommen. Die Bedeutung tragfähiger Beziehungen zu Menschen mit interessanten Tätigkeiten in Bereichen, die auch Sie fesseln, können Sie nicht hoch genug einschätzen. Wir werden uns auch damit beschäftigen, warum Ihre nächste Chance vermutlich mit einem Menschen zu tun haben wird, dem Sie in Ihrem erweiterten privaten oder beruflichen Bekanntenkreis bislang noch nicht begegnet sind – und wir werden schauen, wie Sie diesem Prozess nachhelfen können.

Idee 3: Streben Sie nach Fähigkeiten – verzichten Sie auf Qualifikationen

Gemäß dem etablierten Karrieredogma dürfen Sie bis zu zehn Jahre mit der akademischen Ausbildung verbringen, um Qualifikationen zu erwerben, die es Ihnen ermöglichen, Ihren Wunschberuf auszuüben. In vielen Bereichen ist dies wichtig und in manchen unverzichtbar (denken Sie an Ingenieure, Ärzte oder Piloten). Viel zu viele von uns streben irgendeinen geisteswissenschaftlichen Abschluss, einen Master oder MBA an, ohne wirklich zu wissen, warum – außer dass es »das Naheliegende« zu sein scheint. Wir häufen dabei Schulden an (die uns in unseren Möglichkeiten beschränken); und wir versäumen es, beizeiten Erfahrungen zu sammeln, mit deren Hilfe wir uns darüber klar werden, was wir uns vom Leben *wirklich* erwarten. In diesem Buch vertreten wir die These, dass die wendige und gut vermittelbare Arbeitskraft der Zukunft ihr Wissen in der Praxis erwirbt, indem sie sich auf konkrete Fähigkeiten konzentriert und sich die Dinge, die sie interessieren, selbst beibringt.

Idee 4: Legen Sie los – Handeln ist besser als Grübeln

Erfolgreiche Aussteiger sprechen häufig von der Kultivierung glücklicher Zufälle. Indem Sie Initiative zeigen, erhöhen Sie die Wahrscheinlichkeit, dass das Leben Ihnen in die Hände spielt. Sie wechseln nicht den Job, indem Sie lediglich über einen Ausstieg nachdenken oder sich über die Härten Ihres Jobs beklagen – wichtig ist, dass Sie echte Schritte unternehmen, und seien sie auch noch so bescheiden. In diesem Buch vertreten wir die These, dass Sie, um neue Pfade aufzutun, nicht notwendigerweise große Risiken einzugehen brauchen. Kleine Schritte in neue Richtungen genügen vollauf. Erst nachdem ihnen das »Handeln« zur Gewohnheit geworden ist, können Sie den Übergang meistern, ohne dass daraus ein blinder Sprung ins Ungewisse wird.

Idee 5: Wissen ist Macht – seien Sie neugierig

Wir würden dieses Buch nicht schreiben, wenn wir nicht neugierig auf die Zukunft und unseren Platz darin wären. Wir säßen noch immer in unseren Bürozellen und würden darüber grübeln, wo wir mit unserer Suche nach Alternativen beginnen sollten. Der Zugang zu Wissen wurde durch das Internet radikal demokratisiert. Es gibt keine Entschuldigung mehr für Unwissenheit in Dingen, für die wir uns interessieren. Von den Chancen, die uns einfach so über den Weg laufen, können wir nur dann profitieren, wenn wir sie erkennen und verstehen. Innovation ereignet sich häufig dort, wo sich Ideen aus völlig unterschiedlichen Bereichen wechselseitig befruchten. Auf je mehr Ideen Sie sich einlassen, desto besser sind Sie darauf vorbereitet, neue und aufregende Chancen auch zu erkennen und von ihnen zu profitieren.

Idee 6: Vom Umgang mit Ängsten und Risiken

Ängste und Sorgen sind unglaublich wertvolle Emotionen. Indem Sie sich vor etwas fürchten, das Ihnen schaden könnte, schützen Sie sich vor potenziellen Gefahren. Indem Sie sich Gedanken über Dinge machen, die sich ereignen könnten, sind Sie in der Lage, vorauszuplanen und etwaige Risiken abzumildern. Dennoch leben Sie in einem Körper, den die Evolution für eine ganz andere Realität als unsere moderne Gesellschaft optimiert hat. Häufig verleiten uns Ängste dazu, vor Dingen wegzulaufen, die uns kurzfristig Schmerzen bereiten, und dabei die langfristigen Vorteile außer Acht zu lassen. Das trifft besonders auf wichtige Karriereentscheidungen zu. Ein grundlegendes Verständnis der menschlichen Psychologie hilft Ihnen, besser zwischen nützlichen und hinderlichen Ängsten zu unterscheiden und aus dem Kreislauf von Analyse und Lähmung auszubrechen.

Idee 7: Setzen Sie sich Ihre eigenen Prinzipien

Sie haben ständig Gelegenheit, sich mit anderen Menschen zu vergleichen. Ob es Ihnen gefällt oder nicht – Sie vergleichen sich unbewusst mit Ihren Freunden und Kollegen und fragen sich: Was haben Sie und die anderen privat und beruflich erreicht? Das ist menschlich. Über die Medien, die gesellschaftlichen Normen und Ihre Eltern haben Sie eine Definition von Erfolg entwickelt. Wenn Sie in einem städtischen Umfeld leben, sind Sie ständig von Menschen umgeben, denen es besser oder schlechter geht als Ihnen selbst. Inmitten dieses Bombardements von Einflüsterungen fällt es Ihnen schwer, sich auf das zu besinnen, was Sie persönlich gerne täten, und den nötigen Freiraum zu finden, um eigene Erfolgsdefinitionen zu entwickeln. Die Kenntnis der eigenen Prinzipien ist für gute Karriereentscheidungen eine unerlässliche Voraussetzung, denn nur sie bieten die Linse, durch die Sie neue Chancen erkennen und bewerten können.

In den folgenden Kapiteln werden wir ergründen, warum das »Verfolgen der eigenen Leidenschaft« dem Warten auf den berühmten Sechser im Lotto gleichkommt. Wenn Sie auf einen Job hoffen, in dem Sie Ihre Leidenschaften völlig ausleben und einbringen können, werden Sie möglicherweise lange warten. Leidenschaften finden nur selten ihre Entsprechung in Arbeitsplatzbeschreibungen (oder Unternehmen oder ganzen Branchen). Wir behaupten vielmehr, dass Sie sich an Ihren Prinzipien orientieren, auf Ihre Interessensgebiete konzentrieren und danach streben sollten, Probleme zu lösen, die Ihnen bedeutsam erscheinen. Indem Sie das tun, geben Sie zugleich Ihren Leidenschaften Raum, sich zu entfalten und auszudrücken.

Idee 8: Betrachten Sie jeden Ausstieg als ein Start-up-Unternehmen

Wenn Sie ein Unternehmen gründen, basiert Ihr Geschäftsplan auf gewissen Annahmen, und Sie müssen sich vor gewissen Risiken in Acht nehmen. Ihnen steht nur ein bestimmtes Investitionskapital zur Verfügung und Sie müssen die zu- und abfließenden Geldströme genauestens verfolgen. Auch wenn eine Unternehmensgründung nicht Teil Ihrer beruflichen Veränderung ist, so spielt sie sich doch nach einem bemerkenswert ähnlichen Muster ab. Wolkige Karrieretipps gibt es wie Sand am Meer. Wenn Sie Ihre berufliche Veränderung wie ein Start-up behandeln, können Sie, so unsere

Überzeugung, Unsicherheiten und Risiken besonders effektiv managen, bis Sie einen Weg finden, der sich als gangbar erweist. Eine solche Herangehensweise erleichtert es Ihnen, klare Zielvorstellungen zu entwickeln, Prinzipien zu definieren, Annahmen explizit zu formulieren und Risiken kontrolliert zu managen, während Sie sich Gedanken über die zukünftige »richtige« Richtung machen.

Idee 9: »Beginnen Sie etwas Neues« als Generalstrategie

Alleingänge machen Angst. Man könnte über Sie lachen. Sie könnten sich irren. Im industriellen Zeitalter waren die Firmen an Arbeitskräften interessiert, die sich einfügten, Anweisungen befolgten und sich streng an die Regeln hielten. Die moderne Wirtschaft braucht Menschen, die bereit sind, sich zu exponieren. Wer nicht bemerkenswert ist (im buchstäblichen Sinne »wert ist, bemerkt zu werden«), gerät im unvermeidlichen Abwärtswettbewerb (schneller, billiger, ausgelagert) rasch ins Abseits. Wenn Sie nicht etwas ganz Eigenes machen, ähnelt Ihr Lebenslauf am Ende dem von tausend anderen. Verglichen mit der Generation Ihrer Eltern, prügeln sich heute sehr viel mehr fähige und überqualifizierte Bewerber um die besten Jobs. Ihren Karrierevorsprung »verdienen« Sie sich heute nicht mehr damit, dass Sie immer noch mehr Qualifikationen sammeln, bis jemand Sie einstellt. Heute haben diejenigen die Nase vorn, die sich konsequent anders verhalten als ihre Rivalen, um von denjenigen bemerkt zu werden, die Innovation, Kreativität und Mut zu schätzen wissen.

Wir drei haben dieses Buch geschrieben, um in aller Gründlichkeit über das zu sprechen, was wir in der Zwischenzeit erfahren und gelernt haben. Das Buch basiert nicht auf irgendwelchen akademischen Theorien. Es basiert vielmehr auf unseren Erfahrungen und den Erfahrungen von Hunderten von Menschen, die ihr Leben mittlerweile nach ihren eigenen Vorstellungen führen. Und es basiert auf Tausenden von Gesprächen mit Menschen, die liebend gern ihren Firmenjob an den Nagel hängen würden – die bislang aber noch nicht über diese Frage hinausgekommen sind: »Wenn nicht dies, was dann?«

Dies ist das Buch, das wir nur zu gern gelesen hätten, als wir unseren eigenen Ausstieg planten. Es richtet sich an alle, die außerhalb der Mainstreamwelt der Großfirmen ein Leben nach eigenen Maßstäben führen möchten. Es ist keine Betriebsanleitung, weil dieser Prozess für jeden Menschen anders aussieht. Dass wir selbst so lange für unseren Ausstieg brauchten, erklärt sich zum Teil daraus, dass auch wir nach einer Schritt-für-Schritt-Anleitung suchten, wo es keine geben kann. Wir hatten so viel Zeit am Fließband unserer Ausbildung und unseres Berufsalltags zugebracht und uns so daran gewöhnt, Anweisungen zu befolgen – nun fürchteten wir uns davor, uns in eine Position zu begeben, in der wir (a) scheitern könnten, und (b) folgenreiche Entscheidungen womöglich ganz allein treffen müssten.

Dieses Buch richtet sich an Sie, falls Sie derzeit einer Tätigkeit nachgehen, die zwar auf dem Papier gut aussieht, Sie aber in Wahrheit nicht zufriedenstellt. Dieses Buch ist für Sie, falls Sie immer getan haben, was man von Ihnen erwartete, und plötzlich auf den Gedanken gekommen sind, dass das Leben vielleicht noch mehr zu bieten hat. Dieses Buch mag Sie möglicherweise verstimmen, falls Sie sich nicht gern sagen lassen, dass Sie mit harter Arbeit und einer anderen Herangehensweise ein ganz anderes Leben und einen ganz anderen Berufsalltag haben könnten. Oder wenn Sie überzeugt sind, dass Arbeit etwas ist, das man erdulden muss, weil da nichts zu machen ist, es sei denn, man ist reich oder ein Betrüger.

Wir hoffen, dass dieses Buch Unterstützung, Trost und Anregung bietet: für die Ungewissheit und Heiterkeit, die der Aufbau eines Lebens nach den eigenen Vorstellungen und ohne die Zwangsjacke eines Jobs in einer Großfirma mit sich bringt. Es ist die Einladung an Sie, nicht länger Tagträumen nachzuhängen, sondern mit der Planung loszulegen und mit Ihrem Leben etwas vollkommen Neues zu beginnen.

Wie bei allen Dingen im Leben sollten Sie Hilfreiches nutzen, weniger Hilfreiches überspringen und Ihre Entscheidungen selbst treffen. Wenn Sie das Gefühl haben, auf der Stelle zu treten, werden Ihnen diese Seiten hoffentlich weiterhelfen. Wir haben nicht auf alles eine Antwort. Dafür haben wir viele Fragen. Möge dieses Buch Ihnen helfen, die eine oder andere Antwort zu finden, die ausschließlich Ihnen gehört.

Sie stehen am Beginn der Suche nach etwas Besserem. Möge die Jagd Sie ängstigen und fesseln. Das ist das Leben. Auf den Weg kommt es an. Verschwenden Sie nicht zu viele Gedanken an das Ziel. Genießen Sie den Weg dahin. Die universelle Wahrheit gibt es nicht – dazu sind wir Menschen zu verschieden. Finden Sie Ihre eigene Wahrheit, und überlassen Sie es der übrigen Welt, nach ihrer Wahrheit zu suchen.

Viel Glück, und lassen Sie uns wissen, wie es Ihnen unterwegs ergeht.

Rob, *Dom* und *Mikey*
Escape the City
www.escapethecity.org

TEIL 1

Vor dem Ausstieg

KAPITEL 1

Das Laufband

Es ist ein kalter, aber sonniger Tag in London im April 2009. Wir nehmen unser Mittagessen auf den Stufen der St.-Pauls-Kathedrale ein und genießen einen kurzen Augenblick lang die frische Luft, während wir den alten Routemaster-Doppelstockbussen der Linie 9 auf der Fleet Street zuschauen – und bevor wir zu unseren Tabellen und PowerPoint-Präsentationen zurückkehren.

Das Gespräch kreist, wie so häufig in diesen Tagen, um unsere Angestelltenjobs. Uns beschäftigen Fragen wie diese: Warum finden wir in unserer Tätigkeit so wenig Erfüllung? Wie ist es so weit gekommen? Sind wir verrückt, nur weil wir hier nicht länger arbeiten wollen? Und die entscheidende Frage: Was können wir daran ändern?

Aber die vernünftigen Stimmen in uns sagen:

»Beschwere dich nicht. So ist nun einmal das Leben.«
»Wenigstens haben wir eine Arbeit; viele Menschen würden nur zu gern mit uns tauschen.«

Wir verbrachten damals viel Zeit mit solchen Grübeleien. Leicht kommt man sich dabei undankbar, unreif oder naiv vor. Aber je länger wir unsere Situation analysierten, desto klarer wurde uns, dass wir den Weg, der uns in diese Welt geführt hatte, bestenfalls halb automatisch zurückgelegt hatten. Würden wir kündigen, so wäre dies, mag es auch verrückt klingen, die erste wirklich aktive Entscheidung in unserem Leben.

Wir hatten das Gefühl, als zerrte an uns eine unsichtbare Kraft. Eine Kraft mit ihrer eigenen Agenda, ihren Werten und Erfolgsdefinitionen. Wir bezeichnen diese Kraft als das »Laufband«.

Definition Laufband (n.):

Der konventionelle Pfad, dem die meisten Studierenden und abhängig Beschäftigten folgen. Ein Pfad, der in Schule und Universität seinen Anfang nimmt und sich mitunter bis in den Ruhestand fortsetzt. Das Laufband setzt einen gehörigen Grad an Konformität und Passivität voraus. Es zu verlassen, ist schwer. Allein zu erkennen, dass man sich auf dem Laufband befindet, ist schwer genug.

Stellen Sie sich zwei Fragen, die Ihnen mit Sicherheit schon häufiger durch den Sinn gegangen sind, wenn sich Ihre Abendpläne wieder einmal in Luft auflösten, weil Sie gebeten wurden, in einer wichtigen Angelegenheit Überstunden zu schieben:

Frage 1: Warum arbeite ich für dieses Unternehmen?
Frage 2: Bin ich verrückt, dass ich mich hier fehl am Platz fühle?

Das Problem ist, dass die Entscheidungen, die Sie dorthin gebracht haben, wo Sie heute stehen, vielleicht nicht immer Ihre eigenen waren. Häufig stimmen die Werte Ihres beruflichen Umfelds nicht mit Ihren eigenen überein. Häufig ist es einfacher, die Erfolgsdefinitionen anderer zu übernehmen, als eigene zu kultivieren.

Es schien uns wichtiger, uns auf das zu konzentrieren, was wir tatsächlich tun wollten, anstatt bei dem zu verweilen, was wir zu tun versäumt hatten. Wir machten uns aber auch etwas anderes klar: Wir mussten begreifen, was wir nicht wollten, um entdecken zu können, was uns eigentlich interessierte.

Wie können Sie Ihrem Feind aus dem Weg gehen, solange Sie nicht wissen, wie er aussieht?

Machen Sie die Augen auf. Sie befinden sich auf einem Laufband.

Setzen Sie Ihren Weg darauf bewusst fort oder verlassen Sie es.

▶▶ »Manny: Ich will ein Wochenende frei. Ich will ein Leben.
Bernard: Das hier ist Leben. Wir leiden und schuften und verenden.
Das ist alles!
Manny: Wir haben Wünsche! Fran möchte Klavier lernen, ich will
Zeit für mich, du willst mit einem Mädchen ausgehen ...
Bernard: Dass ich nicht lache ... bitter lache. Fran lernt es nie, du
wirst dich dein Leben lang abrackern, und ich sterbe allein, auf
den Fliesen einer Kneipentoilette.«
Dylan Moran und Bill Bailey – Black Books[1]

Warum funktioniert diese Welt
für viele von uns nicht?

»Ich will nicht, dass sich meine Memoiren später lesen wie ein Compliance-Handbuch — eine Geschichte der Regeln und Vorschriften meines Angestelltenknasts. Ich mag meinen Anzug nicht mehr tragen; ich mag mich nicht mehr rasieren.

Ich will nicht mehr um 5.30 Uhr von meinem Wecker geweckt werden. Ich fühle mich müde, blass und fett. Diese Strafe bringt mir wenig.

Die eigentliche Konstante ist meine mangelnde Begeisterung für die ständige Beschränkung meiner Kreativität. Ich kann nichts denken oder entscheiden, ohne dass mir die betrieblichen Standardprozeduren einen Strich durch die Rechnung machen.

So schlimm steht es, dass ich, wenn ich mich im Brainstorming übe, jedes Mal haltmache, bevor ich zu einem Ergebnis komme. Man hat mir das Nichtdenken antrainiert. Die Gedankenpolizei ist zu einem Teil meiner selbst geworden.

Die Firmenkolosse von gestern sind wandlungsunfähig geworden. Sie haben sich zu Fabriken entwickelt, in denen sich alles nur noch ums Geschäft und ums Geld dreht, ohne Raum für Inspiration und gelebtes Leben.

Entweder arbeitest du für jemanden, dessen Vorstellungen von Arbeit, Umwelt und Philosophie sich mit deinen decken, gründest dein eigenes Unternehmen / deine eigene Community, oder du machst einfach so weiter wie bisher und lässt den ›Was wäre, wenn‹-Berg allmählich anwachsen, bis du zu alt bist, um noch etwas von dem zu unternehmen, was du dir einmal erträumt hast.«

Mikey Howe, private Notizen, geschrieben zwei Monate, bevor er beschloss, aus der Investmentbank auszusteigen, für die er tätig war, und der New Yorker Partner von Escape the City zu werden.

esc Wir sind unsere Jobs

Kurz vor unserem Ausstieg verschlug es Rob auf eine jener schrecklichen britischen Cocktailpartys. Eine junge Frau verwickelte ihn in ein Gespräch. Binnen Sekunden stellte sie ihm die unvermeidliche Frage nach seiner beruflichen Tätigkeit. Als er meinte: »Ich bin Managementberater«, erwiderte sie: »Versteh mich nicht falsch,« – als ob es eine richtige Verstehensweise gäbe – »aber so siehst du auch aus.«

Rob ging prompt nach Hause, schor sich den Kopf und beschloss, seinen Job zu kündigen. Nicht, dass es ihn störte, wie ein Managementberater *auszusehen*; vielmehr wollte er kein Managementberater mehr *sein*.

Früher war ein Job für die meisten Menschen lediglich ein Mittel zum Zweck – eine Möglichkeit, die eigene Familie zu ernähren und sich ein gewisses Einkommen zu sichern. Ein Job war notwendige Voraussetzung, um zu überleben.

Heute haben viele von uns hochtrabendere Ideale. Jenseits des reinen Gelderwerbs zur Sicherung unserer Existenz erhoffen wir uns von unseren Jobs Sinn und Erfüllung. Für viele von uns ist der berufliche Werdegang die höchste Form der Selbstfindung und des Selbstausdrucks.

Heute ist der Job für viele von uns untrennbar mit unserer gefühlten Identität als Mensch verbunden. Die höfliche Frage »Was machen Sie?« ist weit mehr als eine bloße Erkundigung nach unserem Brotberuf. In den Ohren des Angesprochenen klingt sie wie: »Wer sind Sie?«

Wenn also Ihr Job einen großen Teil Ihrer Identität und Ihres Selbstwertgefühls ausmacht und Sie keine Freude an ihm haben, brauchen Sie sich auch nicht zu wundern, wenn Sie bei dieser Frage (»Was machen Sie?«) mit Blick auf sich selbst und ihr Leben in eine ziemlich trübe Stimmung verfallen.

▶▶ »Ihre Karriere definiert Sie unweigerlich, und dann müssen Sie sehen, wie Sie damit klarkommen, je nachdem, ob Sie die so definierte Person mögen oder nicht. Das ist es, glaube ich, was die Beschäftigung in einer Großfirma so frustrierend und gespenstisch macht. Ich will mich nicht durch meinen Blazer und meine hochhackigen Schuhe definieren.«

Denice – Escape-the-City-Mitglied, Philippinen

esc Des Kaisers neue Kleider

Hans Christian Andersen erzählt die Geschichte von einem fabelhaft reichen, mächtigen und selbstgefälligen Kaiser, der sich von zwei betrügerischen Webern neue Gewänder nähen lässt. Die Kleider sind angeblich unsichtbar für jene, die ihren Positionen aufgrund von Dummheit oder Inkompetenz nicht gewachsen sind. Als der Kaiser vor seinen Untertanen in seinen neuen Gewändern herumstolziert, ruft ein Kind: »Aber er hat ja gar keine Kleider an!«

Als wir noch in der Welt der Großfirmen tätig waren, konnten wir beobachten, wie leicht es ist, sich von Jobtiteln und Gehaltsklassen beeindrucken zu lassen, unabhängig davon, welcher reale Wert hier geschaffen wurde. Seit einem Jahrzehnt sind die Hedgefonds-Manager die Stars der Finanzwelt. Man sieht in ihnen Alchemisten, die, egal, ob die Kurse gerade steigen oder fallen, ihr Geld verdienen. Wer nicht weiß, was diese Manager in Wahrheit tun, und nicht als unwissend gelten will, begnügt sich nur allzu leicht mit einem lapidaren Kommentar wie: »Oh, wie beeindruckend.« Wir kamen zu dem Schluss, dass wir nicht länger gewillt waren, in Jobs zu arbeiten, die von der Umwelt mit Macht und Erfolg assoziiert wurden, wenn die Realität so ganz anders aussah. Wir fanden, dass der tatsächliche Berufsalltag so viel wichtiger war als das, was andere Menschen darüber dachten.

> ▶▶ »Meine Arbeit erschien den Menschen als überaus glanzvoll; dabei war sie intellektuell und emotional unbefriedigend, körperlich anstrengend und geistig abstumpfend. Das war mein Leben. Die langen Stunden in meiner Bürozelle unter Neonlicht ließen mir keine Zeit und keine emotionale Energie für tiefere Beziehungen. Ich fühlte mich einsam und müde ...«
>
> **Andreas Kluth – Ex-Investmentbanker, Verfasser von »Hannibal and Me – How I conquered my banking job« auf salon.com**[2]

esc Politik und Schwachsinn

Warum fällt es so schwer, bei der Arbeit sich selbst treu zu bleiben? Menschen, die in großen Unternehmen arbeiten, sprechen häufig nicht wie normale Menschen. Auch wir ließen uns von diesem Virus anstecken und verwendeten am Ende so alberne Formulierungen wie »let's get our ducks in a row« [sinngemäß: bereit sein] oder Begriffe wie »capacity«, »learnings« und »leverage«.

Niemand aus unserem Arbeitsumfeld schien wirklich er selbst zu sein. Und dabei wären wir so gern in dieser Umgebung wir selbst gewesen. Jedes in der offenen Bürozellenfarm der achten Etage gesprochene Wort, das über ein Flüstern hinausging, wurde von unseren Zellennachbarn mit strengen Blicken bedacht, als ob sie sagen wollten: »Was machen die da? Die reden doch nicht etwa, oder?!«

Wir mochten uns so, wie wir in unseren Büros auftraten, selbst nicht leiden. Natürlich waren das immer noch *wir*, aber wir wollten unsere ganze Persönlichkeit zur Arbeit mitbringen dürfen. Und so wenig man uns sonst als schüchtern bezeichnen konnte, so schwer fiel es uns, inmitten dieser grauen Wände wir selbst zu sein – und nicht wie die Frauen in dem Film »The Stepford Wives« eine Art Roboter, der daraufhin konstruiert wurde, wie »man sich benimmt«.

Häufig hört man, dass in der Geschäftswelt nicht unbedingt immer diejenigen am erfolgreichsten sind, die ihren Job am besten erledigen, sondern diejenigen, die das Intrigenspiel am besten beherrschen. Wir wissen, dass das Leben nun mal so ist. Auch Sie wissen das. Es liegt ganz bei Ihnen, ob Sie in einem solchen Umfeld arbeiten wollen. Wollen Sie in einer Welt arbeiten, in der das äußere Erscheinungsbild, Wahrnehmungen und Selbstdarstellungen wichtiger sind als Ergebnisse, Umsetzung und die Frage, was für ein netter Mensch Sie sind?

▶▶ »Wenn ich in einem Wort den Grund benennen sollte, warum der Mensch als biologische Art sein Potenzial niemals ausgeschöpft hat und niemals ausschöpfen wird, dann ist es das Wort ›Meeting‹.«

Dave Berry – Kolumnist, Buchautor

esc Autonomie, Meisterschaft, Sinn

Es war der 28. April 2008, und Manchester United (eine von Robs echten Leidenschaften) spielte am Abend im Eurocuphalbfinale gegen Barcelona. Die Fußballfans unter Ihnen werden den ganzen Schmerz dieser Geschichte ermessen können. Die Übrigen mögen sich einfach vorstellen, sie hätten sich für den Abend etwas vorgenommen, das ihnen über die Maßen wichtig ist.

Während des gesamten Nachmittags hatte Rob fieberhaft an einer bestimmten Präsentation gearbeitet, um das Büro zu vernünftiger Zeit verlassen und das Spiel gemeinsam mit Freunden verfolgen zu können. Als der Abend näher rückte, war noch immer nichts von dem Direktor zu sehen, der um diese spezielle Arbeit gebeten hatte. Robs unmittelbarer Vorgesetzter schlug vor, dass sie warteten, bis der Direktor von seinem Meeting zurück wäre, damit sie die Arbeit gemeinsam durchgehen könnten, bevor sie sich in den Feierabend verabschiedeten.

So warteten und warteten sie. Mehrere nacheinander eintreffende Textnachrichten informierten sie, dass der Direktor noch in seiner Besprechung aufgehalten wurde. Aus 19 Uhr wurde 21 Uhr, und sie warteten noch immer. Um 22 Uhr kam dann ein Telefonanruf, und man teilte ihnen mit, dass die Begegnung besser am anderen Morgen stattfände.

Das Schlimmste an der Geschichte war nicht, dass Rob das Spiel verpasste – viel ärgerlicher war, dass sich auf diese Weise beiläufig herausstellte, dass es mit der Arbeit gar nicht so eilte (und dass der Kunde die Präsentation am Ende noch nicht einmal zu Gesicht bekommen sollte). Für jemanden, der es liebt, sich in die Arbeit zu stürzen und etwas Wertvolles zustande zu bringen, war das unglaublich frustrierend. Ein kleiner Verlust aufs Ganze betrachtet (es wird sicherlich noch mehr Halbfinalspiele geben), und dennoch zeigte diese Geschichte wunderbar auf, welche drei wirklich wichtigen Zutaten einer erfüllenden beruflichen Tätigkeit in unseren damaligen Jobs fehlten:

1. Wir hatten keine Kontrolle über unseren Alltag.
2. Wir entwickelten keine Fähigkeiten, die uns selbst etwas bedeuteten.
3. Ein erheblicher Teil dessen, was wir im Schweiße unseres Angesichts zuwege brachten, wurde überhaupt nicht wertgeschätzt.

Dan Pink stellt in seinem Buch *Drive – was Sie wirklich motiviert* einige äußerst interessante Analysen zur Psychologie der Arbeit vor. Jeder, der sich für die »Treiber« der Job(un)zufriedenheit interessiert, sollte dieses Buch unbedingt lesen. Darin unterstreicht der Verfasser drei unerlässliche Voraussetzungen für eine erfüllende berufliche Tätigkeit:

1. **Autonomie** – das Bedürfnis, das eigene Leben selbst zu gestalten.
2. **Meisterschaft** – der Wunsch, in etwas, das uns wichtig ist, immer besser und besser zu werden.
3. **Sinn** – die Sehnsucht, etwas zu leisten, das im Dienste von etwas steht, das größer ist als wir selbst.

Denken Sie einen Augenblick darüber nach, ob Ihr aktueller Job Ihnen diese Zutaten in ausreichendem Umfang bietet. Ist es ein Wunder, dass Ihr Job Sie nicht erfüllt, solange Ihnen eine oder mehrere dieser Zutaten verwehrt werden?

Es ist absolut nachvollziehbar, dass Sie mit Ihrer Karriere nicht zufrieden sind, wenn sich Ihre Autonomie auf Ihre Abende und Wochenenden beschränkt – wenn die einzige Kunst, die Sie meistern, der viel beschäftigte Gesichtsausdruck oder der Umgang mit Microsoft Excel ist – und wenn der einzige Sinn, den das Leben Ihnen bietet, das Warten auf das Wochenende ist.

Dave Mayer hängte seinen Job als Projektmanager bei Cisco an den Nagel und gründete ein innovatives Wasserflaschenunternehmen in Nordkalifornien. Er berichtete uns, dass er sein Schicksal in die eigenen Hände nehmen wollte: »Ich wollte keinen Chef mehr haben, der mir sagt, was ich tun muss, und der sich von seinem Chef sagen lassen muss, was er zu tun hat, und so weiter.«

Nina Elvin-Jensen quittierte ihren Job als Finanzimmobilienmaklerin und gründete littledelivery.com, eine Website, die Kindergeschenke vertreibt. Sie erzählte uns, wie wenig erfüllend sie die monotone Arbeitsroutine fand: »Ich wusste, dass ich nur ein kleines Rädchen in einer großen Gelddruckmaschine war.«

Rob Cornish wiederum konnte seinem Job als Fondsmanager durchaus etwas abgewinnen. Was ihn störte, waren lediglich die festen Arbeitszeiten von 9 bis 17 Uhr (die häufig genug eher von 7 bis 19 Uhr reichten). Um ihn selbst zu zitieren: »Finanzieller Erfolg ist schön, aber freie Lebensgestaltung und die Möglichkeit, den eigenen Tag zu planen, sind für mich ebenfalls ungeheuer wichtig.«

So wie diese Menschen wollten auch wir unsere Arbeit lieben und die Freiheit haben, sie nach unseren eigenen Vorstellungen zu gestalten. In unseren Firmenjobs war uns keine dieser drei Zutaten vergönnt. Als wir erkannten, dass sich daran auch in Zukunft nichts ändern würde, beschlossen wir zu gehen.

> ▶▶ »Menschen, die viel Zeit in Ausschüssen verbringen, mehrtägige Offsite-Meetings leiten und gewaltige Ordner und stapelweise PowerPoint-Folien erzeugen, haben häufig klare Momente, in denen sie denken: ›Was um Himmels willen hat das alles mit der echten Welt zu tun?‹«
> **Pamela Slim – *Escape from Cubicle Nation***

Warnung – Ihre Gesundheit könnte Schaden nehmen

Irgendwann fanden wir heraus, dass die Männer und Frauen an der Spitze unserer Firmen auch nur rund zehn Jahre älter waren als wir. Was uns irritierte, war nicht, dass sie es in so wenigen Jahren so hoch hinauf geschafft hatten. Was uns total erschreckte, war die Tatsache, dass wir bis dahin dachten, sie wären so alt wie unsere Eltern. Wenn es das war, was die Arbeit in der Welt der Großfirmen aus unserer Gesundheit machte, dann … zum Teufel war das nicht das, was wir wollten!

Sicher lässt sich das mit den gehetzten Sandwichmittagessen am Schreibtisch, den schläfrigen, mit Kaffee und Zucker irgendwie überstandenen Nachmittagen und den Tagen erklären, an denen wir bei Sonnenaufgang zur Arbeit erscheinen und unseren Platz erst nach Sonnenuntergang wieder räumen. Nehmen Sie noch einige Kater pro Woche und nicht genug Zeit für körperliche Bewegung hinzu, und Sie haben den perfekten Cocktail für eine extrem ungesunde Lebensweise mit geringer Stresstoleranz.

Ihr Körper ist nicht dafür geschaffen, den ganzen Tag sitzend zu verbringen und in einem künstlich klimatisierten Raum mit Fenstern, die sich nicht öffnen lassen, fortwährend auf Monitore zu starren. Schmerzt Ihr Rücken oder Ihr Nacken? Googeln Sie doch einfach einmal »work is murder«, dann stoßen Sie auf einige beängstigende Zahlen. Es ist im traurigen Sinne ironisch, dass das, was Sie tun, um Geld zu verdienen und zu überleben, Sie am Ende womöglich ruiniert.

Ihr Job kann Sie Ihre Gesundheit kosten. Lassen Sie es nicht zu.

> ▶▶ »Ich wurde mit den Jahren zu einem anderen Menschen. Ich begann, Phobien zu entwickeln, und ich war regelmäßig müde und / oder krank.«
> **Keith Jenkins – Ex-Investmentbanker, Reiseblogger**

esc Kreative Großfirmen sind ein Widerspruch in sich

Piers Calvert war einst ein exotischer Derivatehändler für die Deutsche Bank in London. Nach fünf Jahren kündigte er, um nach Südamerika zu gehen. Heute arbeitet er als Fotograf in Bogotá in Kolumbien. Die Welt der Großfirmen war ihm schlicht nicht kreativ genug. Das wusste er in dem Moment, als ihm klar wurde, dass er mehr Aufwand in die farbliche und grafische Gestaltung einer Tabelle steckte als in das Risikomanagement der Euromilliarden, die sie repräsentierte.

Wenn eines im Leben sicher ist, dann das: Nichts bleibt so, wie es ist. Und dennoch sind große Unternehmen keineswegs immer ein Musterbeispiel für rasche Anpassungsfähigkeit an ein sich veränderndes Umfeld. Wir empfanden ein massives Missverhältnis zwischen der aufregenden Welt der Innovation, der technologischen Entwicklung und des Pioniergeists, über die ständig etwas in den Onlinemedien berichtet wurde, und dem, was in unseren Jobs passierte.

Charles Leadbeater, Forscher bei der Londoner Ideenschmiede Demos, hielt einen faszinierenden TED-Vortrag[3], in dem er beschreibt, wie »große Unternehmen die natürliche Tendenz haben, sich auf die Wiederholung vergangener Erfolge zu kaprizieren«. Clay Shirky, der über den Einfluss des Internets auf die Gesellschaft schreibt, geht noch einen Schritt weiter, wenn er sagt: »Institutionen sind stets bestrebt, das Problem zu verewigen, zu dessen Lösung sie geschaffen wurden.«

Sie können nicht erwarten, dass sich Ihre Stelle – in einem der großen Unternehmen – zu einem fortschrittlicheren Arbeitsplatz entwickelt, solange Ihr Arbeitgeber mit seiner bisherigen Vorgehensweise (was ihn selbst betrifft) gut gefahren ist. Viele von uns arbeiten für Firmen, die bereits seit Jahrzehnten bestehen. Und während sich manche weiterentwickeln mögen, pflegen viele doch noch immer eine Arbeitskultur, die nicht das Umfeld schafft, in dem Sie gerne tätig sein wollen.

▶▶ »Das Problem mit der Arbeit für eine große Institution besteht darin, dass diese notwendigerweise die Impulsivität und die Bereitschaft ihrer Mitarbeiter zum freien Denken beschneidet, weil die Chefs es so wollen. Die Beschäftigten können nicht einfach jeden Tag herumlaufen und ungefragt größere Risiken eingehen. Die Chefs behaupten zwar das Gegenteil, aber so ist es. Wenn Sie die Möglichkeit haben wollen, spontan Ihren Impulsen zu folgen, müssen Sie zuerst dieses Umfeld hinter sich lassen.«

Piers Calvert – einst exotischer Börsenhändler, jetzt exotischer Fotograf

Vom Scheitern der Institutionen und ihrer Führungskräfte

Robert Peston, leitender Wirtschaftsredakteur bei der BBC, hatte vermutlich den besten Einblick in den von der Kreditkrise ausgelösten Niedergang der Weltwirtschaft. Sein Buch *How Do We Fix This Mess?* beginnt mit einer Szene auf dem Handelsparkett einer großen Investmentbank, in der die Mitarbeiter über »Collateralized Debt Obligations« (forderungsbesicherte Wertpapiere) und »Credit Default Swaps« (Kreditausfallversicherungen) unterrichtet werden.

Peston selbst schreibt, dass es ihm ungeheuer schwer fiel zu verstehen, worüber der Händler sprach – woraufhin Alison Roberts im *Evening Standard* schrieb: »Wenn Peston mit seinen fast 30 Jahren Erfahrung im City-Jargon es nicht versteht, wer um Himmels willen soll es dann verstehen?«[4]

 Den meisten von uns wurde beigebracht, den Altvorderen mit Respekt zu begegnen und Menschen mit mehr Erfahrung, Wissen oder schlicht Macht den Vortritt zu lassen. Die vergangenen Jahre haben gezeigt, dass sich unsere Führungselite (seien es Politiker, Wirtschaftsvertreter oder Journalisten) nicht in jedem Fall und in erster Linie der Allgemeinheit verpflichtet fühlt – beziehungsweise dass sie zu inkompetent ist, als dass man ihr das Management signifikanter Risiken, die die Gesamtbevölkerung betreffen, getrost anvertrauen könnte.

Es liegt nahe, die negativen Seiten der menschlichen Natur – Gier, Falschheit und Kurzsichtigkeit – anzuprangern, wenn wir an menschliches Versagen in der Welt der Großfirmen denken. Und es liegt nur allzu nahe, in den Skandalen bei Enron, UBS und Barclays oder in Einzeltätern wie Bernie Madoff Anzeichen für eine generelle Verkommenheit des Systems zu erkennen. Es wird gerne behauptet, dass wir im Zeitalter eines titanischen Scheiterns der Institutionen leben. Das klingt sicherlich nach Sensationslust, aber wer kann schon gegen die Fakten argumentieren?

Das institutionelle Scheitern der vergangenen Jahre ist die eine Sache. Wie die Menschen, und vielleicht auch Sie, den Schmerz in ihrem Leben zu spüren bekommen, ist die noch viel schlimmere Seite der Medaille. Kürzungen, Entlassungen, versiegende Rententöpfe – Menschen, die sich ein Leben lang an die Regeln gehalten haben, werden auf einmal vom »System« verraten. Es würde uns nicht überraschen, wenn Sie mit Blick auf Ihren beruflichen Werdegang zu dem Resultat kommen: »Nein danke, ich nehme mein Schicksal lieber in die eigene Hand.«

Robert Pestons Buch wirft fundamentale Fragen zu Gewinn, wahrem Wert und Wachstum auf: »Es steht zu befürchten, dass ein Großteil der Innovationen im Bankengewerbe keinem anderen Zweck dient, als Investoren dazu zu verleiten, Produkte zu erwerben, die sie nicht durchschauen.« Wenn einer der führenden Wirtschaftsanalysten Großbritanniens sagt, dass »das [im Bankenbereich] erzielte Wachstum größtenteils gesellschaftlich nutzlos ist«, haben wir allen Anlass, das System der Unternehmen insgesamt und unseren Platz darin grundsätzlich infrage zu stellen.

Bei der SXSW-Konferenz [South by Southwest, eines der größten amerikanischen Festivals für Musik und Film] in Texas behandelte eine Arbeitsgruppe das Thema »Wie wir die Kinder von der Straße fernhalten: Wall Street versus Start-ups«. Chris Wiggins, Privatdozent für angewandte Mathematik an der Columbia University, gab zu bedenken, dass seine Studenten der Wall Street gegenüber zunehmend kritisch eingestellt seien; sie sähen ihre Zukunft eher in Branchen, in denen sie »arbeiten und Geld verdienen könnten, ohne ihr Moralempfinden auf den Prüfstand stellen zu müssen«. »Die Behauptung der Investmentbankingbranche, sie diene einem gesellschaftlichen Zweck, indem sie ›den Kapitalismus öle‹, verliert an Überzeugungskraft«, meint Professor Wiggins. »Es fällt den jungen Menschen schwer zu glauben, dass sie gegenwärtig überhaupt irgendeinem gesellschaftlichen Zweck dienen würden.«

Was sich nach der Überzeugung eines populären Laien anhört, wird tatsächlich von Wirtschaftswissenschaftlern bestätigt, die die These vertreten, dass finanzielle Innovationen kaum Produktivitätsgewinne mit sich bringen. Paul Volcker, ehemaliger Vorsitzender der US-Notenbank, spricht von einer »geringen Korrelation zwischen der zunehmenden Raffinesse des Bankensystems und einer etwaigen Produktivitätszunahme«[5] und von »fehlender Evidenz, dass finanzielle Innovationen zu Wirtschaftswachstum führen«[6]. Paul Krugman, Professor für Wirtschaft und internationale Beziehungen an der University of Princeton, erklärt: »Das rapide Finanzwachstum seit 1980 hatte mehr mit Spekulationsgeschäften als mit echter Produktivität zu tun.«[7]

Wir drei hatten sicherlich nicht das Gefühl, in einem Umfeld tätig zu sein, in dem es noch andere Anreize außer institutionellem und persönlichem Profit gab. Und wir fühlten uns auch nicht in der Lage, daran irgendetwas zum Besseren hin zu ändern. Wir glaubten aber, dass echte Werte mehr sind als reiner Profit. Sobald uns klar wurde, dass die Strukturen der Welt, in der wir arbeiteten, ein anderes Denken nicht zuließen, wussten wir, dass unsere Werte im fundamentalen Widerspruch zu jener Welt standen.

▶▶ »Unternehmen reagieren auf Märkte und auf die Forderungen ihrer Anteilseigner, aber nicht auf das Gewissen ihrer Beschäftigten.«
George Monbiot – *Choose Life*[8]

Warum folgen diesem Pfad so viele von uns?

»Um Gottes willen, Sie haben einen philosophischen Abschluss.
Sie wollten so oder so kein Banker werden.
Sie wollten Bücher lesen, Gedichte schreiben und Mädchen küssen.«

Giles Coren – *The Times*[9]

Man hat uns gelehrt, nur ein Rädchen im Getriebe zu sein

Während unserer gesamten Ausbildung lernen wir, uns einzufügen, Regeln zu gehorchen, Ratschläge zu befolgen, unsere Hausaufgaben zu machen und Termine einzuhalten. Still zu sein. Uns zu setzen. Prüfungen zu bestehen. Scheine zu machen. Unser Gemüse zu essen. Ganz ähnlich geht es in den großen Firmen zu. Die meisten Unternehmen legen Wert auf berechenbare, wiederholbare und skalierbare Verhaltensweisen. Sie führen ihre Einstellungsgespräche auf der Basis von Ankreuzlisten.

Sie wollen jemanden, der den Vorgaben entspricht.
Sie wollen Arbeitsbienen.
Sie wollen Rädchen.

Uns hat man beigebracht, wie man zu einem Rädchen im Getriebe wird. Kein Wunder, dass wir nach Abschluss unseres Studiums bei unserer ersten Bekanntschaft mit dem Arbeitsmarkt nach Gelegenheiten suchten, das Gelernte auch anzuwenden!

Jeder, der den Weg der großen Firmen gegangen ist, weiß genau, wie man sich verbiegt und bis zum Anschlag arbeitet. Diese Form der traditionellen Erziehung und gesellschaftlichen Konditionierung erweist sich jedoch als wenig hilfreich, sobald Sie ein Leben nach eigenen Maßstäben führen wollen – ein Leben in Freiheit und Autonomie.

▶▶ »Unser Erziehungssystem wurde im Großen und Ganzen nicht dazu entwickelt, Kinder zu motivieren und in ihnen den Forscherdrang zu wecken. Es wurde entwickelt, um Erwachsene auszuspucken, die innerhalb des Systems gut funktionieren.«
Seth Godin – *Stop Stealing Dreams*

esc Wir treffen halbbewusste Entscheidungen

Als wir begannen, dieses Buch zu schreiben, wurde Mikey etwas bewusst: All die Schritte, die vor seiner Kündigung lagen, waren von Schule, Universität und Freundeskreis im Voraus in ihm angelegt worden. So verrückt es klingen mag – er hatte das Gefühl, kein einziges Mal eine eigene Entscheidung getroffen zu haben, was er mit seinem Leben anfangen wollte: »Als ich begriff, dass alle Menschen, die mich in meinem Arbeitsumfeld umgaben, im selben Boot saßen, sich aber nicht trauten, sich das einzugestehen, wusste ich, dass ich Reißaus nehmen musste.«

Beim Rückblick auf unsere Reise durch die Welt der Unternehmen wurde uns klar, dass die Entscheidung für unsere jeweiligen Branchen und Jobs kaum bewusst gefallen war – der Zufall hatte kräftig mitgespielt. Der einzige Grund, warum Rob (in seinem 16. und letzten Bewerbungsgespräch nach 15 Ablehnungen) Managementberater wurde, war der, dass dem Mitarbeiter, der ihn interviewte, die Geschichte von dem alten Landrover gefiel, mit dem Rob im Jahr zuvor durch Afrika getourt war.

Es war so einfach, nur auf das zu reagieren, was sich so ergab. Der Zwang, »einen ordentlichen Job« zu bekommen, war stärker als das Bedürfnis, in uns hineinzuhorchen und eine aktive Entscheidung zu treffen. Die Erkenntnis, dass viele unserer Entscheidungen nicht gänzlich unsere eigenen gewesen waren, erschreckte uns und wirkte zugleich befreiend. Befreiend, weil die Frage, die wir uns jetzt stellen mussten, lautete: Welche aktiven Entscheidungen könnten wir für unser verbleibendes Leben treffen?

Matthew McLuckie (toller Name!) berichtete uns von ähnlichen Gedanken, die er hatte, als er aus der Welt des Private Equity ausstieg, um stattdessen Klimaschutzprojekte zu entwickeln. Er erkannte, dass es in den Großfirmen zwei Menschentypen gab. Die einen genehmigten sich lange Mittagspausen, gönnten sich nach Feierabend ihr Bier und beklagten sich ständig über ihren Job. Die anderen hatten offensichtlich Spaß an ihrer Arbeit und widmeten sich ihr mit Leidenschaft und Ausdauer.

Um ihn selbst zu zitieren: »Nachdem ich voller Begeisterung der zweiten Gruppe beigetreten war, ermüdete mich das System allmählich so sehr, dass ich mich schließlich im Pausen-und-Bier-Klub wiederfand. Die Arbeit irritierte mich zunehmend, und ich spürte, dass es Zeit war zu gehen. Wer mit dem Herzen nicht bei der Sache ist, hat keine Chance, gegen diejenigen zu bestehen, die in ihrer Arbeit aufgehen.«

Wir nennen diese Menschen die »Zufallskandidaten« (Menschen, denen ihr Job zugefallen ist, weil es sich um eine »ordentliche« Stelle handelte, die zum damaligen Zeitpunkt das »Gebotene« zu sein schien).

Wir waren Zufallskandidaten.

Die Welt der Großfirmen ist voller Zufallskandidaten. Eine wahre Tragödie. Wir sprechen über gebildete, begeisterungsfähige, potenziell antriebsstarke Menschen, die mit etwas beschäftigt sind, dem sie nichts abgewinnen können. Widmen Sie Ihr wertvolles, ach so kurzes Leben einem Ziel, das für Sie keines ist? Oder verfolgen Sie überhaupt kein erkennbares Ziel?

Es passiert so leicht, dass wir ein Jahrzehnt mit einer Tätigkeit verbringen, die wir uns nicht ausgesucht haben, und uns dabei vormachen, es handele sich um eine Art »Übergangslösung«, bis wir wüssten, was wir wirklich mit unserem Leben anfangen wollten.

▶▶ »Um mich herum sah ich lauter begabte Kinder, die man darauf abgerichtet hatte, jede nur mögliche Hürde zu nehmen. Jedes Ziel, das man ihnen vorgab, konnten sie erreichen. Jede Prüfung, der man sie unterzog, bestanden sie mit Bravour. Sie waren, wie einer von ihnen es selbst formulierte, ›Spitzenschafe‹ ...«
William Deresiewicz – in einem Vortrag vor der Kadettenklasse an der US Military Academy in West Point im Oktober 2009[10]

esc Die Überfliegerfalle

Als wir unseren New Yorker Ableger von Escape the City einrichteten, machten wir die Bekanntschaft einer Bankerin, die uns gestand, dass sie vermutlich Alkoholikerin war und dass sie all ihr Geld für Kleidung ausgab, um sich davon abzulenken, wie sehr sie ihren Job hasste. Aber sie war nicht bereit, Abstriche beim Gehalt zu machen. Sie war so sehr daran gewöhnt, für den nächsten Schritt auf der Erfolgsleiter alles Menschenmögliche zu tun, dass sie überhaupt nicht wusste, was sie stattdessen machen könnte.

Das war dasselbe Gehalt, das sie im nächsten Moment für teure Restaurants, Alkoholika und ausgefallene Kleidung wieder ausgab, um sich über ihren Job hinwegzutrösten. Ist das nicht widersinnig? Stellen Sie sich vor, wie viel Geld sie in kürzester Zeit hätte zurücklegen können, um sich damit einen Ausstieg zu finanzieren. Sie hätte ein Jahr lang in der Welt herumreisen können. Sie hätte ein Unternehmen gründen können. Stattdessen war sie gefangen – in einer Spirale aus Konsum und Depression.

Wenn Sie es gewohnt sind, in Ihrem Fach zu glänzen, zieht es Sie in der Regel hin zu Jobs, von denen man denkt, dass sie den Besten und Klügsten vorbehalten seien. In den vergangenen zwei Jahrzehnten waren das die finanziellen und juristischen Dienstleistungssektoren – die Investmentbanken und Großkanzleien.

Häufig sind die Menschen mit ihrer Tätigkeit am unzufriedensten, die niemals gescheitert sind und deren Karriere noch keinen Knick erlebt hat. Wie der Karrierepsychologe Rob Archer vor nicht langer Zeit auf einer Escape-the-City-Veranstaltung meinte: »Relativ klug und sehr gewissenhaft zu sein, ist mitunter eine gefährliche Kombination. Es bedeutet, dass Sie vermutlich gut sind in dem, was Sie tun – gut genug, um damit durchzukommen –, aber dass Sie auch Ausdauer zeigen und versuchen, immer noch eins draufzulegen. Sie meistern Ihren Job – aber möglicherweise nur auf Kosten Ihrer Werte und Ihrer körperlichen oder womöglich geistigen Gesundheit.«

Es ist wie verhext. Sie denken nicht: »Was will ich mit meinem Leben machen?« oder: »Wo werde ich am glücklichsten sein?« Sie denken stattdessen: »Wohin gehen die anderen Überflieger? Dort gehöre ich hin.« Wenn Sie sich gewohnheitsmäßig zum erlauchten Kreis der »Erfolgreichen« der Gesellschaft zählen, werden Sie in den Starfirmen genügend Bestätigung für diese Einschätzung finden. Das Problem ist nur, dass auf jeden, der mit seinen Entscheidungen und mit seinem Berufsweg zufrieden ist, viele andere kommen, die damit alles andere als glücklich sind, aber – aus den unterschiedlichsten Gründen – keinen Ausweg sehen.

Nur zu leicht werden wir zu Gefangenen unseres Überfliegerstatus. Vielleicht sollten Sie dieselbe Disziplin und dieselbe Konzentration, der Sie Ihre bisherigen Erfolge verdanken, einmal auf die viel größere Herausforderung anwenden: Entwickeln Sie Ihre eigene Erfolgsdefinition.

▶▶ »Absolventen von Top-Universitäten werden in hoch bezahlte 80-Wochenstunden-Jobs gedrängt, und 15 bis 30 Jahre seelenschindende Schufterei sind die erwartete Norm. Woher ich das weiß? Ich war da und habe die Verwüstungen gesehen.«

Tim Ferriss – *Die 4-Stunden-Woche*

esc Wir bestimmen unsere Erfolgskriterien nicht selbst

Wir leben in einer Welt, in der es sehr einfach ist, sich mit anderen zu vergleichen. Wir waren niemals enger miteinander verknüpft, massiver der Werbung ausgesetzt oder besser über die vermeintlichen Erfolge anderer informiert. Es ist leicht, vor dem relativen Erfolg der Freunde die eigene Leistung als ungenügend wahrzunehmen. Es ist auch leicht, die Erfolgskriterien anderer zu übernehmen, anstatt eigene zu entwickeln.

Wenn Sie für eine Großfirma tätig sind, leben Sie vermutlich in einer größeren Stadt. In größeren Städten dominiert das Konkurrenzdenken. Jeder versucht, die Nase vorn zu haben. Die meisten Großstadtbewohner sind »Maximierer« (eine von dem Psychologen Barry Schwartz geprägte Bezeichnung für jemanden, der stets denkt, er könnte noch mehr leisten). Diese Menschen sind in aller Regel unzufrieden.

Nehmen wir noch die massive Durchleuchtung der Privatsphäre durch Facebook, Twitter und andere Social Media hinzu, dann resultiert daraus der perfekte Cocktail für einige äußerst problematische Erfolgsdefinitionen. Wir leben in einer Welt, in der wir jederzeit in Erfahrung bringen können, was unser Nachbar tut, erreicht oder denkt. LinkedIn-Benachrichtigungen im E-Mail-Posteingang informieren uns, sobald einer unserer Kontakte einen neuen Job gefunden hat. Sagen Sie da noch, dass Sie das nicht deprimiert, wenn Sie selbst gerade auf der vergeblichen Suche nach einem aufregenden neuen Job sind!

Aus dieser Perspektive betrachtet ist es kein Wunder, dass so viele von uns Mühe haben, ihre eigenen Erfolgsdefinitionen zu entwickeln. Die heilige Dreifaltigkeit des »Erfolgs« im Großfirmenumfeld lautet Macht, Status und Geld. Es ist unglaublich hart, hinter diese Werte zu schauen, solange Sie fünf Tage in der Woche unter Bedingungen zubringen, die diese Werte fortlaufend bestätigen.

▶▶ »Wir saugen ständig Botschaften auf – aus Fernsehen, Werbung, Marketing und so weiter. Das sind ungeheuer starke Kräfte, die unsere Wünsche und unser Selbstbild prägen. Wenn man uns erzählt, dass Banker ein sehr ehrenwerter Beruf ist, wollen viele von uns Banker sein. Sobald der Bankerberuf in der allgemeinen Wahrnehmung nicht mehr ganz so strahlt, verlieren auch wir das Interesse. Wir sind in hohem Maße empfänglich für Einflüsterungen. Ich behaupte nicht, dass wir uns vom Erfolgsstreben unabhängig machen sollten. Aber wir sollten darauf achten, dass wir uns dabei an unseren eigenen Erfolgskriterien orientieren. Wir sollten uns auf unsere eigenen Vorstellungen konzentrieren und dafür Sorge tragen, dass wir ausschließlich unseren selbstgefassten Zielen nachlaufen. Es ist schlimm genug, wenn wir nicht bekommen, was wir wollen; schlimmer jedoch ist es, irgendwelchen Zielen hinterherzulaufen, nur um am Ende der Reise festzustellen, dass es sich um fremde Ziele handelte und dass unsere eigenen Ziele ganz anders ausgesehen hätten.«

Alain de Botton – »A kindler, gentler philosophy of success«, TED Talk[11]

Die meisten Karrieretipps
sind totaler Quark

Ein Leben lang wird uns ein sehr schmaler Karrierepfad aufgezeigt. Man rät uns zu einem ordentlichen Job bei einem großen Arbeitgeber – als Banker, Wirtschaftsprüfer, Anwalt oder Managementberater. Unsere Eltern blasen ins selbe Horn, und noch dicker kommt es dann an den Universitäten, wo unsere Mitstudenten erste großzügige Jobangebote von Großunternehmen erhalten und uns die Angst beschleicht, womöglich am Ende leer auszugehen. Kaum jemals ermutigt man uns zu fragen, was für uns persönlich denn vielleicht das Richtige wäre. Wir absolvieren obskure Persönlichkeitstests, und aufgrund der Ergebnisse wird uns empfohlen, Zahnhygieniker oder gerichtlich bestellter Wirtschaftsprüfer zu werden (das soll keine Beleidigung sein, falls Sie das eine oder das andere davon sind!). Von den aufregenden Alternativen außerhalb des Mainstreams der großen Firmen erfahren wir kein Wort. Wir erfahren nichts über soziale Unternehmen, Start-ups oder andere aufregende Projekte, wo wir Dinge tun könnten, die uns wirklich etwas bedeuten.

> ▶▶ »Dieser Karrierepfad verletzt die grundlegenden Prinzipien der klassischen Ausbildung. Sie lernen, Dinge zu tun, die Ihnen widerstreben, und jemand zu sein, der Sie nicht sein wollen. Nur sehr außergewöhnlichen Menschen gelingt es, diesen Prozess zu überstehen, ohne sich von ihren Zielen und Idealen abbringen zu lassen. In Wahrheit braucht es schon einen solch außergewöhnlichen Menschen, um diesen Prozess überhaupt zu überstehen. Was die Welt der Unternehmen und Institutionen von Ihnen verlangt, ist das Gegenteil dessen, was Sie selbst am liebsten täten. Sie sollen verlässliches Werkzeug sein, jemand, der denken kann, aber nicht für sich selbst, sondern ausschließlich für das Unternehmen oder die Institution.«
> **George Monbiot – *Choose Life*[12]**

esc Fazit – das Laufband

Häufig besteht ein Widerspruch zwischen dem, was Sie von Ihrem Job erwarten (Sinn und Erfüllung), und dem, was er Ihnen tatsächlich zu bieten vermag (Einkommen und ein Gefühl der Sicherheit). Letzteres ist natürlich erstrebenswert, aber wenn Sie Mühe haben, Gefallen an Ihrem Job zu finden, benötigen Sie Ersteres vermutlich dringender. Vielleicht stellen Sie auch fest, dass der größte Nutzen Ihrer auf dem Laufband verbrachten Zeit gerade die Erkenntnis ist, dass Sie nicht Ihr ganzes Leben in diesem Umfeld verbringen wollen.

Wenn Sie schon die Opfer bringen, die nötig sind, um in der Welt der Großfirmen zu arbeiten, sollten Sie sich zumindest darüber im Klaren sein, warum Sie es tun und was Sie aus dieser Erfahrung mitnehmen. Wenn Sie sich zum Bleiben entschließen, sollten Sie sich nichts vormachen; Sie wissen, wie diese Firmenkolosse funktionieren, und können sich anschließend auch nicht beklagen. Wenn Sie aber zu dem Schluss kommen, dass dies kein Ort für Sie ist, sollten Sie mit dem frischen Elan der Erkenntnis, dass Ihre Zukunft anderswo liegt, zur Tat schreiten. Wäre es ganz einfach, den Job in der Großfirma an den Nagel zu hängen, dann würden Sie jetzt nicht dieses Buch lesen und Ihre Situation nicht als so ausweglos wahrnehmen. Die nächsten Kapitel beschäftigen sich mit den starken Kräften, die Sie gefangen halten, und den Schritten, die Sie unternehmen könnten, um am Ende womöglich eine Tätigkeit zu finden, die Ihnen mehr zusagt.

▶▶ »Diese Gefängnismauern sind seltsam. Erst hassen Sie sie, dann gewöhnen Sie sich an sie. Nachdem genug Zeit verstrichen ist, können Sie nicht mehr ohne sie sein. Das nennt man institutionalisiert. Sie sollen hier Ihr Leben fristen, so ist es vorgesehen – jedenfalls den Teil davon, der zählt.«
Red (Morgan Freeman) – *Shawshank Redemption*[13]

KAPITEL 2

Gedanken und Blockaden

Vermutlich kennen Sie diese Situation: Jemand erzählt Ihnen, dass etwas, das ihm widerfahren ist, nicht seine Schuld ist – und Sie müssen innerlich grinsen, weil Ihnen bewusst wird, dass der andere eben doch der Urheber seines eigenen Unglücks ist. Oder: Jemand erklärt Ihnen, warum er etwas nicht tun kann, und Sie denken bei sich: »Das sind doch alles nur Ausreden.« Kennen Sie das?

Diese Leute waren wir! Wir sagten zu uns selbst: »Wir machen diese Jobs fünf Jahre lang, und anschließend werden wir mit unserem Leben etwas Interessanteres/Aufregenderes/Wagemutigeres/Abenteuerlicheres/Bedeutungsvolleres anstellen.« Aber als die Stunde der Wahrheit kam, fehlte uns auf einmal der Mut zum Absprung; wir fühlten uns völlig unvorbereitet. Ja noch schlimmer, wir schoben eine ganze Phalanx von Gründen vor, warum wir auf unsere Jobs nicht verzichten konnten.

Im Rückblick waren wir selbst das größte Hindernis – wir mit all unseren Klagen und negativen Gedanken. Es fiel uns damals außerordentlich schwer, die Dinge objektiv zu sehen. Wir waren Meister darin, Gründe zu finden, die gegen die Möglichkeit einer Veränderung sprachen – und schrecklich schlecht darin, uns Gründe zu überlegen, die dafür sprachen.

Es gab auch ein paar handfeste reale Gründe, die uns von einer Kündigung abhielten – finanzielle Sorgen und die Ungewissheit, ob unsere Fähigkeiten auf neue Bereiche übertragbar wären, schränkten unseren Handlungsspielraum ein. In diesem Kapitel stellen wir Ihnen einige der hinderlichen Gedanken vor, mit denen wir uns herumschlugen, sowie einige der praktischen Hindernisse, die uns (wie wir später erkannten) im Weg standen.

Heute erkennen wir viel leichter, was uns davon abhielt, uns beruflich umzuorientieren. Wir haben dieses Kapitel geschrieben, um Ihnen eine ähnlich lange Phase der Unentschlossenheit, wie wir sie erlebt haben, zu ersparen. Je weniger Zeit Sie damit verbringen, die Pros und Kontras gegeneinander abzuwägen, desto eher können Sie sich der sehr viel spannenderen Aufgabe widmen, die Veränderung in Ihrem Leben wahr zu machen.

Die erste Hälfte dieses Kapitels beschäftigt sich mit der kleinen Stimme in Ihrem Kopf, die Ihnen rät, die Ausstiegsgedanken sein zu lassen und sich wieder Ihrem Job zu widmen. Die zweite Hälfte befasst sich mit den realen Kräften und Faktoren, die Sie möglicherweise zurückhalten.

▶▶ »Es gibt zwei Typen von Menschen auf dieser Welt: jene, die Ausreden erfinden, und jene, die Wege durch, um und über wahre Hindernisse hinweg finden.«
Alastair Humphreys – *Ten Lessons From The Road*

Unvorteilhafte Gedanken

»Die Tat selbst ist weniger entsetzlich als die Vorstellung der geschreckten Einbildungskraft.«

William Shakespeare

esc »Ich sollte für diesen Job dankbar sein«

Wir alle drei sahen die Sorgen in den Augen unserer Eltern, als wir zum ersten Mal über unsere Kündigungspläne sprachen. Natürlich waren wir eigentlich alt genug, um eine solche Entscheidung auch ohne elterliche Erlaubnis zu treffen. Dennoch lastete ihre Meinung – wir seien im Begriff, etwas Gutes grundlos über Bord zu werfen – verständlicherweise schwer auf uns.

Einer der überzeugendsten Gründe, die gegen eine Kündigung sprachen, war der Zustand der Wirtschaft; wir mussten doch froh sein, überhaupt einen Job zu haben. Das klang sehr abgeklärt; wir mussten schließlich unsere Rechnungen bezahlen und hörten ständig von Leuten, die ihren Job verloren.

Gegen die Vorstellung vom »vertrauten Übel, das besser ist als das unvertraute«, trug Mikey einen Post-it-Zettel in seinem Portemonnaie mit sich herum, auf dem stand: »Lieber ein misslungener Anlauf in die richtige Richtung als ein geglückter in die falsche.«

Ihr Arbeitgeber kauft Ihre Zeit. Sie tauschen eine bestimmte Anzahl Wochenstunden gegen eine bestimmte Summe Geld ein. Wenn Ihnen dieser Handel nicht länger vorteilhaft erscheint, sind Sie es sich selbst schuldig, nach Alternativen zu suchen, ohne Rücksicht darauf, wie viele Menschen Ihnen raten, sich Ihrem Schicksal zu fügen und dankbar dafür zu sein, dass Sie überhaupt einen Job haben.

> ▶▶ »Wenn ein anderer Ihnen von jetzt auf gleich den Gehaltshahn zudrehen kann, indem er drei Wörter sagt (›Sie sind entlassen‹), klingt das in Ihren Ohren nach einer sicheren und verlässlichen Situation?«
> **Steve Pavlina – Blogger**[1]

»Mein Job garantiert mir Sicherheit«

Treue ist in der Welt der Großfirmen besonders in Zeiten der Rezession ein zerbrechliches Gut. Fragen Sie doch mal all jene Beschäftigten von Lehman Brothers: 2007 noch »Herrscher der Welt«, durften sie 2008 mit Pappkartons unterm Arm das Gebäude räumen.

In letzter Zeit mussten viele Menschen, die konventionelle Karrierepfade beschritten, nie etwas riskiert und ihr Leben lang für Großfirmen gearbeitet hatten, erleben, wie man sie, dem Rentenalter nahe, auf einmal schlecht behandelte. Entlassungen, radikal zusammengestrichene Rententöpfe, zwangsweise Frühpensionierungen. Wenn das Geld knapp wird, sind wir alle entbehrlich.

Brett Veerhusen begann seine Karriere in der Finanzbranche, als Lehman gerade zusammenbrach. Von seinem neuen Schreibtisch aus sah er, wie ein Mitarbeiter nach dem anderen entlassen wurde. Nach wenigen Tagen schaute er nur noch auf eine leere Etage. Er berichtete uns, wie sie von der zweiten Entlassungsrunde aus einem Onlinefinanzblog erfuhren, ohne dass zuvor irgendein Vorgesetzter irgendein offizielles Wort hätte von sich hören lassen.

Dom und Rob verbrachten viel Zeit mit der Erstellung von »Kostenreduzierungstabellen« für Großfirmen. Häufig überließen es die Firmen den Beratern, Effizienzverbesserungsvorschläge zu erarbeiten. Warum? Weil »effizienter werden« häufig gleichbedeutend war mit »die richtigen Leute entlassen«. Auch wenn wir niemals unmittelbar um unsere Jobs fürchteten, hatten wir doch aus nächster Nähe miterlebt, dass Jobsicherheit in Großfirmen kaum mehr als ein Hirngespinst war.

▶▶ »Ich war es satt, ständig in Angst zu leben und von so viel negativer Energie umgeben zu sein. Wenn Sie in einem Büro 20 Menschen versammeln, die alle um ihren Job und ihre Zukunft fürchten, braucht noch nicht einmal ein Wort zu fallen, damit die gefühlte Temperatur unter den Nullpunkt sinkt. Vier Stunden nach der zweiten Entlassungswelle reichte ich meine Kündigung ein. Wenn sie schon ihren Betrieb umstellten, konnten sie auch noch auf einen Mitarbeiter mehr verzichten.«

Brett Veerhusen – Ex-Investmentbanker

»Meine Karriere könnte darunter leiden«

Bevor Dom kündigte, wollte er wissen, wie sich die Beendigung seines seit fünf Jahren bestehenden Arbeitsverhältnisses als Managementberater auf seine Karriere auswirken würde. Er sprach mit Clare Johnston, CEO von The Up Group (einer Londoner Headhunting-Agentur). Er fragte sie, welche Folgen für seine Karriere der Versuch, ein eigenes Unternehmen zu gründen, wohl haben würde – ein mögliches Scheitern mit eingerechnet.

Sie erwiderte, dass sein Lebenslauf davon nur profitieren könne. Würde er scheitern und sich daraufhin wieder als Berater bewerben, hätte er nun etwas, das ihn vor allen übrigen Bewerbern mit vergleichbarer Qualifikation und Berufserfahrung auszeichnete. Und noch dazu würden die Verantwortung und der Druck einer Unternehmensgründung seinen Erfahrungshorizont – verglichen mit dem, was er in einem strukturierteren Unternehmensumfeld lernen konnte – deutlich erweitern.

Es ist unter Umständen sehr viel gefährlicher, jahrelang in einem ungeliebten Job zu verharren und an einer langfristigen Karriere zu basteln, als einen Wechsel zu versuchen, der möglicherweise schiefgeht. Das dürfte ein ziemlich triftiger Grund für Sie sein, mal zu schauen, was da für Sie vielleicht drin wäre.

▶▶ »Wir waren daran gewöhnt, die US-amerikanische Unternehmenswelt mit sicheren Jobs, Beförderungen, beständig steigenden Gehältern, Lebensversicherungen und so weiter zu assoziieren. 2008 zeigte uns, dass das alles eine Lüge war. Verdammt, 100 000 Menschen verloren ihre Lebensversicherung, als GM pleiteging. GM war vor 20 Jahren das solideste Unternehmen der Welt.«
James Altucher – »10 More Reasons You Need To Quit Your Job Right Now!«[2]

»Mir fehlt das erforderliche Netzwerk«

Es fiel uns in unseren Jobs als Managementberater schwer, von den Schreibtischen in unseren Treibhausbüros aus neue Beschäftigungschancen zu erspähen. Wir wussten, dass sich solche Chancen häufig über Bekanntschaften ergeben, aber wir hatten nicht das Gefühl, dass wir die richtigen Leute dafür kannten.

Unser Problem bestand auch darin, dass alle unsere Freunde Blaupausen unserer selbst waren. Niemand schien die Antwort zu kennen. Wer die Stellenausschreibungen las, Headhunter konsultierte oder mit Freunden sprach, kam schnell zu dem Schluss, dass es aufregende Jobs schlicht nicht gab. Aufgrund der gemachten Erfahrungen können wir heute sagen: Wenn Sie bei Ihrer Suche nach neuen Möglichkeiten nicht fündig werden, so liegt das höchstwahrscheinlich daran, dass Sie nicht an den richtigen Orten suchen oder nicht energisch genug Beziehungen zu den richtigen Leuten aufbauen … aber damals sahen wir uns auf verlorenem Posten.

Kehren wir noch einmal zu der Geschichte von Piers Calvert zurück, dem Banker, der den Finanzplatz Canary Wharf hinter sich ließ und heute als Fotograf in Bogotá arbeitet. Obwohl er über keinerlei Netzwerk verfügte, als er nach Südamerika ging, erfand er sich mit der Kraft des Networkings von Grund auf neu.

Seit seinem Ausstieg ist er dem kleinsten Mann der Welt begegnet, hat den kolumbianischen Präsidenten fotografiert, hat einen Gin Tonic mit dem Sohn von Pablo Escobar, dem berühmtesten Drogenbaron der Welt, getrunken und Dynamit in einer Smaragdmine gezündet.

Es ist wichtig, dass Sie die Grenzen Ihres Netzwerks ständig erweitern. Später im Buch werden wir einige Möglichkeiten erkunden, wie Sie mit Menschen in Kontakt treten können, die das repräsentieren, was Sie beruflich erreichen wollen. Reden Sie sich nicht länger damit heraus, dass Sie nicht die richtigen Leute kennen!

▶▶ »Mit dem Risiko kommt die Belohnung. Ich schreibe häufig aus heiterem Himmel an berühmte Leute und frage sie, ob ich sie fotografieren darf, und manchmal sagen sie Ja, und plötzlich stehe ich anderntags im Büro eines Expräsidenten, Kaffee trinkend, plaudernd und fotografierend.«

Piers Calvert – einst exotischer Börsenhändler, heute exotischer Fotograf

esc »Mir fehlen die richtigen Fähigkeiten«

Als wir zum ersten Mal darüber nachdachten, unsere Jobs an den Nagel zu hängen, litten wir entschieden unter dem »Blender-Syndrom« (dem Gefühl, dass wir unser Können lediglich vortäuschten – unfähig, die eigenen Erfolge zu verinnerlichen), ganz zu schweigen von den Herausforderungen, die noch auf uns zukämen, sobald wir uns in eine neue Branche oder einen neuen Job vorwagten. Wir gerieten in die Falle des Selbstzweifels und hatten das Gefühl, nicht über die richtigen Fähigkeiten zu verfügen. Dann aber machten wir uns klar, dass die meisten unserer Fähigkeiten ziemlich allgemeiner Natur waren und sich somit auch auf andere Arbeitsfelder übertragen lassen müssten (Personalführung, strukturiertes Arbeiten, Kontaktpflege, klare schriftliche und mündliche Kommunikation, strategisches und analytisches Denken, Projektmanagement, Verkauf an Kunden, uns selbst verkaufen, Büropolitik). Es fehlte nur, dass wir einen potenziellen zukünftigen Arbeitgeber von unserer Begeisterung für das, was er tat, überzeugten und ihm darlegten, was wir für ihn Gutes tun konnten.

Sarah Hilleary war Portfoliomanagement-Assistentin bei einer Investmentbank. Sie wusste, dass ihr Job sie nicht zufriedenstellte. Sie träumte seit Langem davon, ein eigenes Unternehmen zu gründen, das den Kunden echte Lösungen anbot. An dem Tag, an dem sie erfuhr, dass sie gegen Gluten allergisch war, beschloss sie, einen Shop für glutenfreie Produkte zu gründen. Dass sie nichts vom Backen verstand, hielt sie nicht davon ab; sie brachte es sich selbst bei, und die Marke BTempted war geboren.

Man kann leicht das Gefühl bekommen, die Vertrautheit mit einem bestimmten Job (besonders wenn es sich um eine Tätigkeit handelt, die Qualifikationen voraussetzt, wie Anwalt oder Wirtschaftsprüfer) bedeute automatisch, dass man mit diesem Weg gewissermaßen »verheiratet« ist. Selbst Menschen, die sich noch in der Frühphase ihrer Karriere befinden, haben mitunter den Eindruck, es sei schon zu spät für einen Wechsel – besonders wenn man bedenkt, welche Mühe es kostet, sich in ein neues Gebiet einzuarbeiten.

Jonathan Walter arbeitete 15 Jahre als Buchhalter in einer Investmentbank. Er begann, aus reiner Freude an der Sache Möbel zu entwerfen.
Und er entschloss sich erst dazu, es als ordentliches Handwerk zu erlernen, nachdem ihm bewusst geworden war, dass er aus seiner Leidenschaft
einen Beruf machen konnte. Heute arbeitet er als Tischler, stellt in North
Cornwall maßgeschneiderte Möbel her und lebt zehn Minuten vom besten
Surfstrand der kornischen Küste entfernt. Weder Sarah noch Jonathan ließen sich von mangelnden Fähigkeiten abhalten. Stattdessen unternahmen
sie etwas dagegen. Noch ein weiterer Faktor spielt Ihnen in die Hände.
Zunehmend stellen fortschrittliche Unternehmen gerne Mitarbeiter ein,
die nachweislich in der Lage sind, Dinge zu gestalten und umzusetzen. Es
kommt ihnen nicht darauf an, ob diese Leute irgendwelchen Checklisten
mit bestimmten Fähigkeiten genügen.

Tough Mudder, ein schnell wachsendes Extremabenteurer-Start-up in den
Vereinigten Staaten, bevorzugt ausdrücklich Mitarbeiter ohne Erfahrung
in den Positionen, für die sie sich bewerben. Chief Creative Officer Alex
Patterson war früher Steueranwalt. Mitgründer Guy (ehemals Anwalt)
meint, was er könne – nämlich einen beliebigen Job in weniger als zwei
Jahren zu erlernen –, könnten seine Mitarbeiter auch. Sie müssten lediglich
intelligent, leidenschaftlich und entschlossen sein.

Je öfter wir mit Menschen sprechen, die ihren alten Job kündigen, desto
bewusster wird uns, dass jeder, der die Branche wechselt oder ein Unternehmen gründet, neue Fähigkeiten entwickeln oder Fähigkeiten aus dem
alten Job übernehmen und anpassen muss. Sie können die Bedeutung des
Faktors Zuversicht und des Lernens »im Job« gar nicht hoch genug einschätzen. Verkaufen Sie sich nicht länger unter Wert. Trainieren Sie Ihre
Anpassungsfähigkeit.

▶▶ »Studieren Sie das, was Sie interessiert, so undiszipliniert,
unehrerbietig und kreativ wie möglich.«
Richard P. Feynman – theoretischer Physiker

»Ich muss erst die Sicherheit haben, dass es funktioniert«

Hier sind einige der Dinge, die wir uns gerne selbst erzählten, um zu rechtfertigen, dass wir unsere Jobs noch immer nicht gekündigt hatten:

- »Wir warten auf die richtige Geschäftsidee …«
- »Wir warten darauf, unseren Traumjob zu finden …«
- »Wir warten darauf, unsere Leidenschaften zu entdecken …«
- »Wir warten auf den richtigen Zeitpunkt …«

Warten ist passiv und beruht auf einem fundamentalen Missverständnis darüber, wie die Welt funktioniert. Wir waren wie die kleinen Jungs, die am Rand des Spielplatzes stehen und darauf warten, dass man sie fragt, ob sie mitspielen wollen. Die Realität sieht jedoch anders aus: Wenn Sie neue Chancen auftun, neue Interessen verfolgen oder eine aufregende Geschäftsidee entwickeln wollen, müssen Sie zuerst einmal *tätig* werden.

Wir waren der Vorstellung aufgesessen, wir würden eines Tages aufwachen und mir nichts, dir nichts »wissen«, was wir mit unserem restlichen Leben anstellen wollten. Nach drei Jahren Erfahrung mit Escape the City ist uns mittlerweile bewusst geworden, dass eine solche Denkweise extrem gefährlich ist; sie verleitet uns dazu, wichtige Schritte, ohne die sich die entscheidenden Dinge nicht ereignen, allzu lange aufzuschieben.

Das hatte auch Steve Jobs im Sinn, als er sagte: »Die Punkte fügen sich nicht in der Vorausschau, sondern immer erst im Rückblick zu einem Bild zusammen. Wir müssen also darauf vertrauen, dass sich die Punkte künftig als Teil eines Ganzen erweisen.«[3]

Wir waren so daran gewöhnt, unsere Zukunft vorgezeichnet zu finden (Schule, Uni, Abschluss, erste Jobs, Großfirmenkarriere), dass wir uns außerstande sahen, einen aufregenderen und unkonventionelleren Karriereweg zu entwerfen.

Wie Sie sehen werden, gibt es den idiotensicheren Plan, der Sie durch Ihr Ausstiegsszenario trägt, nicht. Was Sie brauchen, ist die Überzeugung, dass Sie auf der Basis der Ihnen wichtigen zentralen Prinzipien durchaus Ihre eigenen Karriereentscheidungen treffen können. Die Taktik mag sich wandeln, aber solange Sie Ihren zentralen Prinzipien treu bleiben, sollten Sie gegen die unvermeidlichen Aufs und Abs, die Ungewissheiten und Triumphe, gewappnet sein.

Das Problem mit dem Warten auf den »Traumjob«, Ihre »phänomenale Geschäftsidee« oder jene plötzliche Eingebung, die Ihnen sagt, wozu Sie berufen sind, ist, dass diese Dinge in der echten Welt nicht wirklich existieren. Das scheinbar rationale Argument des Wartens bedeutet in Wahrheit, dass Sie viele Möglichkeiten verpassen, neue Menschen kennenzulernen, neue Wege zu erkunden und neue Situationen zu entdecken, die so viel besser zu Ihnen passen würden.

Man sagte uns, dies wäre nicht der richtige Zeitpunkt und wir wären nicht die richtigen Leute. Eines Tages fiel es uns wie Schuppen von den Augen … wir werden immer entweder zu jung, zu unerfahren, zu mittellos und zu machtlos sein oder aber zu alt und zu gehandicapt (durch Familie, Kinder, Hypothekendarlehen).

In Wahrheit brauchen Sie nichts weiter zu tun, als anzufangen: Arbeiten Sie sich durch die Dinge hindurch, die Sie vermeintlich aufhalten. Meistens ist jede Veränderung besser als gar keine Veränderung. Sobald Sie akzeptieren, dass es die »eine richtige Entscheidung« bezogen auf Ihren nächsten Karriereschritt nicht gibt, lässt der Druck spürbar nach. Wenn es den einen Job, der Ihre gesamte Persönlichkeit vollauf zufriedenstellt, nicht gibt, dann müssen Sie auch nicht länger danach suchen.

Ihr nächster Job oder Ihr nächstes Projekt muss lediglich einige Ihrer Leidenschaften ansprechen. Sie werden sowieso nicht Ihr ganzes Leben dort ausharren, und *etwas* werden Sie aus der Erfahrung, sei sie positiv oder negativ, schon lernen. Wichtig ist, dass Sie, solange Sie unzufrieden sind, in Bewegung bleiben und sich von dort aus, wo Sie sich heute befinden, weiterentwickeln.

▶▶ »Der Mensch hat mehrere Identitäten. Unterschiedliche Jobs sprechen zu unterschiedlichen Zeiten unseres Lebens unterschiedliche Teile unserer Persönlichkeit an [...]. Da gibt es einen sehr pragmatischen und einen sehr kreativen Teil, und da gibt es Zeiten im Leben, in denen wir mehr Zeit und Raum und Kraft für die eine als für die andere Seite übrig haben.«

Herminia Ibarra – »Working Identity«

Verbreitete Blockaden

»Wie viel besser ist es zu wissen, dass wir den Mut hatten, unsere Träume zu leben, als unser Leben in einer Lethargie der Reue zu verbringen.«

Gilbert E. Kaplan – Pionierunternehmer

esc Wir wünschen uns eine Betriebsanleitung

Der zweite Teil des Kapitels handelt von den realen Hindernissen, die uns in unseren Firmenjobs gefangen hielten (im Gegensatz zu den unvorteilhaften Gedanken, über die wir im ersten Teil sprachen).

Warum ergriff uns die Panik, als wir zum ersten Mal daran dachten, das Laufband zu verlassen? Vielleicht waren wir einfach so daran gewöhnt, uns der Gesellschaft zuliebe zu verbiegen und uns stetig nach der Decke zu strecken – und wussten nicht, was wir tun sollten, sobald uns nicht mehr die Strukturen einer Institution von einer Herausforderung zu nächsten leiteten.

Für das konventionelle Leben existiert sehr wohl eine Betriebsanleitung. Darin heißt es, dass wir unseren Kopf einziehen und tun sollen, was man uns aufträgt. Wir sind vermutlich die am stärksten überqualifizierte und übergebildete Beschäftigtengeneration in der Geschichte der Menschheit. Wir können auf eine schier beispiellose Menge von Wissensinhalten und Technologien zurückgreifen. Und doch wissen viele von uns nicht, wie sie ihren Karriereweg beschreiten sollen, sobald dieser auch nur entfernt vom ausgetretenen Großfirmenpfad abweicht.

> ▶▶ »Es existieren keine magischen Formeln. [...] große Errungenschaften, tiefe Erfüllung, anhaltende Beziehungen und andere Aspekte eines mit unstillbarem Durst und nicht versiegender Energie geführten Lebens lassen sich nicht formelgestützt verwirklichen oder sauber quantifizieren. Zuallererst sind sie auf eine zutiefst persönliche Weise bedeutungsvoll. Die unbequeme Wahrheit lautet: Sie müssen sich vermutlich schlicht Ihren eigenen Weg bahnen.«
> **Umair Haque – _Harvard Business Review Blog_**[4]

esc Wir lassen uns von anderen Menschen beeinflussen

Uns allen ist wichtig, was andere über uns denken. Wenn Ihre Freunde oder Kollegen über ihre Jobs sprechen (manchmal scheint es, als spräche heute niemand mehr über etwas anderes), ihre Gehälter oder ihre Beförderungen, dann möchten auch Sie sich wertgeschätzt und geachtet fühlen, wenn Sie über das sprechen, was Sie tun.

Lee Strickland führte 14 Jahre lang Promotions durch und leitete Kreativ-Pitchs in Medienunternehmen. Sie kündigte 2010 und zog mit ihrem Partner nach Cornwall, um dort das Little Leaf Guest House zu eröffnen. Während der Vorbereitungszeit für ihren großen Schritt besuchte sie eines der ersten Escape-the-City-Treffen.

Sie berichtete sehr offen über ihre Gedanken im Zusammenhang mit dem bevorstehenden Wechsel: »Mir persönlich ist aufgefallen, dass wir sehr häufig unsere Egos die Entscheidungen für uns treffen lassen. Unsere Egos sagen uns: Wenn du jemand ›sein‹ willst in der Welt, musst du den richtigen Job haben, das richtige Gehalt verdienen und in der richtigen Gegend leben.«

Lee berichtete uns auch, wie hart es für sie war, auszubrechen. Sie musste sich bewusst machen, dass das, was sie tat, und der Ort, wo sie wohnte, lediglich Etiketten waren, die nichts damit zu tun hatten, »wer sie wirklich war«. »Sich von all dem zu lösen, erfordert eine gute Portion Selbstbewusstsein, und auch jetzt, wo ich meine Pension führe, ist da in mir immer noch der Teil, der den Gästen sagen will, dass ich nicht immer Frühstück vorbereitet und Betten gemacht habe und dass ich einmal ›wichtig‹ war. Über diesen Teil von mir, der sich einst so viele Gedanken darüber machte, was sich andere wohl so für Gedanken über mich machten, muss ich heute selber lachen.«

Selbst der genügsamste und unabhängigste Mensch ignoriert nicht völlig, was andere über ihn denken, und lässt sich unbewusst davon beeinflussen.

Der Experte für Gestaltlehre und Pionier der Sozialpsychologie Solomon Asch dokumentierte in der Candid-Camera-Episode »Face the Rear« [vergleichbar mit »Verstehen Sie Spaß«] aus dem Jahr 1962 eine Trickvorstellung, mit der er die Psychologie der Konformität illustrierte. Auf komische Art und Weise verdeutlichte er, wie groß der Druck der Herde sein kann, indem er Schauspieler erst in eine Richtung und dann in eine andere blicken ließ – was ahnungslose Passanten, die sich zuerst sichtlich unwohl fühlten, dazu veranlasste, ihren Blick ebenfalls in die vorgegebene Richtung zu lenken und sich so in die Menge einzufügen.

Freunde, Familienangehörige und andere Menschen in Ihrem Leben werden versuchen, Sie von einer Entscheidung abzubringen, die sie für riskant halten, gerade weil ihnen an Ihrer Person gelegen ist. Sie wünschen Ihnen einen sicheren und vernünftigen Job, der Ihnen einen guten, angenehmen Lebensstandard garantiert. Sie wollen Sie vor dem Scheitern bewahren. Natürlich beeinflussen diese Menschen Sie.

Sorgen Sie sich jedoch nicht, falls Sie den Eindruck haben, Ihr Ausstieg könnte in Gefahr sein, weil das Unbewusste stets versucht ist, die Harmonie mit der Masse wiederherzustellen. Lassen Sie sich von Omar Samras Geschichte inspirieren. Nach fast zehn Jahren in der Finanzbranche gründete er ein Unternehmen für Abenteuerreisen. Er sagte uns, seiner Meinung nach sei es an jedem von uns, für sich eine beliebige Geschichte zu erfinden und sie aktiv zu verwirklichen.

> ►► »Manche versuchten, mich zur ›Vernunft‹ zu bringen und mir einzureden, ich solle meine Pläne fallen lassen, aber letztlich hat mich das in meinem Entschluss nur noch bestärkt.«
> **Omar Samra – Exbanker, Gründer eines Abenteuerreiseunternehmens**

esc | Wir lieben die Bequemlichkeit

Dave Cornthwaite (www.davecornthwaite.com) quittierte seinen Job, verkaufte sein Haus, kommt seit sechs Jahren mit weniger als 10 000 britischen Pfund im Jahr aus und lebt ganz für seine Idee, so viele verrückte Abenteuer zu bestehen wie nur möglich. Warum? Weil ihm bewusst wurde, dass das Leben an ihm vorbeizog.

Im Rahmen seines Projekts »Expedition 1000« durchquerte er Australien mit dem Skateboard, legte im Kajak den gesamten Murray River zurück, paddelte stehend den Mississippi entlang und schwamm den Missouri hinunter.

Dave sprach in London vor einem Publikum aus Escape-the-City-Mitgliedern und übermittelte uns eine sehr einfache Botschaft: Bequemlichkeit tötet Ehrgeiz. Es ist so einfach, sich durch die Jahre treiben zu lassen – wenig zu erreichen, wenig zu riskieren –, lediglich zu existieren.

Seine Mission besteht darin, ein Leben zu leben, das es wert ist, dabei Gutes zu tun und andere Menschen zu animieren, sich ähnlich zu verhalten. Heißt das, dass Sie seinem Beispiel folgen sollten? Natürlich nicht. Möglicherweise ist Ihnen die Vorstellung von Daves Leben ein Graus. Aber was hindert Sie, den Kern der Leidenschaft und der Lebenslust, die Dave antreiben, auf Ihr eigenes Leben anzuwenden? Was spricht dagegen, sich von derselben Furcht, das Leben könne ungenutzt verstreichen, anspornen zu lassen? Solange Sie mit Ihrem Leben nicht das tun, was Sie selbst tun wollen: Haben Sie da nicht allen Grund, ebenso über das Verstreichen der Zeit zu erschrecken?

Sie lesen dieses Buch; das lässt vermuten, dass Sie nicht beabsichtigen, sich bequem durchs Leben treiben zu lassen … dass Sie nach mehr suchen. Wenn es Ihnen ähnlich wie uns geht, wissen Sie jetzt vielleicht noch nicht, worin dieses »Mehr« besteht. Keine Sorge. Die Erkenntnis, dass da ein Gefühl ist, das Sie zum Handeln anspornt, ist schon der halbe Weg.

Die andere Hälfte? Das Handeln selbst ... und das ist die wirklich harte Hälfte!

▶▶ »Ich studierte Mathematik, ging zur Universität und lebte bequem in meinem darlehenfinanzierten Haus mit zuverlässigem Gehalt. Dennoch wurde mir alsbald bewusst, dass ich mich niemals gefragt hatte, was ich mir vom Leben erwartete, was mich glücklich machen würde. Glücklich sein und ein bequemes Leben führen sind zwei verschiedene Dinge.«

Dave Cornthwaite – Abenteurer

Wir meiden Angst und Verunsicherung

`esc`

Rob Archer von »The Career Psychologist« sprach in London vor 60 Escape-the-City-Mitgliedern darüber, wie wir mit dem Phänomen der inneren Blockade umgehen können. Danach bewirken die Selbstschutzmechanismen des Gehirns, dass wir fast alles tun, um kurzfristig Angst und Schmerz zu vermeiden, selbst wenn es sich um Dinge handelt, die uns langfristig massiv nutzen würden. Ein gutes Beispiel ist das Ausschlagen einer Einladung zu einem öffentlichen Vortrag aus Angst, uns womöglich zu blamieren, obwohl wir wissen, welch große Chance darin liegt.

Hier sind vier Gründe, warum wir uns selbst blockieren:

1. Erfahrungsvermeidung – hierbei weichen wir Gedanken, Gefühlen, Emotionen, Erinnerungen und körperlichen Empfindungen aus, obwohl wir wissen, dass wir uns damit langfristig schaden. Wir bleiben, wo wir sind, und gehen schwierigen inneren Erlebnisprozessen aus dem Weg, anstatt etwas zu tun, das uns unseren eigenen Zielen am Ende näher brächte. Mit der Zeit hat das den Effekt einer »Verengung« unseres Lebens und wir stecken fest.

2. Wir sind schlecht im Treffen von Entscheidungen – steht der menschliche Geist einer bestimmten Zahl von Auswahlmöglichkeiten gegenüber, lähmt das seine Entscheidungsfindung (wie wir im nächsten Kapitel im Zusammenhang mit dem Auswahlparadox näher darlegen werden).

3. Der Kopf denkt in linearen Mustern – unser Gehirn liebt Geschichten, und häufig ignorieren wir Informationen, die nicht in den derzeitigen Erzählstrang passen. Das bezieht sich auch auf unsere Karrieren – am Ende sehen wir uns nur noch imstande, das zu tun, was wir schon immer taten.

4. Wir treffen Entscheidungen aufgrund von Vergleichen – wir neigen dazu, uns bei unseren Entscheidungen nicht an dem zu orientieren, was uns persönlich wichtig ist, sondern an den Werten anderer Menschen oder an relativen Werten – wir bedenken zum Beispiel, wie wir mit unserer Entscheidung im Vergleich zu anderen dastehen.

Wenn Sie sich absolut elend fühlen, sagt Rob Archer, ist die Gefahr der inneren Blockade geringer, weil Sie dann vor dem Schmerz flüchten (was seine eigenen Risiken birgt). Am meisten müssen sich vor der inneren Blockade die Menschen in Acht nehmen, die sich dahintreiben lassen, ohne echte Zufriedenheit und ohne allzu großen Schmerz.

Das Verständnis für die Mechanismen, mit denen Sie Furcht und Verunsicherung zu vermeiden suchen, ist ein wichtiger Schritt in Richtung ihrer Überwindung.

Unsere Erfahrung? Am Ende beschlossen wir, den Großfirmen den Rücken zu kehren, weil unser Frust schwerer wog als die Angst vor dem Absprung. Aber das brauchte seine Zeit.

Ein großer Karrierewechsel macht uns aus denselben Gründen Angst wie möglicherweise die nächtliche Dunkelheit. Wir können nicht sehen, was da ist, und unsere Vorstellungskraft beginnt verrücktzuspielen. Weil wir nicht wissen, was wir nicht wissen, erwarten wir das Schlimmste. Was wir am meisten fürchten, ist die Ungewissheit.

▶▶ »Träume verblassen, weil wir den kurzfristigen Schmerz, der notwendig ist, um zu unseren langfristigen Zielen zu gelangen, nicht aushalten.«
Seth Godin – *Stop Stealing Dreams*

esc Wir scheuen die Entscheidung

Keine Entscheidungsfreiheit zu haben, ist sicherlich unerträglich. Und dennoch hat der Psychologe Barry Schwartz (der die Beziehungen zwischen Wirtschaft und Psychologie untersucht) herausgefunden, dass Wahlfreiheit die Menschen in Wahrheit unzufriedener macht. Woraus er in seinem exzellenten Buch *Anleitung zur Unzufriedenheit* den Schluss zieht, dass das Geheimnis von Glück und Zufriedenheit in der geringen Erwartung liegt.

Wir sind der Ansicht, dass ein Reichtum an Auswahlmöglichkeiten immer dann kein Problem darstellt, wenn wir unsere Entscheidungen aktiv treffen, indem wir neue Chancen, Interessen und Leidenschaften entweder von der Liste streichen oder aber weiterverfolgen. Im Handeln reduzieren wir unsere hohen Erwartungen auf ein realistisches Maß, und je realistischer sie sind, desto zufriedener sind wir mit unseren Entscheidungen. Wichtig ist, dass wir sie auch wirklich treffen!

Sie kennen vermutlich die Vorstellung von der Analyse, die in der Paralyse beziehungsweise Lähmung mündet – Sie zerpflücken eine Situation bis zum Gehtnichtmehr, ohne je zu einer Entscheidung zu kommen. Wir jedenfalls kennen uns mittlerweile damit aus – keine Situation beschreibt diese Theorie besser als unsere verworrenen Gedankenprozesse, als wir versuchten, unseren Ausstieg zu planen. Wir empfehlen Ihnen, den exzellenten Artikel in der *Huffington Post* unter der Überschrift »More Options, More Problems« zu lesen. Er beginnt so: »Eine Entscheidung aufzuschieben, heißt, sie nicht zu treffen. Und so sehen sich einige der talentiertesten Menschen der Welt gefangen in einer Endlosschleife der ›Wiedervorlage‹ ...«[5]

Wenn Sie in der Welt der Großfirmen arbeiten, sind Sie vermutlich mehr oder weniger geschult im analytischen Denken. Ihr Job könnte darin bestehen, Risiken für andere Firmen zu analysieren oder Geschäftspläne zu bewerten. Da ist es kein Wunder, wenn Sie dieselbe analytische Strenge und dieselbe Risikoaversion auch auf Ihr eigenes Leben anwenden. Sie wurden Teil Ihres Denkprozesses. Ein Analyst in Sachen Private Equity schrieb uns vor nicht allzu langer Zeit eine E-Mail. Er wollte unbedingt ein Unternehmen gründen, hatte aber in seinem Leben schon so viele Geschäftspläne zerpflückt, dass er einen Riesenbammel davor hatte, selbst einen zu verfassen.

Um gute Entscheidungen treffen zu können, müssen Sie sich zuerst einmal über Ihre Entscheidungskriterien klar werden. Im Karrierekontext können das beispielsweise Gehalt, Kollegen, Standort, Kreativitätsspielraum und Einfluss sein. Sobald Sie Ihre Kriterien kennen, können Sie auf der Basis dessen, was Sie sich im Idealfall wünschen, nach Gelegenheiten suchen und diese verwerfen oder aber weiterverfolgen. In Kapitel 5 – Evolution statt Revolution – werden wir darauf näher eingehen.

▶▶ »Sie brauchen nicht zu wissen, was Sie tun wollen; es ist nicht erforderlich, dass Sie bereits im Vorwege eine genaue Vorstellung davon haben. Im Bankgewerbe sind die Menschen meiner Erfahrung nach überaus risikoscheu, und so würden sie am liebsten in Gleichungen festhalten: ›Zufriedenheit im Bankgeschäft = $x + y + z$‹, ›Zufriedenheit mit etwas anderem = A + B + C‹, bevor sie eine Kündigung ernsthaft in Erwägung ziehen. Sie wollen sicher sein, dass ihr Plan niet- und nagelfest ist.«

Stephen Ridley, einst Banker und heute Musiker

Wir haben nicht genug Zeit und Energie

Um ehrlich zu sein: Wir verbrachten im Jahr vor der Kündigung nur sehr wenig Zeit mit Dingen und Aktivitäten, die uns einer erfüllenderen beruflichen Tätigkeit näher gebracht hätten. *Und das, obwohl wir unsere Jobs nur zu gern an den Nagel gehängt hätten.* Natürlich wollten wir uns eigentlich nach interessanten Projekten umschauen und neue Leute außerhalb des Jobs kennenlernen. Aber wir waren am Ende des Tages einfach zu erledigt. Und selbst die Wochenenden verbrachten wir häufig mit Partys und Zerstreuungen, um uns von der Trostlosigkeit unseres Berufsalltags abzulenken. Sie müssen kein Lebenscoach sein, um zu erkennen, dass ein solches Verhalten uns nicht gerade weiterhalf!

Die Menschen sprechen vom »EastEnders-Test«, mit dem Sie feststellen können, wie ernst Sie es mit dem Ausstieg meinen [EastEnders ist eine Soap, die seit vielen Jahren an vier Tagen in der Woche im britischen Fernsehen läuft]. Gary Vaynerchuk nennt es in seinem ausgezeichneten Buch *Hau rein!* den »Nebenjob«. Die Logik geht so: Wenn Sie nach einem langen Arbeitstag nach Hause kommen und bereit sind, weitere fünf Stunden lang an Ihrem Ausstiegsplan zu arbeiten, anstatt im Fernsehen EastEnders zu schauen, dann sind Sie vermutlich entschlossen genug, um Ihren Ausstieg Wirklichkeit werden zu lassen. Wir stellten fest, dass unsere mentale Energie begrenzt war und dass unser Tagesjob das meiste davon in Anspruch nahm. Nachdem die Idee mit Escape the City aber erste Form angenommen hatte, wurde es leichter, alles andere beiseitezuschieben und uns auf den Ausstiegsplan zu konzentrieren. Dom bastelte sechs Monate lang Abend für Abend an Escape the City, bevor er kündigte (und füllte unterdessen die Ausstiegskasse); er bestand den Test also mit Bravour!

▶▶ »Erzählen Sie nicht herum, die Welt schulde Ihnen etwas. Die Welt schuldet Ihnen nichts. Sie war schließlich zuerst da.«
Mark Twain

Wir brauchen Geld zum Überleben

Sie würden sich wundern, wie häufig die Mitglieder von Escape the City diesen Einwand zu hören bekommen – als hätten wir darüber nicht schon selbst nachgedacht und müssten uns damit nicht ebenfalls auseinandersetzen.

> »Aber was ist mit dem Geld?«
> »Wir alle brauchen Geld zum Überleben.«
> »Ja, wenn ich reich wäre, würde ich liebend gern auf meinen Job verzichten.«

Als wir darüber nachdachten, ob wir unsere sicheren Jobs kündigen sollten, machten wir uns sehr wohl Sorgen wegen des Geldes. Wir waren abhängig von unseren Gehältern. Aber wie bei der Zeitanalyse im vorigen Kapitel stellten wir auch hier bei ehrlicher Betrachtung fest: Unser Ausgabenverhalten entsprach nicht dem Leben, von dem wir behaupteten, dass wir es uns wünschten.

Abgesehen von den notwendigen Grundausgaben steckten wir unser Geld fast gänzlich in Zerstreuungen. Dom bezahlte 1000 britische Pfund für die Reparatur seiner Ralph-Lauren-Schuhe! Er kaufte sich sogar in London ein handgearbeitetes Kanu, um für das Yukon Canoe Race in Kanada zu trainieren (letztendlich flog Dom ohne das Kanu zum Rennen). Rob kaufte sich ein Motorrad und verbrachte viele Wochenenden in Frankreich, Spanien oder Italien. Mikey leistete sich nicht weniger als sechs ausgedehnte Urlaube im Jahr.

 Die Wahrheit ist, dass man sich sehr leicht an ein bestimmtes Gehalt gewöhnt. Mit ihm steigen automatisch auch die Ausgaben – mit der Folge, dass an Ausstieg, Wechsel, Risiko oder das Ausprobieren von Neuem nicht zu denken ist.

In Abraham Maslows berühmter Bedürfnispyramide nimmt die Selbstverwirklichung den obersten Platz ein. Dass das so ist, hat einen wichtigen Grund. Maslow sagt, dass es uns nicht möglich ist, unser volles Potenzial auszuschöpfen, solange unsere grundlegenden Bedürfnisse nicht erfüllt sind. Offensichtlich brauchen wir eine stabile berufliche Position, bevor wir uns mit der Frage auseinandersetzen können, worin für uns der Sinn des Lebens besteht.

Sicherheit und Stabilität sind zwei wesentliche Gründe, warum wir einem Beruf nachgehen. Falls Sie es jedoch bei diesen zwei Gründen belassen, brauchen Sie sich nicht zu wundern, wenn Sie mit der Zeit ein Gefühl der Unzufriedenheit befällt. Sie haben die Spitze der Pyramide übersehen! Geld allein macht nicht glücklich.

Die Sorge ums Geld ist der Hauptgrund, warum Menschen in Jobs ausharren, die ihnen nicht liegen. Wenn es ihnen nicht gelingt, die finanziellen Umstände eines Berufswechsels zufriedenstellend zu regeln, ist das der Hauptgrund, warum so viele Ausstiege scheitern. Das Thema Geld wird uns in allen Kapiteln dieses Buches beschäftigen (Kapitel 4 trägt die Überschrift »Die Geldfrage« und führt Sie durch den heikelsten und wichtigsten Teil Ihres beruflichen Wechsels).

Stellen Sie sich unter Ihrem Ausstieg keinen planlosen Sinneswandel vor. Die meisten Menschen, die den Ausstieg erfolgreich meisterten, haben sich von der Geldfrage sicherlich nicht von ihrem Vorhaben abbringen lassen – aber sie haben ihre finanzielle Situation stets akribisch gemanagt. Und das sollten Sie auch tun.

Nehmen Sie sich ein Beispiel an Scott Gilmore, einem früheren Diplomaten. Ihn haben die Ineffizienzen der Hilfsbranche dermaßen frustriert und er war so versessen darauf, daran etwas zu ändern, dass er an dem Tag, an dem seine älteste Tochter geboren wurde, den diplomatischen Dienst quittierte. Klingt unverantwortlich. War es aber nicht …

▶▶ »Als Erstes sprach ich mit anderen, die ihre eigene Wohltätigkeitsorganisation oder ihr soziales Unternehmen gegründet hatten. Sie
vermittelten mir den Eindruck, dass es ein schwieriger, aber letztlich gangbarer Weg werden würde. Anschließend stellten meine
Frau und ich einen Haushaltsplan auf, und wir beschlossen, dass
für mich sechs Monate drin waren, um mich meinem Projekt zu
widmen. Sollte bis dahin kein Fortschritt erkennbar sein, würde ich
in den Staatsdienst zurückkehren.«

Scott Gilmore – Gründer von Open Markets

esc Fazit – Gedanken und Blockaden

In diesem Kapitel haben wir einige der Kräfte beschrieben, die uns sehr viel länger in der Trostlosigkeit der Großfirmen ausharren ließen, als uns lieb war. Nur allmählich wurde uns dann klar, dass diese Kräfte allesamt überwindbar waren. Sobald wir begriffen, dass der entscheidende Faktor, der uns zurückhielt, wir selbst waren, konnten wir uns auf die sehr viel aufregendere Aufgabe stürzen, diesen Zustand zu ändern.

Es gibt immer Gründe, etwas nicht zu tun. Immer. Diese Gründe können sehr überzeugend klingen. Häufig *sind* sie auch überzeugend. Wenn wir sie gelten lassen, kommen wir uns verantwortungsbewusst, realistisch und abgeklärt vor. Wir können sogar begründen, warum andere Menschen Dinge tun, zu denen wir uns außerstande sehen (eine allzu verführerische Falle).

Wenn Ihr Job Ihnen keine Erfüllung bringt, liegt es an Ihnen, zu entscheiden, ob es vernünftiger ist, den Kopf einzuziehen, alles beim Alten zu belassen und am Ende zu riskieren, dass Sie nicht mehr gebraucht werden (oder, schlimmer noch, innerlich zu verbittern). Oder ob die wahre Vernunft es gebietet, dass Sie sich frei machen und beginnen, sich nach neuen Chancen umzuschauen.

Wir sind die Letzten, die nicht wüssten, wie schwer dieser Weg ist.

Aber wir wissen auch, dass er gangbar ist ...

▶▶ »Kein Versuch würde jemals unternommen, müssten zuvor immer erst sämtliche Einwände ausgeräumt sein.«
Samuel Johnson

KAPITEL 3

Allmähliche Offenbarungen

Die Überschrift dieses Kapitels ist ein Widerspruch in sich. Eine Offenbarung ist eine plötzliche oder überraschende Erkenntnis – ein Augenblick der Wahrheit, in dem Ihnen mit einem Mal alles klar wird. Wir finden, dass das Warten auf solche Momente mitunter alles andere als hilfreich ist. Dass Ihnen ganz plötzlich »aufgeht«, was Sie mit Ihrem Leben anstellen wollen, kommt extrem selten vor. Wir glauben, dass es sich eher um einen langfristigen Prozess handelt. Wichtiger, als auf die plötzliche Erleuchtung zu warten, ist die sorgfältige Identifizierung der *Prinzipien* Ihres zukünftigen Lebens und Ihrer Entscheidungskriterien.

Wenn Menschen vom »Augenblick der Wahrheit« sprechen, meinen sie damit häufig Momente, in denen sie den Entschluss fassten, in Zukunft etwas Bestimmtes zu tun – wobei die Details oft noch unklar waren. Wenn Sie sich auf dem Laufband gefangen fühlen und aus diesem Buch etwas mitgenommen haben, hoffen wir, dass Sie sich zu dem Entschluss durchringen, etwas an der Situation zu ändern – auch wenn Sie noch nicht wissen, was genau es sein wird. Selbst wenn es Jahre braucht: Sich klar zu machen, dass der gegenwärtige Zustand nicht ewig anhalten wird, ist das Beste, was Sie für sich tun können. Ein solcher Entschluss befreit. Er ist aufregend.

Wir wollten nicht länger auf die Offenbarung warten. Stattdessen machten wir uns aktiv daran, unsere Denkweisen auf den Prüfstand zu stellen. Wir entwickelten unser Denken und Verhalten in eine Richtung, die es uns ermöglichte, unsere Entscheidungen künftig selbst zu treffen. Wir fragten nach unseren eigenen Werten, Vorlieben und persönlichen Wahrheiten. Wir schüttelten die Fesseln unserer Erziehung, unserer Eltern, unserer Freunde, unserer Kollegen und all der anderen wohlmeinenden, aber potenziell gefährlichen Kräfte ab, die uns dorthin gebracht hatten, wo wir uns befanden – gefangen und unglücklich.

Dieses Kapitel beschäftigt sich mit den Gedanken und den allmählichen Erkenntnisprozessen, die auch anderen Menschen geholfen haben, ihren Ausstieg erfolgreich zu meistern. Häufig reicht es schon, eine Zeile zu lesen, deren tiefe Wahrheit uns beeindruckt, um aus der recht bequemen Apathie aufzuschrecken. Dieses Kapitel ist in Lebensoffenbarungen und Karriereoffenbarungen gegliedert. Wir hoffen, dass die Kombination von beidem Ihnen hilft, einige jener unvorteilhaften Gedanken und Blockaden zu überwinden, über die wir im vorigen Kapitel gesprochen haben.

> ▶▶ »Von Zeit zu Zeit überfällt die Menschen die jähe Erkenntnis, dass sich das Leben auch ganz anders anfühlen könnte, als man es ihnen beigebracht hat.«
> **Alan Keightley – Buchautor**

Lebensoffenbarungen

»Sie haben Gehirnzellen im Kopf. Sie haben Füße in den Schuhen.
Sie können gehen, wohin Sie wollen. Sie sind auf sich selbst gestellt.
Und Sie wissen, was Sie wissen. Und Sie allein entscheiden,
wohin die Reise geht ...«

Dr. Seuss – *Oh, the Places You'll Go*

Leben Sie Ihr Leben nach Ihrer Fasson

Rob erinnert sich noch gut an seinen Englischlehrer in der Grundschule. Mr Bradshaw war ein echtes Energiebündel, und er scherte sich wenig um Regeln und Gepflogenheiten. Eine Schulstunde ist Rob besonders im Gedächtnis hängen geblieben, als der Lehrer sich zur Klasse umdrehte und in konspirativem Tonfall sagte: »Jungs, ihr wisst doch, dass ihr nicht alles glauben müsst, was man euch in der Schule erzählt? Dass ihr selbst entscheiden müsst, was ihr glaubt?«

Was für eine Offenbarung für einen Neunjährigen! Lehrer und Eltern haben also nicht immer recht? Du musst also nicht alles schlucken und unhinterfragt akzeptieren, was man dich lehrt? Was für eine wunderbare Lebenseinstellung! Heute ist Rob von einer Sache leidenschaftlich überzeugt: Die Tatsache, dass etwas üblicherweise auf eine bestimmte Art und Weise gemacht wird, bedeutet keineswegs, dass das auch die beste Art und Weise ist. Rob führt die Anfänge dieser Überzeugung auf Mr Bradshaw zurück.

Selina Barker quittierte ihren Marketingjob und begann sich eine Karriere aufzubauen, die sie in einer Tasche mit sich herumtragen kann. Heute ist sie Onlinecoach in Sachen Lifestyle und Karriere und kehrte erst kürzlich von einer sechsmonatigen Abenteuer- und Arbeitsreise mit dem Campingwagen zurück, die sie durch ganz Großbritannien führte.

Sie erzählte uns, ihr sei klar gewesen, dass sie ein Leben im Büro mit festen Arbeitszeiten von 9 bis 17 Uhr, immer nur für andere arbeitend, nicht wollte: »Von den Leuten bekam ich aber immer nur zu hören: ›Nun ja, ich fürchte, daran kannst du nichts ändern, so ist das Leben nun mal.‹ Das war wie das rote Tuch für den Bullen – nichts motiviert mich mehr, als wenn man mir erzählt, etwas sei unmöglich.«

Omar Samra, der Investmentbanker, der das Abenteuer- und Reiseunternehmen Wild Guanabana gründete, erzählt uns von seinem Augenblick der Wahrheit. Er ereignete sich, als er einen Berg in West-Neuguinea be-

stieg: »Warum verschwendete ich mein Leben damit, das Leben eines anderen zu leben? Ich kehrte nach Hause zurück, und binnen einer Woche hatte ich gekündigt.«

Die Krankenschwester Bronnie Ware dokumentierte die Reuebekundungen von Menschen in ihren letzten Lebenstagen. Sie berichtet von der Klarheit dieser Menschen, die am Ende ihres Weges angekommen sind, und was wir von ihnen lernen können. Ein und dieselben Themen wiederholen sich. Was die Menschen am meisten bereuten, war, nicht ihr eigenes Leben gelebt zu haben: »Ich wünschte, ich hätte den Mut gehabt, zu mir selbst zu stehen, anstatt ein Leben zu führen, wie es andere von mir erwarteten.«[1]

Unsere Meinung? Sie müssen das Leben leben, das Sie selbst leben wollen, nicht das Leben, das ein anderer Ihnen zugedacht hat – besonders wenn das nach dem einfacheren Weg aussieht.

▶▶ »Niemand als wir selbst zu sein – in einer Welt, die sich Tag und Nacht nach Kräften bemüht, uns zu jemand anderem zu machen –, verlangt von uns, den härtesten Kampf zu führen, den ein Mensch führen kann, und dabei niemals zu schwächeln.«
E. E. Cummings

esc Hören Sie den Ruf

Adam Fenton arbeitete in der IT-Abteilung einer Investmentbank. Er war nicht glücklich. Er hatte sich von dem vermeintlichen Prestige, für einen so angesehenen Arbeitgeber tätig zu sein, locken lassen, aber die Rezession machte seinen Job noch anstrengender und trister. Viele der uns mittlerweile vertrauten Gedanken über das, was er machen konnte und was nicht, gingen ihm durch den Kopf: »Was werden meine Eltern/Familienangehörigen/Freunde denken?« »Verzichte ich damit auf die Chance einer großen Karriere?«

Dann aber dachte er an das Risiko, das er einging, wenn er nicht kündigte und seinen Traum verfolgte. Die Vorstellung, dass er Jahre später seine zögerliche Haltung bereuen würde, half ihm bei seinem Entschluss, und er kündigte: »Am 17. März 2011 flog ich, mit einen Rucksack im Gepäckfach und einem One-Way-Ticket in der Hand, nach São Paulo. Und nicht eine Sekunde lang habe ich meine Entscheidung bereut oder meinen Tisch in London vermisst. Es war die beste Entscheidung meines Lebens!«

Seit dem Beginn seiner Reisen und seitdem er von unterwegs aus arbeitete, hat Adam in Kolumbien gelebt, ist durch ganz Südamerika gereist und hat sich in das Land Mexiko verliebt. Er erzählte uns: »… tun Sie einfach das, was Ihnen zur gegebenen Zeit als richtig erscheint, und vertrauen Sie darauf, dass sich die Dinge schon fügen werden. Und versuchen Sie, die vermeintlichen Risiken aus einem anderen Blickwinkel zu sehen – fragen Sie sich beispielsweise, wie riskant es ist, NICHT Ihrem Herzen zu folgen.«

Ideen kommen und gehen. Nicht alle rechtfertigen es, gleich den Job an den Nagel zu hängen. Sobald sich aber der Kern einer Idee, die Sie fasziniert, in Ihrem Herzen festgesetzt hat, wird sie sich vermutlich immer und immer wieder bemerkbar machen. Nachdem wir begonnen hatten, uns über die Idee von Escape the City auszutauschen (und Dom das kleine Maskottchen dazu gestaltet hatte), konnten wir den Gedanken daran nicht mehr loswerden. Das todsichere Zeichen, dass wir über kurz oder lang etwas aus dieser Idee machen mussten, war die Tatsache, dass sie uns sehr, sehr viel mehr interessierte als unsere Jobs. Wir wollten uns später nicht vorwerfen, dass wir es nicht versucht hätten, und wir waren bereit, es zu probieren – selbst auf das Risiko hin, dass es uns misslingen würde.

▶▶ »Da kümmern Sie sich um Ihr Geschäft, und plötzlich hören Sie ›den Ruf‹. Den Ruf, etwas vollkommen Verrücktes und Nutzloses zu tun. Aber Sie wissen, dass Sie es tun müssen. Sie wissen, dass, wenn Sie es nicht tun, ein kleiner Teil von Ihnen für immer tot sein wird.«
Hugh MacLeod – gapingvoid.com

esc Leben Sie nicht für die Zukunft

Leben für die Zukunft.

Tim Ferriss (Verfasser von *Die 4-Stunden-Woche*) nennt es »die aufgeschobene Lebensplanung«. Alastair Humphreys (der die Welt mit dem Fahrrad umrundete) nennt es »den Wettkampf um den größten Grabstein«. Randy Komisar (Verfasser von *The Monk and The Riddle*) nennt es »das größte unter allen Risiken« (das Risiko, ein Leben lang nicht das zu tun, was Sie tun wollen, in der Erwartung, dass Sie sich davon die Freiheit erkaufen können, es später zu tun). Mit Blick auf die ungeliebten Großfirmenjobs nennen wir es das »Ich mache das hier fünf Jahre lang, und dann mache ich etwas anderes«-Versprechen.

Unser Augenblick der Wahrheit war gekommen, als wir erkannten, dass unsere Jugend hinter uns lag. Wir mussten die Verantwortung für unseren Lebensweg nun selbst tragen. Noch kurz zuvor waren wir junge, frischgebackene Studienabsolventen mit Idealen, einer guten Portion Naivität und Träumen gewesen. Jetzt auf einmal bekamen wir unsere ersten grauen Haare. Die Zeit begann an uns vorbeizurasen, und aus irgendeinem Grund (vielleicht war es die Routine der Arbeitswelt) schien sie sich immer mehr zu beschleunigen! Warum verbrachten wir unsere wertvolle Zeit mit Dingen, die uns nichts bedeuteten?! Zeit, die Sie mit einer Tätigkeit verbringen, die es Ihnen nicht wert ist, ist verschwendete Zeit. Sie könnten sie nutzen, um neue Interessen zu entdecken, Fähigkeiten zu entwickeln, Kontakte zu knüpfen und Erfahrungen in neuen Bereichen zu sammeln.

> ▶▶ »Es ist die älteste Geschichte der Welt. Den einen Tag sind Sie 17
> und machen Pläne für irgendwann. Und ohne dass Sie es merken,
> wird aus irgendwann auf einmal heute. Und kurz darauf ist
> irgendwann gestern gewesen. Und das ist Ihr Leben.«
> **Nathan Scott – *One Tree Hill*[2]**

esc Nichts bleibt, wie es ist

Unser Leben ist vergleichsweise kurz. Der Bogen der menschlichen Geschichte ist viel länger als die Lebensdauer eines jeden von uns. Da ist es leicht, in den Glauben zu verfallen, die Dinge seien immer schon so gewesen, wie sie jetzt sind. Aber »So ist es nun mal im Leben« ist eine Schwachsinnsentschuldigung für Untätigkeit – wenn eines sicher ist, dann, dass nichts auf Dauer so bleibt, wie es ist.

Die Geschichte der menschlichen Zivilisation war schon immer eine Geschichte des konstanten Wandels. Wir sollten uns nicht zum Lehrmeister zukünftiger Generationen machen, indem wir behaupten, die Welt, wie sie heute ist – mit ihren eindrucksvollen Errungenschaften und ihren grandiosen Fehlschlägen –, sei das Ende der menschlichen Evolution. Im Gegenteil, das Tempo der Veränderung nimmt eher noch zu.[3]

In den meisten hoch entwickelten Industrieländern steigt die Lebenserwartung. Einer neueren Studie zufolge wird jedes zweite im Jahr 2000 in Großbritannien geborene Kind seinen 100. Geburtstag erleben.[4] Die Paradigmen des 20. Jahrhunderts werden (müssen) sich entsprechend den Lebensrealitäten des 21. Jahrhunderts verändern. Ruhestand mit 65? Nein danke, mein Leben fängt gerade erst richtig an. 40 Jahre lang an ein und demselben Ort bei ein und demselben Arbeitgeber? Was für eine seltsame Idee!

Vor zehn Jahren wäre uns die Vorstellung von einem einzigen Gerät, das Fotokamera, Telefon, Musikabspielgerät und Wecker zugleich ist, absurd vorgekommen. Heute bietet das Smartphone in der Tasche Zugang zu einem Meer an Informationen. Ihre Eltern hätten ein Jahr in Bibliotheken zubringen müssen, um das in Erfahrung zu bringen, was Sie mit einer intelligenten Google-Recherche in wenigen Stunden herausbekommen. In einer Welt, in der Informationen im Handumdrehen verfügbar sind, besteht eine gute Ausbildung weniger im Memorieren von Fakten als vielmehr darin, zu lernen, wie man Informationen sucht, verarbeitet und bewertet.

Vor Kurzem begegneten wir Mark Stevenson, dem Verfasser von *Morgen ist heute gestern – eine optimistische Reise in die Zukunft*. Seiner Überzeugung nach sind die technologisch bedingten Veränderungen in der Art, wie wir leben, kommunizieren und unseren Berufsalltag gestalten, lediglich die Vorboten sehr viel größerer (und unmittelbar bevorstehender) Veränderungen.

Das Problem mit der Laufbandmentalität: Sie verleitet uns dazu, uns eine Schublade zu suchen, es uns darin bequem zu machen und den Kopf einzuziehen, bis wir die Altersgrenze erreicht haben. Ein solches Verhalten schien lange Zeit eine sichere Methode der Karrieregestaltung zu sein (solange keine Rezession dazwischenkam), legten doch die Firmen Wert auf Beschäftigte, die sich in die bestehenden Prozesse einfügten und den Normanforderungen genügten. Heute ist dieser Ansatz das beste Rezept, um sich entbehrlich zu machen. Wir brauchen stattdessen neue Ansätze und Wege, die sicherstellen, dass wir auch in Zukunft relevant bleiben.

Wichtig ist, dass Sie die Veränderungen erkennen, denen Ihre Jobbezeichnung, Ihr Fähigkeitsprofil, Ihr Arbeitgeber und Ihre Branche unterworfen sind. Nur dann werden Sie in der Lage sein, von neuen Chancen zu profitieren. Auf den folgenden Seiten werden wir uns im Detail anschauen, wie Sie sich mit neuen Ideen, Informationen und Menschen bekannt machen, um auf diese Weise die Chancen der Zukunft besser verstehen zu können.

▶▶ »Nicht die stärkste Art überlebt, und auch nicht die intelligenteste, sondern diejenige, die es am besten versteht, auf Veränderungen zu reagieren.«
Charles Darwin

Greifen Sie Tragödien vor

Lea Woodward betreibt drei verschiedene Onlineunternehmen, darunter LocationIndependent.com. Im Jahr 2003 war sie Managementberaterin im Dienste von Accenture, als ihre Mutter unerwartet und unter sehr traurigen Umständen den Kampf gegen den Krebs verlor. Nach ihrem Tod nahm Lea zwei Wochen Urlaub und kehrte dann zurück an ihren Arbeitsplatz.

Am neunten Jahrestag des Todes ihrer Mutter erzählt Lea in einem Raum voller Escape-the-City-Mitglieder von ihrem Berufswechsel. Es war ein äußerst bewegender Vortrag darüber, wie jenes schockierende Erlebnis sie zu der Erkenntnis brachte, dass sie in ihrem Leben etwas verändern musste.

»Ich konnte nicht einfach zum Vertrauten zurückkehren, und so nahm ich mir eine Auszeit, die mich dann in dem bestätigte, was ich schon lange gespürt hatte. Ich hatte nie vorgehabt, so lange in der Beratertätigkeit zu verweilen, aber das Gefühl, nicht zu wissen, was ich sonst machen könnte, und das viele Geld hatten mich festgehalten. Sobald ich wieder Raum zum Atmen hatte und Abstand zum Tagesstress gewann, wurde mir klar, dass es das nicht gewesen sein konnte.«

Viele Menschen entschließen sich zu größeren Veränderungen in ihrem Leben, unmittelbar nachdem sie eine persönliche Tragödie erlebt haben oder etwas Ähnliches in ihrem näheren Umfeld geschieht. Wenn Sie so etwas schon selbst erlebt haben, wissen Sie, was wir meinen. Ein solches Ereignis bringt häufig eine ganz neue Klarheit mit sich und reduziert das Leben auf die wenigen Dinge, die wirklich von Bedeutung sind.

Die Unzufriedenheit schlummert häufig über lange Zeit unerkannt in uns. Oft bedarf es eines wirklich traurigen Ereignisses, um uns aus unserer Lethargie zu reißen. Was sagt das über unsere Fähigkeit aus, Situationen zu ertragen, die uns letztlich unglücklich machen? Lassen Sie es nicht zu, dass erst etwas Tragisches passieren muss, damit Sie den Antrieb finden, Ihr Leben zu verändern.

▶▶ »Es scheint fast so, als täte es den meisten von uns gut, einmal knapp am tragischen Ausgang vorbeizuschlittern, um wieder einen Blick für die wichtigen Dinge zu bekommen, die wir vor lauter Taubheit oder Verbitterung im Alltag so gern übersehen.«

Alain de Botton – *Airport: eine Woche in Heathrow*

esc Verfassen Sie Ihren eigenen Nachruf

Dürfen wir vorstellen: Roz Savage.

Wir schreiben das Jahr 2000. Roz ist 33 Jahre alt. Sie scheint das perfekte Leben zu führen: Job (Managementberaterin natürlich!), Ehemann, Haus und ein kleiner roter Sportwagen. Schnellvorlauf März 2006. Roz ist 38, geschieden, ohne Zuhause, allein in einem winzigen Ruderboot mitten auf dem Atlantischen Ozean. Heute ist sie eine weltberühmte Abenteurerin und Umweltaktivistin und hält viel beachtete TED-Vorträge.[5]

Was ist passiert? Eines Tages, als die Fahrt mit dem Pendelzug gründlich satthatte und sich fragte, »ob das wohl alles ist, was das Leben zu bieten hat«, setzte sie sich hin und schrieb zwei Versionen ihres Nachrufs. Der erste war der, den sie sich wünschte. Der zweite war die Version, auf die ihr Leben gerade zusteuerte. Um sie selbst zu zitieren: »Der Unterschied zwischen den beiden war erschreckend. Es war klar, dass sich etwas ändern musste.«

Wir behaupten nicht, dass Sie Ihren Job kündigen und einmal um den Globus rudern sollten. Was diese Geschichte so bedeutsam macht, sind die Gedanken, die Roz zu so radikalen Veränderungen veranlassten, und die Umsetzung dieser Veränderungen selbst. Es ist so einfach, sich im Wettrennen um das Erklimmen der Karriereleiter zu verlieren. Häufig vergessen wir schlicht und einfach zu fragen, ob das überhaupt die Leiter ist, die wir erklimmen wollen. Indem wir uns gedanklich ans Ende unseres Lebens vorspulen, können wir unsere alltäglichen Entscheidungen und Sorgen in ein ganz anderes Licht setzen.

> ▶▶ »Wenn Sie in diesem Moment sterben müssten, mit welchen Gefühlen würden Sie dann auf Ihr Leben zurückblicken?«
> **Tyler Durden – *Fight Club*[6]**

esc Ignorieren Sie hohle »Selbstfindungsratschläge«

Traditionelle Karrieretipps gehen meistens so: Um zu verstehen, warum Ihre Tätigkeit Sie nicht glücklich macht, müssen Sie zuerst herausfinden, wer Sie sind. Rob Archer von The Career Psychologist findet, dass die Aufforderung, nach dem eigenen Selbst zu suchen, ein gefährlicher Rat ist. Vor nicht allzu langer Zeit erinnerte er uns auf einer Escape-the-City-Veranstaltung daran, dass Menschen keine »Typen« seien. Er zitierte eine Zeile des Walt-Whitman-Gedichts *Songs of Myself*: »I am large, I contain multitudes« (Ich bin groß, in mir sind Mannigfaltigkeiten). Hüten Sie sich vor biometrischen Tests!

Rob Archer sagt, indem wir uns als Typ oder als mit einem wahren »Selbst« versehen denken, geraten wir schnell in eine Sackgasse, denn dieses wahre Selbst existiert gar nicht. Wir erschaffen uns selbst. Er sagt weiter, unsere Identität hat viele Facetten. Unser Selbst existiert in vielen potenziellen Ausprägungen. Wichtiger ist, wie dieser Mensch aussieht, den wir erschaffen wollen. Wir sind nicht eo ipso vorhanden, so Archer, sondern wir müssen begreifen, dass wir uns nach unseren Wünschen gestalten können.

Vor Kurzem sprach eine Kommentatorin des Escape-the-City-Blogs davon, dass »so viele von uns vergessen, wie sich Glück und Zufriedenheit wirklich anfühlen«. Sie schilderte, wie die Notwendigkeit, sich in der Tretmühle des konventionellen Lebens zu behaupten, die Menschen vergessen lässt – nicht »wer sie sind«, sondern »was ihnen gefällt«.

In einem Artikel in der *New York Times* unter der Überschrift »It's Not About You«[7] erklärt David Brooks: »Die meisten erfolgreichen […] Menschen halten keine Innenschau, bevor sie ihr Leben planen. Sie schauen nach außen und finden ein Problem, auf das sie sich mit Haut und Haaren stürzen. [Die meisten Menschen] sprechen auf ein Problem an, und im Umgang mit diesem Problem bildet sich allmählich ihr Wesen heraus.«

Unsere Entscheidung, der Großfirmenwelt den Rücken zu kehren, resultierte nicht daraus, dass uns plötzlich bewusst wurde, »wer wir waren«; sie war vielmehr das Ergebnis eines allmählichen Prozesses – wir erinnerten uns an Dinge, die uns Freude bereiteten, verglichen mit anderen Dingen, die uns gleichgültig waren. Die Jahre, die wir in jener Umgebung verbracht hatten, waren für uns insofern wertvoll, als sie uns zeigten, wie wichtig es war, den Rest unseres Berufslebens mit Dingen zu verbringen, die uns etwas bedeuteten.

Natürlich müssen Sie zuerst Ihre Werte kennen, um auf deren Grundlage Ihre Karriereentscheidungen zu treffen. Andernfalls landen Sie nur allzu leicht im nächsten Job, der Ihnen nicht zusagt. Dennoch deutet alles darauf hin, dass eine »Leidenschaft«, die auf dem »wahren Selbst« gründet, eine Falle ist, der Sie aus dem Weg gehen sollten. So laufen Sie nicht Gefahr, in der Sackgasse der erfolglosen Selbstsuche zu enden.

▶▶ »Das Leben handelt nicht von der Selbstfindung. Es handelt von der Selbsterschaffung.«
George Bernard Shaw

Karriereoffenbarungen

»Ich wollte nicht, dass auf meinem Grabstein ›Missmutiger Investmentbanker‹ steht.«

**Rob Owen – Exfinanzexperte, heute CEO des St Giles Trust –
einer Wohltätigkeitsorganisation, die Straftätern
bei der Wiedereingliederung in die Gesellschaft hilft**

Erkennen Sie die Zeichen

Alastair Humphreys (www.alastairhumphreys.com), der sein Geld als Abenteurer, Autor und Vortragsredner verdient, verfasste vor einiger Zeit einen hervorragenden Artikel unter der Überschrift »20 Questions Worth Answering Honestly« [20 Fragen, die es wert sind, ehrlich beantwortet zu werden].[8]

Hier sind die ersten fünf:

1. Verdienen Sie genug Geld?
2. Bereitet Ihnen Ihre Tätigkeit Freude?
3. Welcher Tag gefällt Ihnen besser, Samstag oder Montag?
4. Was möchten Sie heute in einem Jahr machen?
5. Was möchten Sie heute in fünf Jahren machen?

Bei der Beantwortung dieser Fragen wurde uns bewusst, dass wir uns unser Leben quasi hinwegwünschten – wir lebten schlicht nur für die nächsten Ferien oder das nächste Wochenende. Viele Geschichten machten uns drei deutlich, dass wir uns mehr schadeten als Gutes taten, wenn wir die Entscheidung zum Ausstieg weiter hinauszögerten. Das Problem war, dass wir leidlich über den Tag kamen. Es fiel uns nicht schwer, die Situation noch eine Weile auszuhalten, ohne uns allzu sehr anzustrengen und ohne so sehr zu leiden, dass ein Ausstieg unaufschiebbar erschien. Wenn Sie Ihren Job zutiefst hassen und ihn keine Minute länger aushalten, dann werden Sie vermutlich nicht lange nachdenken, sondern schnell Ihren Hut nehmen, koste es, was es wolle.

Sherry Moss ist Privatdozentin für Organisationswissenschaften an einer Business School in den Vereinigten Staaten. Sie unterrichtet MBA-Studenten, und sie verbringt viel Zeit mit dem Nachdenken über die Arbeitswelt, auf die sie ihre Studenten vorbereitet. Vor Kurzem stellte sie ihre Theorie vor, wonach es 19 verschiedene Sinnquellen für eine solche Tätigkeit gibt.

Wenn wir auf unsere eigene Zeit in solchen Jobs zurückblicken, können wir dies lediglich für die Punkte 9, 10, 15 und 16 bestätigen. Als uns klar wurde, dass uns das nicht mehr genügte, wussten wir, dass unsere Tage dort gezählt waren.

Welche Sinnquellen bietet Ihr gegenwärtiger Job?

Welche Sinnquellen sollte Ihr Job bieten, wenn es nach Ihren Wünschen ginge?

▶▶ **19 verschiedene Sinnquellen für die berufliche Tätigkeit**

1. Die eigene Arbeit erzeugt ein sichtbares Ergebnis
2. Status / Prestige
3. Bedeutung für die Gesellschaft
4. Gefühl des Berufenseins
5. Anderen helfen
6. Identifikation mit der Organisation und ihren Zielen
7. Arbeit als Spaß- / Energiequelle
8. Glaube an die Produkte / Dienstleistungen, für die man einsteht
9. Arbeit zwecks Unterstützung der Familie
10. Arbeit als Pflichterfüllung
11. Arbeit als Ausdruck menschlicher Würde
12. Arbeit als bestandene Herausforderung
13. Sieg / Erfolg
14. Anderen helfen, sich weiterzuentwickeln
15. Arbeit als Mittel zum Zweck – arbeite jetzt, genieße später
16. Arbeit als Mittel zum Geldverdienen und Reichwerden
17. Den eigenen Kindern Vorbild sein
18. Unabhängigkeit, Kontrolle oder Autonomie
19. Sinnstiftende Beziehungen zu Kollegen und anderen Menschen, mit denen wir arbeiten

Sherry Moss, »Why We Work – Finding Meaning in Your Job«, HuffingtonPost.com[9]

esc Sammeln Sie nicht länger Qualifikationen

Qualifikationen sind wichtig für bestimmte Karrierewege, beispielsweise, wenn Sie beschließen, in eine Berufssparte zu wechseln, die einen konkreten Abschluss voraussetzt. Dann können Qualifikationen die Rolle eines externen Gutachtens übernehmen: »Oh, dieser Bewerber kann nicht schlecht sein, immerhin hat er in XY studiert …«

Häufig jedoch sind Aufbaustudien nichts anderes als eine Form der Verschleppungstaktik. Wir wissen das, weil wir selbst stark in Versuchung waren, uns in einen MBA-Kurs einzuschreiben, um uns etwas Auszeit von der Arbeit zu gönnen – natürlich ohne das Gefühl zu haben, wir täten etwas Unkonstruktives. Rob dachte sogar daran, sich in Australien zum Winzermeister ausbilden zu lassen (was ihn davor bewahrte, war wohl der Umstand, dass er nicht die Voraussetzungen mitbrachte, um den Kurs zu besuchen, und er ihn sich auch nicht leisten konnte).

Weiterbildung ist eine gute Taktik, um die mühsame Klärung der Frage, was Sie als Nächstes tun wollen, noch ein wenig hinauszuschieben. Das Problem dabei ist, dass Sie die Situation damit oft weiter verkomplizieren. Sie häufen noch mehr Schulden an, und wenn Ihre Gehaltserwartungen infolge ihrer zusätzlichen Qualifikation steigen, können Sie Ihre Jobsuche zuletzt auf die größten (und manchmal langweiligsten) Arbeitgeber der Welt beschränken.

Es gibt Zeiten, in denen alles dafür spricht, sich eine zusätzliche Fähigkeit anzueignen oder einen weiteren Abschluss zu machen. Um eine neue Tür zu öffnen, um sich für einen Job zu qualifizieren, von dem Sie bereits wissen, dass Sie ihn haben möchten. Allzu oft jedoch dient die zusätzliche Qualifikation lediglich dazu, die Entscheidung, was wir als Nächstes tun wollen, auf die lange Bank zu schieben.

Je mehr wir unser Augenmerk auf den Erwerb von Qualifikationen richten, desto eher versäumen wir es, echte Erfahrungen im richtigen Leben zu sammeln. Okay, Sie bilden sich fort und absolvieren Prüfungen, aber was haben Sie bislang in der realen Welt zustande gebracht? Können Sie Projekte leiten, Pläne umsetzen und echte Dinge auf die Beine stellen?

▶▶ »Wenn Sie sich die Forbes 400 von oben bis unten anschauen und bei jedem CEO mit einem MBA einen Haken machen, werden Sie etwas Wichtiges über Business Schools lernen. Nach Warren Buffett treffen Sie lange auf keinen MBA mehr. Der nächste ist Phil Knight, der CEO von Nike, mit der Nummer 22. Unter den ersten 50 sind nur 5 MBAs.«
Paul Graham – Gründer des Technologie-Gründerzentrums »Y Combinator«

esc Richten Sie den Blick aufwärts

Stephen Ridley sagte sich vom Investmentbanking los und wurde im Hauptberuf Musiker: 24 Stunden nachdem er seinen Job quittiert hatte, rollte er ein Klavier mitten auf eine der belebtesten Straßen Londons und begann zu spielen. Binnen eines Monats erhielt er neun Vermarktungsangebote, und er begann, sein erstes Album einzuspielen, »Butterfly in a Hurricane«, das Sie heute auf iTunes finden. Bei der Party anlässlich des dritten Geburtstags von Escape the City in London hatten wir das Vergnügen, ihn live zu erleben.

Als Stephen erkannte, dass es in seiner Bank niemanden mit einer höheren Stelle gab, mit dem er hätte tauschen wollen, wusste er, dass es an der Zeit war auszusteigen: »Ich blickte nach oben und entdeckte nirgends jene eleganten, strahlenden und erfolgreichen Figuren, von denen ich mir vorgestellt hatte, dass ich selbst einmal eine werden würde, wenn ich in einer Investmentbank arbeitete. Nein. Ich sah gelangweilte, fade Männer mittleren Alters, die sich und ihre gemarterten Seelen müde durch den Tag schleppten.«

Unsere Gedanken ähnelten denen von Stephen. Wir entschlossen uns zum Ausstieg, nachdem uns bewusst wurde, dass wir weder den Job unseres Vorgesetzten noch den von dessen Vorgesetztem haben wollten. Das Problem war nicht, dass wir nicht bereit gewesen wären, hart zu arbeiten und uns von unseren vergleichsweise untergeordneten Positionen aus hochzudienen; wir fanden lediglich, dass das letztendliche Ziel das Opfer nicht wert war.

Sobald Sie sehen, dass es niemanden über Ihnen gibt, dessen Job Sie sich wünschen würden, sollte Ihr Ausstieg keine Frage des »Ob«, sondern nur noch eine Frage des »Wann« sein.

Bedenken Sie außerdem: Es wird im Grunde sogar erwartet, dass die meisten von Ihnen früher oder später gehen. Große Unternehmen operieren nach dem Pyramidenprinzip. Es gibt sehr viel mehr Menschen auf den unteren als auf den oberen Ebenen. Das mag wie eine Selbstverständlichkeit klingen, aber solange Ihnen Ihre Tätigkeit nicht wirklich zusagt, verfügen Sie vermutlich sowieso nicht über den Mut und die Entschlossenheit, die Sie brauchen, um die Leiter bis ganz nach oben zu klettern.

▶▶ »Ich hielt mich nicht besonders lang in der City auf – aber es reichte, um zu erkennen, dass mir die Kultur, die Arbeitsbedingungen (das Börsenparkett ähnelt tatsächlich in beängstigender Weise einer Legehennenbatterie!) und die Firmenpolitik missfielen. Vor allem aber ist mir niemals ein Vorgesetzter begegnet, zu dem ich aufblicken konnte und in dessen Position ich mich hineingewünscht hätte.«
Caroline Dean – Exbankerin, Unternehmensgründerin

esc Veränderung ist immer mühsam

Es widerspricht der Intuition (und nicht umsonst belegt unsere Kultur das Aufgeben mit einem starken Stigma), aber manchmal ist es dennoch einfacher, weiterzumachen, als den Entschluss zum Ausstieg zu fassen.

Seth Godin schrieb dazu ein hervorragendes Buch mit dem Titel *The Dip – A Little Book That Teaches You When to Quit (and When to Stick)*. Darin erklärt er uns, wie wir Einbuchtungen (die möglicherweise besser werden, wenn wir am Ball bleiben) von Sackgassen (die nicht besser werden, sosehr wir uns auch anstrengen) unterscheiden. Gewinner verstehen es besser als wir übrigen, den Unterschied zu erkennen. Sie »steigen rasch, steigen häufig und ohne Schuldgefühle aus«, bis sie bei der richtigen Einbuchtung dann mit der richtigen Entschlossenheit zu Werke gehen.

Wir entschlossen uns zum Ausstieg, als uns klar wurde, dass wir – die in unseren Branchen sowieso nicht ewig bleiben wollten – unseren Karrieren mit fünf weiteren Jahren zusätzlicher Erfahrung keinen Dienst erweisen würden. Die Überwindung unserer natürlichen »Verlustaversion« (wonach jemand Erfolg und Misserfolg eines Projekts desto schwerer objektiv einschätzen und sich von diesem Projekt trennen kann, je mehr Zeit und Mühe er bereits in dieses Projekt investiert hat) bereitete uns dabei erhebliche Mühe.

Louisa Blackmore stahl sich aus dem Herzen der City davon, wo sie für einen Hedgefonds (und zuvor für eine Großkanzlei aus dem Magic Circle – eine der fünf großen, global agierenden Kanzleien) gearbeitet hatte. Sie stieg aus, um ihr eigenes Unternehmen für Innenausstattung zu gründen. Sie befand sich auf einem Flug in die USA zur Hochzeit ihres Cousins. Als sie ihren BlackBerry ausschaltete, wurde ihr bewusst, dass sie seit Monaten nicht so glücklich gewesen war. Zwei Jahre lang trug sie nun schon die Idee einer eigenen Firma namens West Egg mit sich herum – ohne zu glauben, dass sie je den Mut haben würde, ihren Job zu kündigen und mit der Verwirklichung der Idee zu beginnen.

▶▶ »Und dann dämmerte mir auf einmal, dass, wenn ich es jetzt nicht
täte, ich es vermutlich nie tun würde, und das erschien mir so viel
furchtbarer als der Gedanke an ein mögliches Scheitern.«

**Louisa Blackmore – früher Angestellte in Großfirmen, heute Unter-
nehmensgründerin**

`esc` Kämpfen Sie einen Kampf, der es wert ist

Wir sprachen bereits über Scott Gilmore, den Diplomaten, der über die Ineffizienzen der Hilfsbranche so frustriert war, dass er seinen Dienst quittierte und ein eigenes soziales Unternehmen namens Open Markets gründete. Dessen Ziel ist es, Märkte und Jobs in Entwicklungsländern zu schaffen. Heute beschäftigt es weltweit 150 Mitarbeiter. Seit Bestehen hat es in einigen der ärmsten Regionen der Welt insgesamt über 77 000 Jobs geschaffen.

Viele von uns, die in der Welt der Großfirmen arbeiten (selbst wenn es sich dabei nicht einmal um die »schwarzen Schafe« handelt), leben mit dem unguten Gefühl, dass ihre Werte nicht mit denen ihres Arbeitgebers im Einklang stehen. Das ist eine der wichtigsten Voraussetzungen für die Zufriedenheit am Arbeitsplatz. Es ist viel einfacher, sich ins Zeug zu legen und für einen Arbeitgeber Opfer zu bringen, solange die »Richtung« stimmt.

Sie müssen mit Ihrer Arbeit nicht notwendigerweise die Welt retten, aber Sie tragen dennoch eine gewisse Verantwortung dafür, dass der Einfluss Ihrer Tätigkeit auf die Welt positiv ist. Und um zu egoistischeren Motiven zurückzukehren: An etwas zu arbeiten, an das Sie glauben, ist der sicherste Weg zur beruflichen Erfüllung.

Es gibt so viele Kämpfe, die sich zu kämpfen lohnen.

Sind Sie Teil des Problems oder Teil der Lösung?

▶▶ »In der neuen Arbeitswelt besteht der Zweck der Arbeit nicht länger nur darin, die eigenen Fähigkeiten in den Dienst eines Unternehmens oder einer Branche zu stellen, die uns dafür mit Geld entlohnen, mit dem wir für uns und unsere Familie sorgen können. Vielmehr gestattet uns die Arbeit, einen sinnvollen, nützlichen und schönen Beitrag zur Welt zu leisten und dabei auch noch unsere finanziellen Bedürfnisse zu befriedigen. Dazu benötigen wir neue Denkweisen, neue Fähigkeiten und eine neue Einstellung zum gesamten Arbeitsleben.«

Pamela Slim – *Escape from Cubicle Nation*

esc Lassen Sie genug genug sein

David Attenborough begann seine Karriere im Verlagswesen. Er entschloss sich zum Ausstieg, als die Zeit ihm so langsam zu verstreichen schien, dass er schon dachte, die Uhr an der Londoner St.-Pauls-Kathedrale, die er von seinem Bürotisch aus sehen konnte, wäre kaputt. Zu seinem Glück erlebte er seinen Augenblick der Wahrheit im zarten Alter von 24 Jahren. Ich bezweifle, dass irgendwer, der mit seinem Lebenswerk vertraut ist oder sein Buch *Life On Air* gelesen hat, behaupten würde, dass er die falsche Entscheidung getroffen hat.

Hätte er sich den Konventionen gebeugt, dann wäre er mindestens zwei Jahre in seinem Job geblieben (für den Lebenslauf) und hätte seine Optionen sorgfältig abgewogen, bevor er sich für den einen oder anderen zukünftigen Weg entschieden hätte. Konventionen waren offensichtlich nicht das Richtige für ihn.

Wir lasen sein Buch, als wir unsere kleinen Karrierekrisen hatten und uns fragten, was wir mit unserem Leben anfangen sollten. Wir trafen uns regelmäßig auf den Stufen der St.-Pauls-Kathedrale, um über unsere Ausstiegspläne zu sprechen. Wir waren nur wenige Meter von dem Ort entfernt, an dem Attenborough in den 1950ern seine Erleuchtung hatte. Seine Geschichte beeindruckte uns, weil wir uns in exakt der gleichen Situation befanden wie er. Wir fragten uns, ob wir tatsächlich drei Jahre studiert und unseren Abschluss gemacht hatten, um jetzt in einem Büro zu sitzen, auf die Uhr zu schauen und Dinge zu tun, die uns nicht interessierten.

Wie wissen Sie, wann genug genug ist? Vielleicht werden Sie es niemals wissen. Vielleicht werden Sie ewig ausharren. Vielleicht aber haben Sie schon eine Ahnung, dass das Leben noch mehr zu bieten hat. Und vielleicht unternehmen Sie bereits erste kleine Schritte, um herauszufinden, mit was Sie in Wirklichkeit Ihre Zeit verbringen möchten.

►► »Die Uhr war in Wahrheit nicht stehen geblieben. Ihre Zeiger bewegten sich. Sie waren einige Minuten vorgerückt [...]. Ich entschied mich dazu, den Tisch herumzudrehen, um mich nicht länger von den Zeigern einer Uhr hypnotisieren zu lassen. Und das war dann auch der Augenblick, in dem ich beschloss, dass dies nicht die Art war, wie ich den Rest meines Lebens zubringen wollte.«

David Attenborough – *Life on Air*

esc Fazit – allmähliche Offenbarungen

Unsere allmählichen Offenbarungen zeigten sich, nachdem wir die Vorteile unserer Jobs gegen die Opfer abgewogen hatten, die wir dafür bringen mussten. Irgendwann machten wir uns in Bezug auf unsere Situation nichts mehr vor. Und erst dann erkannten wir, dass jeder Augenblick, den wir länger blieben, ein Augenblick war, den wir nicht dazu nutzten, an der Zukunft zu arbeiten, die wir selbst uns wünschten. Unsere wichtigste Erkenntnis: Wir würden vergeblich auf den perfekten Zeitpunkt warten, um etwas zu tun, das sich unheimlich oder riskant anfühlte.

Wir wollten nicht als Menschen gesehen werden, die ihre Jobs hassten, aber nichts dagegen unternahmen. Es ging nicht um den Entschluss, zu kündigen und mit der Suche nach neuen Chancen zu beginnen. Wir wollten versuchen, uns in eine Position zu bringen, in der wir eine richtige Entscheidung treffen konnten. Wir tasteten uns zentimeterweise bis zum Ende der Latte vor.

Sie müssen nicht Ihre »Berufung« gefunden haben, um Dinge zu tun, die Ihnen Freude bereiten. Sobald Sie sich von dem Druck der Frage befreien, »ob es das ist, was ich mit meinem Leben wirklich anfangen will«, fällt es Ihnen viel leichter, neue Ideen, Chancen und Herausforderungen aufzugreifen und zu meistern. Sobald Sie von sich selbst nicht länger verlangen, dass alles bis zu Ende gedacht und geplant sein muss, sieht die Welt unter Umständen gleich viel farbiger und aufregender aus.

Sie können einen großen Karrierewechsel beschließen, noch bevor Sie wissen, wohin die Reise am Ende führen wird. Sie sollten aber nicht einfach nur vor etwas wegrennen. Sie müssen schon etwas haben, auf das Sie sich zubewegen. Und während Sie sich über diesen einen Punkt klar werden, fangen Sie am besten an zu sparen! Das nächste Kapitel handelt von diesem zentralen Thema – dem Geld –, bevor wir uns dann im Kapitel über den Wechsel damit beschäftigen, warum der Ausstieg eher den Charakter einer Evolution als den einer Revolution haben sollte.

▶▶ »Ich sah, dass mein Leben ein strahlend leeres Blatt Papier war und dass es mir freistand, zu tun, was ich wollte.«

Jack Kerouac

KAPITEL 4

Die Geldfrage

Der Hauptgrund, warum Menschen in Jobs ausharren, die ihnen nicht gefallen, ist das Geld. Und das ist ein ziemlich guter Grund. Wenn Sie Kredite und Darlehen bedienen müssen und auch sonst diverse monatliche Ausgaben haben, werden Sie wohl kaum darüber nachdenken, irgendwelche Karriererisiken einzugehen. Wenn Sie einen Ausstieg oder einen Berufswechsel planen, werden Sie sich über die Geldfrage viele Gedanken machen. Sie wird eines ihrer wichtigsten Entscheidungskriterien sein. Wenn Sie zum Ausstieg entschlossen sind, sollten Sie jedoch aufpassen, dass daraus keine innere Blockade wird.

Hier sind einige verbreitete Denkweisen:

- »Ich habe kaum Ersparnisse und kann mir einen Ausstieg nicht leisten.«
- »Ich komme mit weniger, als ich heute verdiene, schlicht und einfach nicht aus.«

Wäre es ein Leichtes, sich eine erfüllende Karriere nach eigenen Vorstellungen aufzubauen *und* gutes Geld zu verdienen, würde das jeder machen. Ein bisschen Geld brauchen wir alle, um uns einen gewissen Lebensstandard leisten zu können. Was darüber hinausgeht, hängt von Ihren Werten und Vorlieben ab (wenn die »Bedürfnisse« erfüllt sind, kommen die »Wünsche« an die Reihe). Hier geht es nicht um Wertung. Möglicherweise assoziieren Sie Sicherheit und Erfolg mit einem bestimmten Polster auf der Bank. Das ist zulässig. Wir verdammen hier nicht das Geld als solches. Wichtig ist am Ende nur, was Sie wollen. Solange es Dinge sind, bei denen

Sie sich sicher sind, dass Sie sie wollen (und keine Vorstellungen, die Sie lediglich dem Wertesystemen anderer Menschen entliehen haben), dann los ... machen Sie es ... das ist das, was Sie wollen.

Mit zunehmendem Alter werden Ihre Unkosten steigen. Und sie steigen nicht stetig, sondern sprunghaft. HAUSKAUF – großer Sprung. HEIRAT – großer Sprung. KINDER – massiver Sprung! Daraus folgt zweierlei: 1) Jedes Jahr, das Sie verstreichen lassen, bevor Sie sich zum großen Karrierewechsel entschließen, ist ein Jahr dichter dran am nächsten Kostensprung, und 2) selbst wenn Sie heute keine besonderen »Verpflichtungen« haben, ist Ihr Auge schon auf den nächsten Sprung gerichtet. Es ist also nicht damit getan zu sagen: »Ich bin heute frei ... ich werde immer frei sein!«

Sie sind ein verantwortungsbewusster Mensch (und vermutlich konservativer eingestellt, als Ihnen bewusst ist), und Sie planen für die Zukunft. Ist es möglich, für die Zukunft zu planen und zugleich im Hier und Jetzt ein Leben zu führen, wie es einem gefällt? Das ist keine Entscheidung zwischen arm und glücklich einerseits und reich und unglücklich andererseits. Jeder Ausstieg aus der Großfirmenwelt muss praktikabel sein, um Bestand zu haben. Machen Sie nicht den Fehler, zu denken, Sie müssten für ein sinnerfülltes Leben Ihre finanzielle Sicherheit opfern.

Wie auch immer Ihr Ausstieg aussieht – Sie müssen sehr genau rechnen, wie viel Geld Ihnen dafür zur Verfügung steht und wie viel Geld Sie gern hätten (über das absolut Notwendige hinaus), um sich während dieser Zeit sicher zu fühlen. Dann können Sie eine persönliche Einschätzung vornehmen, welches Risiko Sie einzugehen bereit sind.

In diesem Kapitel werden wir von der »Lücke« sprechen. Das ist die Zahl der Monatsbeträge an Lebenshaltungskosten, die Sie zwischen Ihrem letzten Gehalt im alten Job und dem Zeitpunkt, von dem an Ihr neues Projekt (Ihr neuer Job oder Ihr neu gegründetes Unternehmen) Ihnen wieder Einkünfte einbringt, abdecken müssen. Aus dieser Zahl ergibt sich die Summe, die Sie insgesamt benötigen, um diese Zeit zu überbrücken – Ihr Ausstiegsbudget. Wir werden darauf auf den folgenden Seiten ausführlicher eingehen.

Die »Geldfrage« rechtfertigt an sich ein eigenes Buch. In diesem Kapitel wollen wir uns darauf beschränken, Ihnen einige Tipps zu geben, wie Sie das Thema Geld etwas anders angehen können, als Sie es vielleicht gewohnt sind. Es wird außerdem darum gehen, wie Sie Ihre Finanzen im Zusammenhang mit Ihrem Ausstiegsplan ganz praktisch regeln.

Natürlich ergibt sich (besonders kurzfristig) mitunter der Zwang zu Kompromissen, über die wir sprechen werden. Um die Geldfrage erfolgreich zu beantworten, braucht es vor allem zweierlei: eine gute Planung und eiserne Disziplin. Sobald Sie das Thema Geld unter Kontrolle haben, können Sie sich erfolgreich mit den Hauptgründen auseinandersetzen, warum so viele Ausstiegsversuche scheitern.

▶▶ »Viel zu viele Menschen geben Geld aus, das sie gar nicht haben, um Dinge zu kaufen, die sie nicht wollen, und damit Menschen zu beeindrucken, die sie nicht mögen.«
Will Rogers – Cowboy, Varietékünstler, Kabarettist

Betrachten Sie Ihre Finanzen
mit anderen Augen

»Konzentrieren Sie sich ganz auf den täglichen Gelderwerb, tun Sie,
als sei Geld die Lösung für alles, und Sie schaffen sich eine perfekte
Ablenkung, die Sie davon abhält zu sehen, wie sinnlos das alles ist. Tief
in Ihrem Innern wissen Sie, dass das alles eine Illusion ist, aber solange
sich alle an dem Versteckspiel beteiligen, fällt es leicht, das zu vergessen.
Das Problem geht weit über das Geld hinaus.«

Timothy Ferriss – *Die 4-Stunden-Woche*

Die goldenen Handschellen

esc

Wer Geld hat, sollte sich eigentlich freier fühlen. Paradoxerweise verstärkt es jedoch oft lediglich unsere Gefangenschaft. Eigentlich müsste gelten: Je mehr Geld uns zur Verfügung steht, desto größer ist unser Entscheidungsspielraum. Geld erlaubt es uns, Risiken einzugehen, neue Möglichkeiten zu erkunden, Unternehmen zu gründen, Projekte zu finanzieren oder uns für neue Bereiche fortzubilden. Aber nur allzu häufig scheint uns Geld eher zu fesseln. Rousseau beschrieb diesen Zusammenhang mit den Worten: »Das Geld, das wir haben, macht uns frei; das Geld, das wir gern hätten, macht uns zu Sklaven.«

Wenn es Ihnen ähnlich geht wie uns, wachsen Ihre Ausgaben proportional zum Einkommen. Je mehr wir verdienten, desto mehr gaben wir aus. Auf diese Weise bewegten wir uns nur immer weiter weg von einem Ort, der uns Flexibilität und Wahlfreiheit gegeben hätte. Die goldenen Handschellen sind real – in Form von Ausgaben, die mit den Einnahmen steigen, sowie in Form von inneren Barrieren, die wir gegen die Vorstellung entwickeln, womöglich eines Tages weniger zu verdienen als heute.

Wir verbrachten viel Zeit in unseren Jobs und nutzten unser Gehalt, um uns abzulenken von der Inhaltsleere und Unzufriedenheit, die uns unsere Arbeit bescherte. Je mehr unser Gehalt anstieg, desto mehr konnten wir ausgeben (anstatt Rücklagen zu bilden) und desto höher wurden unsere Schulden. Geld ist ein Mittel – es sollte es Ihnen erlauben, Dinge zu tun, die Sie tun wollen, und nicht zum Selbstzweck werden. Es liegt an Ihnen, zu entscheiden, für welchen Zweck Sie das Mittel einsetzen wollen. Indem Sie Ihr Geld auf die hohe Kante legen, erkaufen Sie sich Wahlfreiheit. Geben Sie es aber aus, machen Sie sich zum Gefangenen.

▶▶ »Der praktische Wert des Geldes vervielfacht sich in Abhängigkeit von der Zahl der Ws, die Sie in Ihrem Leben selbst bestimmen: was Sie tun, wann Sie es tun, wo Sie es tun und mit wem Sie es tun. Ich nenne das den Freiheitsmultiplikator.«

Timothy Ferriss – *Die 4-Stunden-Woche*

esc Geld und Glück

Arm zu sein, macht sicherlich niemanden glücklich. Aber wie viel Glück lässt sich mit Geld eigentlich kaufen? Kann man sich Glück überhaupt erkaufen?

Studien haben ergeben, dass die »Glückszahl« in den Vereinigten Staaten irgendwo bei 40 000 US-Dollar im Jahr liegt. Daniel Gilbert, Psychologieprofessor an der Harvard University, hat auf TED einen Vortrag über »die überraschende Wissenschaft des Glücks« gehalten.[1] Darin behauptet er, dass die Summe Geld, die über das hinausgeht, was wir benötigen, um unsere Grundbedürfnisse (Nahrung, ein Dach über dem Kopf, aber nicht notwendigerweise Satellitenfernsehen) zu befriedigen, nur wenig zu unserem Glücksempfinden beiträgt.

Richard Easterlin, Wirtschaftsprofessor an der University of Southern California, ist der Ansicht, dass sich unsere Wünsche an unser Einkommen anpassen. »Auf allen Gehaltsebenen lautet die typische Antwort, dass wir 20 Prozent mehr brauchten, um glücklich zu sein.« Sobald Ihre Grundbedürfnisse gedeckt sind (was je nachdem, wo Sie wohnen, unterschiedlichen Sockelbeträgen entspricht), scheint ganz allgemein zu gelten: Mehr Wohlstand bedeutet nicht automatisch mehr Glück und Zufriedenheit.

In *Would You Be Happier If You Were Richer?*[2] schreibt der Psychologe und Nobelpreisträger Daniel Kahneman, das Gehalt allein reiche nicht aus, um einen Job interessant zu machen. Nicht dass Geld für sich genommen schlecht wäre. Es sei nur so, dass die ausschließliche Konzentration auf den Gelderwerb unter Vernachlässigung anderer Werte bei vielen Menschen ein Gefühl der Leere erzeuge. Was er damit sagen will, ist klar: »Machen Sie Geld nicht zum Götzen.«

Solange die Grundbedürfnisse am Fuße der Maslowschen Pyramide nicht erfüllt sind, brauchen wir über Glück und berufliche Erfüllung sicherlich nicht zu reden. Aber selbst wenn das Geld genügt, um alle Grundbedürfnisse zu erfüllen, scheint uns das allein noch nicht glücklich zu machen. Vermutlich ist Ihnen das nicht neu. Aber spiegelt Ihr Karriereverhalten diese Erkenntnis wider?

Als wir noch in der Unternehmenswelt arbeiteten, hatten wir mehr Geld als jemals zuvor. Als wir uns als Unternehmensgründer versuchten, hatten wir sogar weniger Geld als während unserer Universitätsausbildung. Wir machten eine interessante Erfahrung: Die Arbeit für etwas, das uns wirklich wichtig war, wog den Umstand, dass wir damit viel weniger Geld verdienten als zuvor, bei Weitem auf.

Sie müssen einen Weg finden, der Ihnen zusagt (ein Unternehmen gründen, für das Sie brennen, einen Job finden, der Sie inspiriert), weil das Endziel (Wohlstand, Ruhestand, Macht, Status, großes Haus) – sofern Sie es jemals erreichen – häufig eher enttäuschend ausfallen wird.

Wir sind in einer Gesellschaft groß geworden, in der die meisten Menschen stets nach mehr strebten – mehr Geld, mehr Besitz, mehr Status und mehr Macht. Diese Einstellung, wonach Größe alles ist, erinnert uns an Seth Godins Ausspruch: »Größer ist nicht besser; besser ist besser.«

Wie viel ist genug?

Wie viel ist Ihnen genug?

> ▶▶ »Fast jede finanzielle Situation folgt einem von drei allgemeinen Mustern: Wir haben nach eigener Einschätzung zu wenig, gerade genug oder mehr als genug Geld. Was unter ›genug‹ zu verstehen ist, ist relativ und hängt stark vom Einzelnen ab. Manchen Menschen genügt es, wenn die Grundbedürfnisse gedeckt sind, weil allein das ihnen schon ein Gefühl der Zufriedenheit und Sicherheit vermittelt; andere können so viel Geld scheffeln, wie sie wollen, es bleibt das Gefühl, dass sie mehr brauchten.«
> **Pamela Slim – *Escape from Cubicle Nation***

esc Die Konsumspirale

Eine verbreitete Kritik an der hoch entwickelten Welt von heute ist, dass wir alle Shopaholics seien. Das konsumkritische Argument lautet, dass uns täglich Hunderte von Werbebotschaften zu überreden versuchen, unsere emotionalen Bedürfnisse mittels Konsum zu befriedigen – mit dem Ergebnis, dass wir nur noch unglücklicher (oder zumindest nicht glücklicher) sind. Während wir dem Geld nachjagen, um uns immer noch mehr Dinge zu kaufen, verlernen wir, die wirklich wertvollen Dinge zu schätzen. Erste Frage: Ist diese Einschätzung richtig? Und die zweite Frage: Was hat das mit Ihrem geplanten Ausstieg zu tun?

Kehren wir kurz zur Frage des Glücks zurück. David Myers (auch er Psychologe!) hat etwas Interessantes errechnet: Obwohl sich das reale, inflationsbereinigte Einkommen der US-Amerikaner zwischen 1960 und 1990 verdoppelte, betrug der Anteil derer, die sich als »sehr zufrieden« bezeichneten, konstant 30 Prozent.[3] Psychologen bezeichnen diese Jagd nach Belohnungen, die keine langfristige Zufriedenheit erzeugen, als die »hedonistische Tretmühle«. Nun wollen wir uns hier nicht über eine materielle Besserstellung beklagen, aber wie sieht es aus, wenn damit keine Verbesserung unseres emotionalen und mentalen Wohlbefindens einhergeht? Wie sich herausstellt, bietet der Neurotransmitter Dopamin zumindest eine Teilerklärung.[4] Dopamin ist zentraler Bestandteil des Belohnungsmechanismus des Gehirns und als solcher eine wichtige Komponente unserer Konsumsehnsucht. Wenn etwas »Gutes« passiert (wenn wir einen neuen Job bekommen, eine nette E-Mail lesen oder uns neue Schuhe kaufen), wird in unserem Gehirn Dopamin ausgeschüttet. Das bewirkt, dass wir uns gut fühlen. Das Gehirn assoziiert dieses Wohlgefühl mit dem vorausgegangenen Verhalten, das dadurch verstärkt wird (sei es einkaufen, E-Mails checken oder Sex haben). Auf diese Weise bilden sich (gute und schlechte) Gewohnheiten heraus.

Peter Whybrow, Chef des Semel Institute for Neuroscience and Behavior an der University of California in Los Angeles, hat ein Buch mit dem Titel

American Mania – When More Is Not Enough geschrieben. Darin spricht er über die ungemein wichtige Rolle des Dopamins für das Überleben und Gedeihen der Menschheit. »Wir sind darauf geeicht, Dinge sofort zu tun«, so Whybrow. »Wir sind schlecht darin, für die Zukunft zu planen.« Der Drang nach Sofortbelohnung war evolutionstechnisch äußerst nützlich, als es vor 10 000 Jahren darum ging, von Tag zu Tag in der Savanne zu überleben. In den Überflussgesellschaften der modernen Welt scheint dieser Nutzen etwas knapper auszufallen.

Psychologieprofessor Kent Berridge von der University of Michigan behauptet, dass es möglich sei, das Gehirn für die Wunschspirale hinter einer bestimmten Belohnung zu sensibilisieren.[5] Demnach bedarf es mit der Zeit immer geringerer Belohnungen, um uns dennoch immer stärker an ein bestimmtes Verhalten zu binden. Diese Übersicht über die chemischen Grundmechanismen des Gehirns hilft vielleicht ein wenig zu verstehen, warum unsere kurzfristigen Wünsche so stark sein können, warum sich Abhängigkeiten so schwer lösen lassen und warum wir niemals genug kriegen können, wenn es ums Shoppen geht. Der Wirtschaftswissenschaftler Victor Lebow beschrieb, wie »unsere ungemein produktive Wirtschaft von uns verlangt, dass wir den Konsum zum Lebensstil erheben, aus dem Kaufen und Nutzen von Waren ein Ritual machen und unsere seelische Befriedigung und unsere Selbstbestätigung aus dem Konsum beziehen«[6]. Und das war im Jahr 1955!

Man braucht kein Psychologe zu sein, um zu verstehen, dass die übertriebene Fixierung auf Geld und Konsum unserer mentalen Gesundheit nicht unbedingt zuträglich ist. Das National Institute of Mental Health (NIMH) führte in den Jahren 2001 bis 2003 eine Erhebung unter zufällig ausgewählten Erwachsenen durch. Sie ergab, dass nicht weniger als 46 Prozent der Befragten mindestens einmal im Leben den von der American Psychiatric Association (APA) aufgestellten Kriterien für eine psychische Erkrankung in einer von vier großen Kategorien genügt hatten.[7] Adbusters-Gründer Kalle Lasn sieht starke Verbindungen zwischen Werbung und der Häufigkeit von psychischen Erkrankungen und verweist in diesem Zusammenhang auf Studien von Myra Whiteman von der Columbia University und der Weltgesundheitsorganisation: »Junge Menschen haben eine dreimal so hohe Wahrscheinlichkeit, unter Depressionen, Befindlichkeitsstörungen oder Panikattacken zu leiden, wie Vertreter meiner Generation. Unser mentales Umfeld hat sich massiv verschlechtert [...]. Für die Menschen besteht ein Zusammenhang zwischen ihrem hohen Stresspegel [...] und der Werbung.«[8] Das ist eine eindrückliche, wenngleich deprimierende Geschichte, die wir am eigenen Leib erlebt haben. Sie kommt im Zusammenhang mit der beruflichen Unzufriedenheit besonders zum Tragen. Indem wir unseren Jobverdruss durch übermäßigen Konsum linderten, haben wir unseren Ausstieg um mindestens zwölf Monate hinausgezögert.

Die schnelle Lösung gegen Stimmungstiefs besteht häufig darin, dass wir uns selbst etwas gönnen, das mit Geldausgaben verbunden ist (wodurch wir unsere Abhängigkeit von dem Job, der uns unglücklich macht, nur noch verstärken). Natürlich ist Geld im Prinzip nicht schlecht, und Shoppen ist nicht grundsätzlich eine üble Sache. Hier besteht kein Grund, irgendetwas zu verteufeln. Je bewusster wir unser eigenes Verhalten wahrnehmen und je besser wir die Funktionsweise unseres Trieb- und Gefühlssystems verstehen, desto aktiver können wir entscheiden, wofür wir unser Geld ausgeben wollen. Geld lediglich für wertlose oder kurzfristige Befriedigungen auszugeben, macht uns nicht glücklicher; indem wir unser Geld für Dinge aufsparen, die für uns einen echten Wert besitzen, haben wir die Chance, sehr viel mehr Erfüllung im Leben zu finden.

Wünsche und Bedürfnisse. Brauchen Sie wirklich all das, von dem Sie überzeugt sind, dass Sie es brauchen? Und wenn Sie ganz ehrlich sind, *wollen* Sie es denn überhaupt? Und falls Sie das alles ein wenig überwältigt, dann schauen Sie sich zur Aufmunterung und Erheiterung einfach mal George Carlins Sketch zum Thema »Stuff« [Zeug, Kram] an. [9]

> ▶▶ »Die Menschheit blickt auf eine lange Erfahrung und eine gute Tradition des Überlebens unter widrigen Umständen zurück. Heute sehen wir uns jedoch einer Herausforderung gegenüber, für die es uns noch an Erfahrung mangelt: das Überleben im Wohlstand.«
> **Alan Gregg – kanadischer Politikberater**

esc Ausstieg beginnt mit Definitionen

Charles Givens, US-amerikanischer Finanzguru, rät in seinem Buch *Wealth Without Risk*: »Fragen Sie sich: ›Wenn ich unbegrenzt Zeit, Talent, Geld, Können, Selbstvertrauen und familiäre Unterstützung hätte, was würde ich dann tun?‹ Listen Sie anschließend die Schritte auf, die notwendig wären, um diese Ziele zu erreichen.«

Okay, Sie haben nur begrenzt Zeit und Geld ... aber die Aufforderung bleibt die gleiche: Fassen Sie Ihre Ziele unabhängig von den Zwängen Ihrer augenblicklichen Situation ins Auge. Das ist schwierig, aber nicht unmöglich. Es ist erstaunlich, was möglich ist, sobald man große Ziele in kleine Einzelschritte zerlegt.

Zu den ersten Dingen, die Sie tun sollten, wenn Sie einen Karriereausstieg planen, gehört die Formulierung Ihrer Bedürfnisse und Wünsche. Wie viel beträgt Ihr unter keinen Umständen verhandelbares jährliches Minimaleinkommen? Oder lassen Sie es mehr als das Minimum sein ... wie viel wollen Sie nach Ihrem geglückten Ausstieg verdienen?

Machen Sie sich klar, dass es eine Phase des Übergangs geben kann, in der Sie weniger verdienen (die bereits erwähnte »Lücke«). Es liegt bei Ihnen, wie lang dieser Zeitraum ist. Wie es auch Ihr gutes Recht ist, Optionen zu verwerfen, bei denen dieser Übergang länger dauern würde, als Sie hinzunehmen bereit sind oder es sich leisten können. Das ist ein sehr persönlicher und subjektiver Teil Ihres Karrierewechsels.

Wenn der Ausstieg mit Definitionen beginnt, müssen Sie sich im Vorfeld über zwei Dinge klar werden:

1. Wie viel Geld benötigen Sie für das Leben, das Sie führen wollen?
2. Sind Sie sich wirklich sicher, dass dies das Leben ist, das Sie führen wollen (und nicht ein Leben, von dem Sie lediglich glauben, dass Sie es führen wollen)?

Geld muss man immer im Zusammenhang sehen, sonst hat es keinen Wert. Liegt es auf der Bank, verleiht es Ihnen möglicherweise ein Gefühl der Sicherheit. Voraussetzung ist aber, dass Ihnen dieses Gefühl der Sicherheit etwas bedeutet ... sonst ist es lediglich eine Zahl. Um Ihre finanziellen Ziele mit Ihren Lebenszielen in Einklang zu bringen, müssen Sie definieren, was Ihnen dieses Geld ermöglichen soll.

Eine Zahl allein reicht folglich nicht; Sie benötigen stattdessen eine Zahl und ein Ziel (das könnte ein Haus, der Privatschulbesuch für die Kinder oder der Besitz eines Hotels an der afrikanischen Küste sein). Wie dieses Ziel aussieht, bleibt vollkommen Ihnen überlassen – wichtig ist nur, dass es *Ihr* Ziel ist und nicht das eines anderen.

▶▶ »Geld an sich spielt bei dem, was jemand tut, nicht die wichtigste Rolle. Man tut etwas, um etwas zu erreichen und zu vollenden. Das Geld folgt meistens hinterher.«
Henry Crown – amerikanischer Industrieller und Philanthrop

esc Definieren Sie Ihre persönlichen Finanzen neu

Soul Patel (www.soulpatel.com) ist ein erfolgreicher Aussteiger, der sich gerade ein unabhängiges Immobilienportfolio zulegt (ja, ohne das Geld schon mitzubringen). Daneben ist er Experte für Vermögensverwaltung. Vor Kurzem leitete er einen Workshop für Escape-the-City-Mitglieder, wo es darum ging, wie wichtig ein Gehalt für die privaten Finanzen ist. Gerade für die Planung eines Ausstiegs ist ein regelmäßiges und verlässliches Einkommen von unschätzbarem Wert.

Die entscheidende Idee dahinter ist, dass Sie alles, was sich in Ihrem Besitz befindet und keine Rendite abwirft, auf der Soll- statt auf der Haben-seite verbuchen sollten. Warum? Weil es, sollten Sie Ihren Job verlieren, weitere Verbindlichkeiten erzeugt, die so lange von Ihrem Geld zehren, bis Sie pleite sind. Ihr Haus, Ihr Auto – all das sind Verbindlichkeiten, die fälschlicherweise häufig als Vermögenswerte verbucht werden. Echte Vermögenswerte sind Aktien, Schuldscheine, Vermögensbeteiligungen und Unternehmen. Für deren Führung sind jedoch eine bestimmte Ausbildung und bestimmte Fähigkeiten erforderlich – und ohne diese werden daraus ebenfalls Verbindlichkeiten.

Wenn Sie dies aus der sicheren Warte eines ordentlich bezahlten Firmen-jobs heraus lesen, bedenken Sie bitte: Sie haben gegenwärtig einen ganz großen Vorteil – Ihren Job! Auf unserer Veranstaltung erinnerte Soul das Publikum daran, dass das Wichtigste, was ein Job zu bieten hat, der Cash-flow ist. Er verwies auf die Sorglosigkeit, mit der die meisten Menschen dieses Geld zum Fenster hinauswerfen. Und er gemahnte uns, nicht in die Falle der Konsumspirale zu tappen, indem wir ständig zu viel ausgeben, Schulden machen und unser Geld in Verbindlichkeiten stecken, die wir fälschlicherweise als Vermögenswerte verbuchen.

▶▶ »Wir gehen zur Schule und lernen dort, hart für unser Geld zu arbeiten. Ich [...] bringe den Menschen bei, wie sie ihr Geld für sich arbeiten lassen.«

Robert Kiyosaki – *Rich Dad, Poor Dad*

Managen Sie Ihre Finanzen anders

»Geld befreit uns von der Notwendigkeit, Dinge zu tun, die uns widerstreben. Weil es fast nichts gibt, das zu tun mir nicht widerstrebt, kommt mir Geld sehr gelegen.«

Groucho Marx

Machen Sie eine Bestandsaufnahme Ihrer persönlichen Finanzen

Bevor Sie sich überlegen, aus Ihrem Job auszusteigen, sollten Sie sich ein klares Bild von Ihrer gegenwärtigen Situation verschaffen. Es reicht nicht, lediglich Ihre Bankguthaben aufzuaddieren. Sie müssen sich völlige Klarheit über folgende vier Punkte verschaffen:

- Einkommen (Einkünfte)
- Ausgaben (Kosten)
- Anlagen (Vermögen)
- Schulden (Verbindlichkeiten)

Pamela Slim hat ein hervorragendes Buch darüber geschrieben, wie Sie Ihre persönlichen Finanzen rund um Ihren Ausstieg managen können (Pamelas Leser verfolgen mit dem Ausstieg in der Regel das Ziel, ein eigenes Unternehmen zu gründen). Sie gibt folgende Tipps:

▶▶ Lassen Sie sich von Ihren Ängsten leiten; nicht alle Ängste sind schlecht! Mit ihrer Hilfe können Sie sicherstellen, dass Ihr Plan alle erforderlichen Punkte berücksichtigt. Wenn etwas, das Sie in Ihrem Plan bislang nicht berücksichtigt haben, Ihnen schlaflose Nächte bereitet, ist das ein klarer Indikator, dass Sie sich damit auseinandersetzen sollten.

- Welche Mittel stehen für den medizinischen Notfall bereit?
- Wie finanziere ich bezahlte freie Zeit (z. B. Urlaub)?
- Wie viel Steuern muss ich am Ende zahlen?
- Was mache ich, wenn meine Kunden mich nicht rechtzeitig bezahlen?
- Was mache ich, wenn mich ein Kunde oder ein Wettbewerber verklagt?

Pamela Slim – *Escape from Cubicle Nation*

Nehmen Sie die Zahlen hinter Ihrem Ausstieg in die Mangel

Um der Geldfrage zu Leibe zu rücken, müssen Sie sich über Ihre Ziele, Ihre Risikotoleranz und vier entscheidende Zahlen Klarheit verschaffen:

A. Das monatliche Minimum, von dem Sie (während des Ausstiegs) leben können.
B. Die Zahl der Monate, während derer Sie von diesem Minimum werden leben müssen (die »Lücke«).
C. Ihr ideales monatliches Einkommen nach dem Berufswechsel (nach dem Ausstieg).
D. Ihr Gesamtausstiegsbudget (was Sie vor dem Ausstieg angespart haben müssen).

Die magische Zahl ist D – Ihr Ansparziel. Das für einen Ausstieg erforderliche absolute Minimum beträgt hier A x B (das heißt, der erforderliche monatliche Mindestbetrag multipliziert mit der Zahl der Monate, die Sie für den Wechsel rechnen). Dann sagen Sie sich, dass Sie nach B Monaten bei C angelangt sein müssen und andernfalls Ihre Pläne überdenken oder zu Ihrem alten Job zurückkehren. Anmerkung: Denkbar ist auch ein Teilzeitarbeitsmodell für die Übergangsphase. Auf diese Weise können Sie den Zeitraum verlängern, in dem Sie versuchen, Ihr Ausstiegsprojekt zum Erfolg zu führen.

Möglicherweise sind Sie in der glücklichen Situation, alle Zahlen zweifelsfrei prognostizieren zu können. Falls Ihr Ausstieg aber Einkunftsquellen beinhaltet, die Sie noch nicht überblicken (ein neues Gehalt oder die Rendite eines unternehmerischen Engagements), ist das prognostizierte Datum, ab dem der Betrag C regelmäßig Ihr Bankkonto füllt, die Achillesferse der Berechnung. Sie tun vermutlich gut daran, die Zahl B sicherheitshalber 25 Prozent höher anzusetzen.

Wenn Sie es ernst meinen mit dem Ausstieg, ist der einfachste Zeitpunkt, den Sie für die Kündigung wählen können, der Tag, an dem Ihre Ersparnisse die magische Zahl D erreichen – jener Betrag, der garantiert, dass Sie die »Lücke« heil überstehen. Das verschafft Ihnen auch ein Ziel und hilft Ihnen bei der Spardisziplin. Sie brauchen nicht länger zu rätseln, wann der richtige Augenblick für die Kündigung gekommen ist (Tipp: Es gibt keinen richtigen Zeitpunkt, und deshalb kann es dann auch genauso gut der Tag sein, an dem Sie Ihre magische Zahl erreichen!).

▶▶ »So trivial es klingen mag – Ihre persönlichen Finanzen sind Ihre persönliche Angelegenheit. Ebenso wie Sie es nicht anderen überlassen sollten, Ihre Ziele und Werte festzulegen, so sollten Sie auch die Kontrolle über Ihre eigenen finanziellen Prioritäten in der eigenen Hand behalten. Solange Sie sich nicht darüber im Klaren sind, welche Rolle Sie dem Geld in Ihrem Leben beimessen, laufen Sie mehr als bei jedem anderen Aspekt Ihrer Identität Gefahr, am Ende nur zu tun, was andere Ihnen vormachen.«

Chris Guillebeau – *Die Kunst, anders zu leben*

esc Betrachten Sie Ihren Ausstieg als Start-up

Jedes Unternehmen kennt Einnahmen und Ausgaben, Vermögenswerte und Verbindlichkeiten. Ihre persönlichen Finanzen sind da nicht anders. Jedes Start-up muss zusehen, dass die Einkünfte die Unkosten übersteigen, bevor Zeit und Geld knapp werden. Ihr Ausstieg folgt demselben Muster (egal, ob Sie ein Unternehmen gründen oder nicht).

Sie haben Einnahmequellen (Gehalt und andere Einkünfte). Und Sie haben Kosten (Ihre Miete, Ihre Lebenshaltungskosten und so weiter). Wenn Ihre Einnahmen über den Kosten liegen, kann niemand Sie aufhalten. Sie können mit beiden Zahlen spielen. In diesem Licht betrachtet ist Ihr Job lediglich eine Einnahmequelle, mit der Sie emotional besonders verbunden sind.

Start-ups genießen eine bestimmte Schonfrist, um in dieser Zeit zu einem funktionierenden Geschäftsmodell zu finden, bevor man sie gegebenenfalls wieder einstampft. Sie sind ein Mensch auf der Suche nach einem funktionierenden neuen Karrieremodell. Auch Ihnen ist ein Zeitlimit gegeben, innerhalb dessen Sie versuchen können, Ihr »Geschäftsmodell« zu entwickeln, bevor Sie die Segel streichen (das heißt, bevor Sie zu Ihrem alten Job zurückkehren oder sich einen anderen Job suchen).

Wie ein Start-up sollten Sie einige wichtige Dinge berücksichtigen:

1. Halten Sie die Kosten so gering wie möglich, während Sie nach funktionierenden Lösungen suchen.

2. Finden Sie jemanden, der Sie für irgendetwas (was auch immer) bezahlt, während Sie versuchen, ein Bein auf den Boden zu bekommen.

3. Verfolgen Sie Ihre Ausgaben akribisch (damit Sie wissen, wie viel Monate Ihnen noch bis zur Stunde der Wahrheit bleiben).

4. Fangen Sie mit kleinen Versuchsballons an und testen Sie sich bis zum funktionierenden Modell durch (anstatt ins Blaue hinein zu planen).

▶▶ »Ein Start-up ist eine Organisation, die mit der Absicht gebildet wird, nach einem wiederholbaren und ausbaufähigen Geschäftsmodell zu suchen.«

Steve Blank – www.steveblank.com

esc Minimieren Sie die Kosten

Dom führte während seiner letzten drei Monate in der Großfirmenwelt ein faszinierendes Ausstiegstagebuch, in dem er seine Gedanken und Befürchtungen festhielt. Einer der beliebtesten Blogeinträge trug die Überschrift »Wie man von 10 britischen Pfund am Tag lebt«.

»Mein Ziel waren 10 britische Pfund pro Tag. Darin sollte alles inbegriffen sein, Essen, Fahrkarten, Ausgehen, Kleidung, Drogeriebedarf und so weiter (im Prinzip alles außer Miete und Rechnungen, zum Beispiel für Strom).«

Vielleicht ist der Gedanke als solcher Ihnen fremd, oder vielleicht spielen Sie finanziell in einer ganz anderen Liga. Dennoch gilt für jeden, der ernsthaft daran denkt, den Sprung zu wagen, aber Sorgen wegen der Finanzen hat: Minimieren Sie Ihre Kosten, und Sie haben mehr Freiheiten; geben Sie Ihr Geld weiter so aus wie bisher, und Sie laufen in eine Sackgasse.

Hier sind einige praktische Strategien, wie Sie Ihre Ausgaben unter Kontrolle halten können:

- **Stellen Sie ein Budget auf** – spielen Sie den Pedanten und erstellen Sie eine Tabelle.
- **Schrauben Sie alles zurück** – leben Sie so einfach wie möglich.
- **Geben Sie sich einen Tag frei** – ein Tag in der Woche, an dem Sie mehr ausgeben können, ist etwas, auf das Sie sich freuen können.
- **Vermeiden Sie Markenprodukte** – Markenprodukte sind teurer und verändern Ihr Leben nicht so, wie es ein Jobwechsel kann.
- **Achten Sie auf Sonderangebote** – greifen Sie im Supermarkt zu ernährungstechnisch wertvollen Produkten und achten Sie auf Sonderangebote. Registrieren Sie sich bei www.moneysavingexpert. com.
- **Meiden Sie den öffentlichen Nahverkehr** – gehen Sie zu Fuß oder nehmen Sie das Fahrrad (kostet nichts und ist gesund).

- **Heben Sie nicht zu viel Geld ab** – Geld, das nicht im Portemonnaie ist, lässt sich schwerer ausgeben.
- **Bereiten Sie sich Ihr eigenes Mittagessen** – das ist billiger und erspart Ihnen den Gang zum Geldautomaten.
- **Legen Sie sich etwas für Ausgehabende zurück** – das fiel Dom am schwersten, aber dann gelang es ihm doch, von weniger als 10 britischen Pfund am Tag zu leben und sich später in der Woche den »absoluten Luxus« einiger Gläser Bier zu gönnen (»Sie glauben nicht, wie gut sie schmeckten!«).
- **Drehen Sie an der Miete** – finden Sie eine kleinere Wohnung, die eine niedrigere Miete hat? Können Sie Ihren Hypothekenkredit mit einer günstigeren Finanzierung ablösen? Fallen Ihnen kreative kurzfristige Lösungen ein, wie Sie überhaupt keine Miete zahlen?
- **Gehen Sie ins Ausland** – haben Sie die Möglichkeit, irgendwohin zu gehen, wo das Leben billiger ist? Möglicherweise hält Ihr Ausstiegsbudget in fernen Ländern dreimal so lang (und es könnte auch noch viel mehr Spaß machen ...).

Wie sehr wollen Sie den Ausstieg?

▶▶ »Ich muss zugeben, dass es nicht einfach ist, und dabeizubleiben, ist wirklich schwierig, aber irgendwie empfand ich die Erfahrung auch als sehr wohltuend. Sich von jemandem, der niemals sparte und niemals auf seine Kontoauszüge schaute, ins Gegenteil zu verwandeln, ist hart. Aber wenn meine Motivation nachlässt, brauche ich mich nur daran zu erinnern, wie schön es sein wird, wenn ich der City endlich den Rücken kehren kann. Noch neun Wochen!«

Dom Jackman – einer der Gründer von Escape the City, Oktober 2009

esc Sparen Sie intelligent

Entwickeln Sie ein System zum Sparen. Es kann sehr disziplinierend und eine Quelle der Motivation sein, wenn Sie erleben, wie Ihr Ausstiegsbudget wächst. Dom verwendete folgendes Drei-Konten-Sparsystem:

Konto A: Bestimmen Sie Ihre Fixkosten. Worauf können Sie unter keinen Umständen verzichten? Bei Dom waren das Miete, Strom, Wasser und Telefon. Ändern Sie Ihre Einzugsermächtigungen, sodass sie alle von einem Konto abgehen. Das ist Konto A. Sorgen Sie dafür, dass darauf immer gerade genug Geld ist, um die Fixkosten eines Monats zu decken (richten Sie einen Dauerauftrag von Konto C – siehe unten – ein).

Konto B: Legen Sie ein Budget fest. Nutzen Sie dieses zweite Konto für Ihre monatlichen laufenden Ausgaben. Alles, was Sie in diesem Monat kaufen, kommt von diesem Konto. Dann können Sie zum Bankautomaten gehen und das, was noch auf dem Konto ist, in diesem Monat ausgeben.

Konto C: Legen Sie sich noch ein drittes Konto zu, auf das Sie sich Ihr Gehalt überweisen lassen. Wenn alles gut geht, wird es sich allmählich füllen, bis irgendwann Ihr Ausstiegsziel erreicht ist!

Je eher Sie anfangen (selbst wenn Sie noch nicht wissen, wofür Sie sparen), desto früher verfügen Sie über interessante Optionen. Das war Doms Einstellung: »Ich will nicht lügen – es war nicht wirklich lustig, aber ich habe mir klargemacht, dass ich, je mehr ich jeden Tag ausgab, desto länger in diesem langweiligen Job würde ausharren müssen. Das Budgetargument war allemal stärker.« Die britische Bank Lloyds TSB bietet ein Produkt namens »Save the Change« an. Jedes Mal, wenn Sie Ihre Kreditkarte nutzen, rundet sie den Betrag auf das nächste Pfund auf und zahlt die Differenz auf ein Sparkonto Ihrer Wahl ein. Pfiffige automatische Spardideen wie diese sind eine gute Möglichkeit, Ihr Ausstiegsbudget regelmäßig aufzubessern, ohne dass Sie sich die Mühe zu machen brauchen, das Geld manuell zu verschieben.

Egal, wofür Sie sparen – sorgen Sie dafür, dass es mit Ihren Werten harmoniert. Sparen Sie für eine große Reise, wenn Sie das Abenteuer lieben. Sparen Sie für ein Wohltätigkeitsprojekt, wenn Sie anderen Menschen helfen wollen. Sparen Sie für ein Haus, wenn Sie Wert auf Sicherheit legen. Sparen Sie für das Schulgeld Ihrer Kinder, wenn Sie Privatschulen für das bessere Modell halten. Sparen Sie für Ihr eigenes Start-up, wenn Sie unabhängig sein wollen.

▶▶ »Frühere Sparversuche hatten nie funktioniert, da ich (aufgrund diverser Einzugsermächtigungen) nicht wusste, wie viel Geld ich zu einem bestimmten Zeitpunkt im Monat noch übrig haben würde. Aber ich wusste auch, dass ich dieses Problem irgendwie lösen musste. Die Antwort fand ich dann in dem Modell mit den drei Konten anstelle eines einzigen.«

Dom Jackman – einer der Gründer von Escape the City, Oktober 2009

esc Verdienen Sie kreativ

Es gibt viele Möglichkeiten, wie Sie Ihr Einkommen (vor oder nach dem Ausstieg) aufbessern können. Wir haben unten einige Ideen aufgelistet, ohne Anspruch auf Vollständigkeit. Sicherlich fällt Ihnen auch noch etwas ein. All diese Ideen vergrößern Ihren Bewegungsspielraum und verbessern Ihre Chancen auf einen erfolgreichen Karrierewechsel.

Teilzeitbeschäftigung

Wir haben sicher nicht unseren Abschluss (oder zwei) gemacht und all diese Jahre berufliche Erfahrungen gewonnen, um jetzt auf einmal wieder zu kellnern oder Bier zu zapfen. Für Menschen mit der entsprechenden Vorbildung bieten sich Berater-, Tutoren- oder Freelancertätigkeiten als Möglichkeit an, um ihre Erfahrung zu Geld zu machen. Überlegen Sie, wie viele Tage oder Stunden im Monat Sie investieren müssen, um sich finanziell über Wasser zu halten.

Websites wie odesk.com, 3desk.com oder elance.com eignen sich hervorragend dazu, die eigenen Dienste anzubieten. Und Sie können selbst bestimmen, wo, wie lange und zu welchen Konditionen Sie arbeiten möchten. Daneben gibt es zahlreiche Offlineagenturen, die sich auf die Vermittlung professioneller Teilzeittätigkeiten spezialisiert haben. Finden Sie heraus, welche für Ihre Branche zuständig sind, und melden Sie sich bei mehreren Agenturen an. Eine Onlinepräsenz und eine unverwechselbare Stimme können ebenfalls wichtig sein, um gute Berater- oder Freelanceraufträge zu bekommen.

Manche Menschen sehen die Teilzeitbeschäftigung als willkommene Unterbrechung der »Hauptbeschäftigung«, und andere empfinden sie eher als Ablenkung. Rob genoss die Aufgabe, sich auf seine privaten Unterrichtsstunden vorzubereiten; sie unterbrach auf wohltuende Weise den Rhythmus der Vorbereitungen für Escape the City. Und die 30 britischen Pfund pro Stunde waren sicherlich ebenfalls nicht zu verachten.

Verleihen Sie Dinge

Es ist verblüffend, wie viele geniale Möglichkeiten es gibt, das eigene Einkommen aufzubessern. So können Sie beispielsweise Dinge, die Ihnen gehören, verleihen oder vermieten. Vermieten Sie Ihr Schlafzimmer auf AirBnB und übernachten Sie auf der Couch. Oder vermieten Sie Ihre gesamte Wohnung und ziehen Sie so lange zu Freunden oder Familienangehörigen. Wir haben sogar von Leuten gehört, die ihren Parkplatz untervermietet haben.

Verkaufen Sie Dinge

Wenn Ihnen der Verkauf Ihrer Schuhe bei eBay auch nicht die Spesen für mehrere Monate einbringen wird, kann etwas Taschengeld niemals schaden. Nebenbei ist das eine wunderbare Möglichkeit, wie Sie Ihr Leben vereinfachen, um sich besser auf Ihre Prioritäten zu konzentrieren. Wenn Sie das Glück haben, einige wertvolle Stücke zu besitzen, ist das jetzt der geeignete Augenblick, um sich davon zu trennen. Doms Kanu ist schon lange nicht mehr in seinem Besitz!

Lassen Sie sich für alles bezahlen

Wenn Sie gerade dabei sind, ein Unternehmen zu gründen und einen fulminanten Geschäftsplan zu entwickeln, sollten Sie nicht zögern, sich auch für Dinge bezahlen zu lassen, bei denen Sie das bislang nicht eingeplant hatten.

Mit Escape the City errichten wir ein zukunftsweisendes professionelles Netzwerk, das talentierten Menschen Chancen vermittelt, die ihnen etwas bedeuten. Wir haben ambitionierte Pläne, wir möchten diese Vermittlungstätigkeit mittels geeigneter Technologien im großen Stil aufziehen. Wenn uns aber jemand anruft und um eine simple Jobanzeige auf unserer Website bittet, sagen wir sicherlich nicht Nein. Auch mit dem Verkauf von E-Books und der Ausrichtung von interessanten Vortragsveranstaltungen haben wir von Anfang an Geld verdient.

Seien Sie flexibel. Verdienen Sie Ihr Geld auf kreative Weise.

▶▶ »Wir stellten von beiden [Müslisorten] (Obama O's und Cap'n McCains) jeweils 500 Packungen her und verkauften sie für 40 US-Dollar das Stück. Die Obama O's sind wir alle losgeworden, genug, um AirBnB am Leben zu erhalten. Die Cap'n McCains gingen weniger gut weg, und so haben wir sie am Ende selbst gegessen, um unsere Essenskasse zu schonen.«

Joe Gebbia – einer der Gründer von AirBnB

esc Vermeiden Sie Schulden (oder befreien Sie sich davon)

Wenn Sie sich viele Optionen bei der Gestaltung Ihres Berufsweges wünschen, lautet der beste Tipp, dass Sie von vornherein überhaupt keine Schulden machen. Der nächstbeste Tipp ist, sich von bestehenden Schulden so schnell wie möglich zu befreien. Und das bedeutet häufig: vorerst im Unternehmensjob ausharren, das Gehalt mitnehmen und davon die Verbindlichkeiten tilgen. Und verzichten Sie um Himmels willen auf eine Kreditkarte!

Als Mikey der City den Rücken kehrte, um sich unserem Team anzuschließen, hatte er tatsächlich Schulden. Rückblickend hat er sicherlich keine Sympathie für sein früheres Ich: »Drei Jahre lang hatte ich netto mindestens 25 000 britische Pfund verdient, da hätte ich keine Schulden haben dürfen. Natürlich zahlte ich noch ein Studentendarlehen ab, aber ich hatte keinen Hauskredit. Mein Kreditkartenminus war ein Zeichen dafür, dass ich über meine Verhältnisse gelebt hatte.«

▶▶ »Schulden zu haben, fühlt sich mitunter so an, als hätten wir Bleistiefel an den Füßen. Das stellt mächtige Hindernisse zwischen uns und unsere Träume. Es ist wie Knechtschaft. Es nimmt uns gefangen. Die Schuldentilgung wird zu unserem Hauptanliegen, das alles in den Hintergrund schiebt, was wir eigentlich tun möchten. So bleiben wir am Ende in unseren Sklavenjobs hängen. ›Ich hasse meinen Job und würde ihn am liebsten kündigen‹, sagen die Menschen, ›aber ich schulde der Bank fünf Riesen, und deshalb geht das nicht.‹ Insofern werden Schulden von vielen mit einer modernen Form des Arbeitsdiensts verglichen. Wir machen Schulden, und dann sind wir an einen Job gefesselt, den wir hassen, nur um unsere Schulden abbezahlen zu können.«

Tom Hodgkinson – *Die Kunst, frei zu sein*

esc Bilden Sie Kapital, hinterfragen Sie Verbindlichkeiten

In Chris Guillebeaus Buch *Die Kunst, anders zu leben* findet sich ein hervorragender Abschnitt zum Thema persönliche Finanzen. Seine Ideen haben uns bei unserem eigenen Ausstieg sehr geholfen. Chris unterscheidet zwischen rücklagenbasierter finanzieller Unabhängigkeit (wenn Sie von den Zinsen oder den Einkünften aus Ihrem Finanzvermögen leben) und einkommensbasierter finanzieller Unabhängigkeit (wenn Sie das Arbeitgebergehalt durch eine bestimmte Menge an selbst geschaffenem Einkommen ersetzen). Welche Art von »Vermögen« könnten Sie mit Ihrem Gehalt entwickeln? Welche zusätzlichen Einkünfte wären neben dem Gehalt noch denkbar?

Seien Sie klug. Wenn Sie ein hohes Gehalt beziehen und mit Ihrer Situation wirklich unzufrieden sind, könnten Sie versuchen, von einem Viertel zu leben und die restlichen drei Viertel in Vermögenswerte statt in Verbindlichkeiten zu investieren. Ein Vermögenswert ist etwas, das jährlich Geld abwirft (Wertpapierinvestitionen, Unternehmen, Immobilien), während eine Verbindlichkeit etwas ist, für das Sie Geld aufwenden müssen.

Wir sagen nicht, dass Sie keinen Hauskredit aufnehmen oder Sparverträge für die Zukunft abschließen sollen. Sie sollten sich aber genauestens Rechenschaft über Ihre Motive ablegen und sich fragen, ob Ihnen damit wirklich gedient ist. Überlegen Sie genau, was Sie tun, bevor Sie Ihre Handlungsfreiheit einschränken. Warum legen Sie sich fest? Und bringt Sie das dorthin, wo Sie in Wahrheit sein möchten? Wenn Sie eine Darlehenshypothek haben, sollten Sie vernünftig vorgehen – leben Sie zu Hause und vermieten Sie das gesamte Objekt. Rentenversicherungen sind eine besonders heikle Angelegenheit. Wie viele Menschen mit Ende 50 oder Anfang 60 kennen Sie, die fleißig ihr ganzes Arbeitsleben lang getan haben, was das System von ihnen erwartete, um dann kurz vor Erreichen der Altersgrenze über den Tisch gezogen zu werden? Infolge der Rezession mussten viele Rentenfonds gewaltige Verluste hinnehmen.

So viele Menschen, die Jahrzehnte für große Unternehmen tätig waren, haben genau berechnet, wie viel sie bis zum Ruhestand mit 65 gespart haben werden, nur um dann ein paar Jahre vor Erreichen dieses Ziels ihren Job zu verlieren. Häufig sind sie dann zu alt, um noch eine andere Stelle zu finden (sie sind zu teuer), und müssen sich nun auf einen sehr viel weniger komfortablen Ruhestand einstellen als den, mit dem sie all die Jahre gerechnet hatten.

▶▶ »Ich habe aufgehört, die erfolgreichen, gut verdienenden Mittelklassepaare zu zählen, die beschlossen haben, in kreditfinanzierten Riesenpalästen zu leben, sich dann aber über die Hypothekenbelastungen und die Mühsal des Lebens beklagen, als hätten sie keine andere Wahl gehabt.«

Tom Hodgkinson – *Die Kunst, frei zu sein*

esc Investieren Sie in sich, nicht in Dinge

Die zwei konstruktivsten Arten, in sich selbst zu investieren, sind neue Erfahrungen und Weiterbildung. Beides geht, auch ohne dass Sie Ihren Job kündigen.

Für D.H. Lawrence war Reisen das Einzige, für das wir Geld ausgeben und das uns zugleich reicher macht.

Kaum ein Mensch kehrt von einer wirklich neuen und abenteuerreichen Erfahrung zurück, ohne nicht auch Altvertrautes zu Hause mit ganz neuen Augen zu sehen.

Bilden Sie sich. Nutzen Sie Bibliotheken, borgen, stehlen, downloaden oder leihen Sie sich Bücher. Es gibt wahrlich keine Entschuldigung für Unwissen in Bereichen, die aus Ihrer Sicht für Ihre Karriere wichtig sind.

Wir empfehlen Ihnen, Ihr Geld bewusst für Dinge auszugeben, die für Sie von Bedeutung sind. Werfen Sie einen unverwandten Blick auf Ihre Finanzen und auf Ihre Werte. Entscheiden Sie, wie viel Sie für das, was Sie tun wollen, benötigen oder sich wünschen (hier gibt es keine falsche Antwort). Planen Sie dann entsprechend.

▶▶ »Ältere Menschen raten jüngeren Menschen stets, Geld zu sparen. Das ist ein schlechter Rat. Sparen Sie nicht jeden Nickel. Investieren Sie in sich selbst. Bis ich 40 Jahre alt war, hatte ich keinen einzigen Dollar gespart.«

Henry Ford

esc Fazit – die Geldfrage

Die einzig richtige Antwort auf die Geldfrage gibt es nicht. Und auch keinen einfachen Weg. Wenn es einfach wäre, ein Leben nach den eigenen Vorstellungen zu führen, täten wir es alle, und es brauchte weder Escape the City noch dieses Buch. Wichtig ist, dass Sie sich eines klarmachen: Nur sehr wenige Entscheidungen sind unwiederbringlich. Sie können immer noch zu Ihrem Job zurückkehren.

Wenn Sie wissen, dass Sie mindestens die Summe X im Jahr verdienen müssen, um damit Ihre Grundbedürfnisse (was Sie überleben lässt) und Wünsche (was Sie glücklich und zufrieden macht) zu decken, verwerfen Sie die Idee eines Ausstiegs möglicherweise als völlig unmöglich. Wir möchten Sie bitten, Ihre Vorstellungen von einem solchen »Ausstieg« noch einmal zu überdenken. Wenn Sie in Ihrem Job unglücklich sind, haben Sie sich selbst, Ihrer Familie und der Welt gegenüber die Pflicht, daran etwas zu ändern.

Die Grenzen um Ihren Ausstieg und die Geldfrage herum sind allein Ihre Angelegenheit. Sie haben jedoch mit allen anderen, die dieses Buch lesen, etwas gemeinsam: dass Sie überhaupt über einen Ausstieg nachdenken. Entscheidend ist, dass Sie psychologisch den Wunsch nach Veränderung mit Ihrer persönlichen finanziellen Situation zusammenbringen. Und dass Sie an beiden Fronten absolut ehrlich mit sich sind.

Wir wurden alle dazu erzogen, Anweisungen zu befolgen und nach den Regeln zu spielen. Sehr wenige von uns haben den Umgang mit ihren privaten Finanzen wirklich gelernt. Das hat zur Folge, dass sich viele Menschen völlig überfordert fühlen, ein Leben ohne die Sicherheit eines geregelten Jobs zu führen. Machen Sie sich darauf gefasst, dass viele Schwierigkeiten, mit denen Sie es zu tun haben werden, sobald Sie Ihren Ausstieg vollziehen, mit Ihrer inneren Einstellung zum Geld zusammenhängen. Wir assoziieren Geld so stark mit Emotionen, Selbstbild und Stolz, dass es uns schwerfällt, andere um Hilfe zu bitten. Vielleicht missfällt Ihnen schlicht die Vorstellung, Ihren angestammten Platz in der Wohlstandshackordnung

Ihrer Freunde aufgeben zu müssen. Die einfache Lösung lautet hier, dass Sie Ihren Stolz hinunterschlucken und Ihre Situation aus der langfristigen Perspektive betrachten. Denken Sie daran: Sie haben einen Plan!

Geld ist diejenige Kraft, die Sie am ehesten auch weiterhin an einem Arbeitsplatz hält, an dem Sie fünf Tage in der Woche etwas tun, was Ihnen in Wahrheit nichts bedeutet. Widmen Sie diesem Thema die Aufmerksamkeit, die es verdient. Zwischen einem Wagnis und einem Plan besteht ein Unterschied. »Wagnis« bedeutet, dass Sie von etwas *weg*laufen und ohne Sicherheitsnetz oder Plan kündigen. »Plan« bedeutet, dass Sie mit überlegten Schritten auf ein Ziel *zu*gehen.

Ganz allgemein gesprochen: Wir alle geben aus, was wir haben. Sie sollten lediglich darauf achten, dass das, was Sie ausgeben, Sie am Ende dahin bringt, wo Sie hinwollen. Sie haben nur ein Leben. Es gibt viele mögliche Pfade. Das nächste Kapitel geleitet Sie durch die ersten Schritte …

▶▶ »In den alltäglichen Schützengräben des Erwachsenenlebens gibt es in Wahrheit keinen Atheismus. Jeder hat etwas, das er anbetet. Die Frage ist nur, was. Und der entscheidende Grund, der dafür spricht, eine Art Gott oder spirituelles Wesen anzubeten, ist, dass so gut wie alles andere, das Sie anbeten, Sie bei lebendigem Leibe auffrisst. Wenn Sie Geld und Dinge anbeten, wenn Sie Ihren Lebenssinn aus ihnen beziehen, werden Sie niemals genug haben.«

David Foster Wallace – *Das hier ist Wasser* **(2005)**

KAPITEL 5

Evolution statt Revolution

Dieses Kapitel handelt vom Übergang – dem konkreten Prozess der Entscheidung, was Sie tun wollen, und der anschließenden Loslösung vom Großfirmenjob. Im Mittelpunkt dieses Kapitels steht der Entschluss zum Ausstieg. Die erste Hälfte handelt von der Zeit, in der dieser Entschluss in Ihnen reift, während der zweite Teil sich mit der Zeit beschäftigt, die Sie noch in Ihrem bisherigen Job verweilen, nachdem der Entschluss zum Ausstieg bereits gefallen ist. Unsere Erfahrungen mit dem allmählichen Ausstieg aus der Unternehmenswelt lassen sich in drei Wörtern zusammenfassen: Lernen, Experimentieren und Netzwerkpflege. Der Ausstieg ist ein Prozess und kein Einmalereignis. Viele von uns denken, sie müssten einen plötzlichen Sprung machen, während es in Wahrheit viel vernünftiger ist, sich auf kleine Schritte zu konzentrieren. Dann gestaltet sich der Übergang weniger stressig, und die Aussicht, dass der Ausstieg von Dauer ist, ist größer. Wenn es Ihnen ähnlich geht wie uns, haben Sie vielleicht schon die Hürden zwischen sich und dem Leben, das Sie führen möchten, identifiziert. Möglicherweise haben Sie auch schon wichtige Aspekte Ihrer Arbeits- und Lebenseinstellung geklärt. Dennoch passiert es nur allzu leicht, dass Sie an der schwierigen Frage hängen bleiben: »Wenn nicht dies, was dann?« Und selbst wenn Sie bereits entschieden haben, wohin Sie der Wechsel führen soll, denken Sie möglicherweise: »Wie um Himmels willen komme ich da hin?«

Für Roz Savage löste das bloße Verfassen zweier Nachrufe eine Folge von Ereignissen aus, die ihr Leben in eine radikal andere und unkonventionelle Richtung lenkten. Aber selbst für Roz war das Ganze »eine Evolution und keine Revolution«.

Bevor wir in das Übergangskapitel einsteigen, wollen wir Roz die Geschichte vom nächsten Abschnitt ihrer Reise nach ihrer allmählichen Offenbarung (dass sich etwas verändern müsse) erzählen lassen.

▶▶ »Nach und nach schüttelte ich die Fesseln meines alten Lebens ab – Job, Mann, Haus und den kleinen roten Sportwagen. Ich wechselte mit wachsender Regelmäßigkeit meine Bleibe, wann immer ich eine billige oder womöglich kostenlose Unterkunft fand. Ich bewohnte eine kleine Kabine auf einem Wohnschiff auf der Themse, dann eine dickensche Mansarde in Richmond und zuletzt ein Bürozimmer in Battersea.

Bei jedem Umzug ließ ich mehr Dinge zurück – Dinge, die mich belastet hatten, Dinge, die eher mich besessen hatten, als dass ich sie besessen hätte. Ich reduzierte mein Leben auf das Allerwesentlichste, um festzustellen, was mir wirklich wichtig war und was übrig blieb, sobald ich mich durch das definierte, was ich war, und nicht durch das, was ich besaß.

Stück für Stück begann ich, mein Leben neu zu sortieren und mich nach dem Nachruf auszurichten, den ich mir für mich wünschte. Ich lernte, dass ein Leben nach den eigenen Werten mich glücklicher machte als ein großes Einkommen und viele Besitztümer. Ich plante nicht mehr so verbissen, sondern begann, das Leben flexibler anzugehen. Ich achtete weniger darauf, was andere über mich dachten, und mehr darauf, was ich selber über mich dachte. Ich akzeptierte Fehler als Teil des Lebens, als die unvermeidliche Folge von Abenteuerbereitschaft und gelebter Neugier. Mir wurde eines bewusst: Das, was zählt, ist weniger Erfolg oder Misserfolg; es ist vielmehr das, was wir aus der Erfahrung lernen.

Mir wurde intellektuell, emotional und intuitiv klar, dass wir uns um unseren Planeten kümmern müssen, wenn wir wollen, dass er sich um uns kümmert.

Ich spürte, dass ich der Wahrheit auf der Spur war. Aber ich fühlte mich auch wie ein Tischler, der im Besitz ganz neuer Werkzeuge ist, aber kein Holz hat, um sie auszuprobieren. Ich brauchte ein Projekt.

Und so beschloss ich, den Atlantik rudernd zu überqueren.«

Roz Savage – www.rozsavage.com

Vor der Entscheidung

»Der Kurs des besten Schiffes ist eine Zickzacklinie von zahlreichen Kursänderungen. Betrachte diese Linie aus hinreichender Entfernung, und sie glättet sich zu einer Durchschnittsrichtung. Deine wahre Handlung wird sich selbst und deine übrigen wahren Handlungen erklären.«

Ralph Waldo Emerson

esc Bekämpfen Sie die Angst

Wir wussten, dass wir der Unternehmenswelt den Rücken kehren und selber etwas auf die Beine stellen wollten. Wir hatten noch keine Geschäftsidee, und ebenso wenig wussten wir, wann der Zeitpunkt für den Absprung gekommen sein würde. In dieser Situation passiert es nur allzu leicht, dass lähmende Ungewissheit und Angst uns davon abhalten, auch nur die ersten Schritte zu unternehmen. Wären wir nicht mehrere gewesen, die den Plan gefasst hatten, den Weg gemeinsam zu gehen, dann hätte wohl jeder von uns allein – so scheint es im Rückblick – seine Ängste niemals überwunden.

Unser zentraler Tipp im Zusammenhang mit der Übergangsphase lautet, dass Sie sich von Ihren Sorgen (den Gedanken und Blockaden aus Kapitel 2) nicht von den notwendigen ersten kleinen Schritten abhalten lassen dürfen.

Steven Pressfield, der Verfasser von *The War of Art*, bezeichnet diese Art der lähmenden Angst als den »Widerstand«. Je mehr Angst Sie vor einer Arbeit und Berufung haben, sagt er, desto sicherer können Sie sein, dass Sie es dennoch versuchen sollten. »Eine Kapitulation vor dem Widerstand deformiert unsere Seelen«, behauptet er. »Sie lähmt uns und macht uns zu weniger, als wir sind und zu was wir geboren wurden.«

Sind Ihre Ängste rational oder irrational? Ängste leisten uns in vielen Situationen gute Dienste. Sie schützen uns vor schlechten Ergebnissen. Häufig ängstigen wir uns aber auch vor Dingen, die unsere Sicherheit in Wahrheit gar nicht bedrohen – beispielsweise wenn wir uns vor Peinlichkeiten fürchten oder davor, öffentlich aufzutreten. Um auf Rob Archers Vortrag (von The Career Psychologist, www.thecareerpsychologist.com) zurückzukommen: »Wenn Sie Angst haben, etwas zu tun, ist das entweder eine hilfreiche Angst – in diesem Fall sollten Sie auf die Gründe hören (und entsprechend planen, mögliche Probleme lösen und Risiken minimieren). Oder es ist eine grundlose (nicht hilfreiche) Angst. In diesem Fall müssen

Sie wählen: Entweder Sie arrangieren sich mit der Angst, oder Sie ändern die Richtung. In fast allen Situationen lautet die Frage nicht, ob Ihre Ängste ›wahr‹ sind oder nicht, sondern ob sie Ihnen helfen.«

Ängste können nützlich sein, um Sie vor echten Gefahren zu warnen, aber häufig lähmen sie nur und beziehen sich auf hypothetische Situationen, die noch nicht eingetreten sind. Was ist, wenn ich dieses Buch nicht schreiben kann? Was ist, wenn die Leute über meinen Vortrag lachen werden? Was ist, wenn ich scheitere? Aber was verstehen Sie unter »Scheitern«? Und was können Sie gegen solcherlei Ängste unternehmen? Je mehr Sie auf diese Ängste hören, desto wahrscheinlicher ist es, dass das Befürchtete am Ende eintritt. Warum ist das im Zusammenhang mit Ihrem Übergang so wichtig? Weil Ängste Sie daran hindern könnten, jene kleinen Schritte zu unternehmen, die die Voraussetzung dafür sind, dass Sie überhaupt eine Entscheidung treffen können, ob Sie aussteigen wollen oder nicht.

Es gibt eine große Anzahl von Dingen, die Sie – auch schon vor der definitiven Entscheidung für einen Wechsel – in Erwägung ziehen könnten, um sich in eine entspanntere Stimmung zu versetzen. Das gilt sowohl für die Beherrschung möglicher Risiken als auch in Bezug auf Ihre Ängste. Anstatt zu kündigen, um etwas Neues auszuprobieren, könnten Sie mit Ihrem Arbeitgeber eine begrenzte Auszeit vereinbaren. Und indem Sie, noch bevor Sie wissen, was genau Sie vorhaben, ein Ausstiegsbudget ansparen, vergrößern Sie Ihren Entscheidungsspielraum. Vor allem aber sollten Sie sich klarmachen, dass es sich um keine unwiderrufliche Entscheidung handelt und dass Sie sich jederzeit einen anderen Job suchen können.

> ▶▶ »Mut ist nicht die Abwesenheit von Ängsten, sondern die Einsicht, dass es etwas anderes gibt, das wichtiger ist als die Ängste.«
>
> **James Neil Hollingworth (1933–1996) – Beatnik, Hippie, Textdichter und Manager psychedelischer Folk-Rock-Bands. Er schrieb unter dem Pseudonym Ambrose Redmoon.**

Setzen Sie Grenzen, leisten Sie Gegenwehr

»Nimm deinen Wohltätigkeitsurlaub!«

Das pflegte Dom zu mir zu sagen und schlug sich dabei mit der Hand an die Stirn. Was er damit meinte, war: »Du hast 25 Urlaubstage im Jahr, kannst dir sechs zusätzliche Tage ›hinzukaufen‹ und bekommst zwei Tage frei für freiwilligen wohltätigen Dienst – nimm deinen Wohltätigkeitsurlaub!«

Bevor wir beschlossen, unsere Jobs an den Nagel zu hängen, fanden wir es extrem wichtig, uns vor den Exzessen unseres Arbeitsumfelds zu schützen. Es passiert sonst allzu leicht, dass Sie 70 Stunden in der Woche arbeiten und kaum noch Zeit übrig haben, um an Ihre Zukunft zu denken.

Die meisten von uns können es sich nicht leisten, ihren Job zu kündigen, bevor das, was danach kommt (Job/Start-up) nicht steht und funktioniert. Wir wachten eifersüchtig über unsere freie Zeit (was natürlich mit persönlichen Opfern verbunden war), aber wir setzten bei der Arbeit so gut es ging Grenzen, um für uns selbst etwas Raum zum Atmen zu gewinnen.

Ihr Arbeitgeber kauft Ihre Zeit. Er zahlt Ihnen eine bestimmte Summe Geld dafür, dass Sie ihm ein bestimmtes Ergebnis liefern. Sie können ihm ein bestimmtes Maß an Loyalität erweisen und sollten auch von ihm ein bestimmtes Maß an Loyalität erwarten. Es gibt jedoch Grenzen. Setzen Sie diese Grenzen durch. Sie müssen sich schützen und sich den nötigen Raum verschaffen, um sich darüber klar zu werden, ob Sie gehen wollen oder was Sie an Ihrer Situation verbessern können.

Jedenfalls sollten Sie nicht zu einem jener missmutigen Menschen werden, die auf alles, worum ihre Vorgesetzten sie bitten, mit Murren reagieren. Halten Sie den Anschein aufrecht, dass alles zum Besten steht. Damit, dass Sie Ihrem Groll freien Lauf lassen, tun Sie weder sich selbst noch Ihrem Ruf einen Gefallen.

Hüten Sie sich vor einer Routine, die Ihr Blickfeld einengt oder Ihnen sämtliche Kräfte raubt. Es fällt uns schwer, ein Leben objektiv zu beurteilen, in dem wir mittendrin stecken. Auch außerhalb Ihrer jetzigen Situation existiert noch ein Leben. Sie können es nur von dort, wo Sie sitzen, nicht immer sehen. Sollte Sie das Unglück treffen, dass man Sie auf die Straße setzt, sollten Sie die tote Zeit als Geschenk und Chance begreifen. Sie benötigen von Zeit zu Zeit Raum zum Atmen, um sich neu zu sortieren und die eigenen Optionen zu erforschen.

▶▶ »Ich weiß noch, wie ich nach meinem ersten Monat in Indien am Strand saß, tief durchatmete und spürte, wie ein kleines Stück von mir zurückgekommen war. Wir müssen erst einen Schritt zurücktreten, um zu erkennen, wie kaputt wir sind.«

Rekha Mehr – Unternehmensgründerin, Konditorin

esc Lernen Sie, besser zuzuhören

Frage: Wie gelingt es mir, zu lernen, zu experimentieren und mein Beziehungsnetzwerk zu pflegen?

Antwort: Lernen Sie, besser zuzuhören. Hören Sie erst zu und handeln Sie dann.

Wenn Sie in einem Job feststecken, der Ihnen nicht gefällt, treiben Sie sich mit Ihrer inneren Stimme selbst in den Wahnsinn. Sie reden sich jeden möglichen Schritt, der Sie konstruktiv weiterbringen würde, selbst aus. Sie stecken in einer Endlosschleife. Sie müssen sich daraus befreien. Sie müssen neue Ideen an sich heranlassen.

Bevor uns die Idee mit Escape the City in den Sinn kam, war Rob so frustriert von seinem Firmenjob, dass er ziemlich viel Zeit damit verbrachte, Blogs über Dinge zu lesen, die ihn interessierten – über die Herausforderungen des 21. Jahrhunderts, innovative Geschäftsmodelle und aufregende Start-ups (und natürlich Manchester United ...).

Den entscheidenden Anstoß zu seiner Entdeckungsreise gab ein faszinierendes, frei erhältliches PDF-Dokument mit der Überschrift »Der Ideenvirus«, auf das er bei seiner jobbedingten Recherche zum Thema Kundenservice und Callcenter gestoßen war. Je mehr er über die Szene der Unternehmensgründer las, desto klarer wurde ihm der Unterschied zwischen der Welt, in der er arbeitete, und der Welt, über die er las. Die Richtung seines Ausstiegs wurde ihm immer deutlicher.

Was können Sie tun, um Ihre Zuhörfähigkeit zu verbessern? Beschaffen Sie sich eine Liste aller TED-Gespräche, die jemals aufgezeichnet wurden (geben Sie einfach »TED talks spreadsheet« in Google ein)[1], markieren Sie diejenigen, die Sie interessieren, und schauen Sie sich täglich einen Beitrag davon an, bis Ihr Kündigungsentschluss gefallen ist! Noch heute Abend können Sie sich einen Feedly- und einen Twitter-Account zulegen und damit beginnen, Menschen zu folgen, die Sie interessieren.

Was ist Feedly? Alle Blogs und die meisten Websites haben einen RSS-Feed. Kopieren Sie die URL in das »Subscribe«-Feld Ihres Feedly-Accounts. Das ist Ihr personalisierter Zeitungsstand. Sie können jetzt jeden abonnieren, dessen Ansichten Sie interessieren, ohne dass Sie jemals wieder seine Website besuchen müssen. Wenn Sie sich für Start-ups interessieren, empfehlen wir für den Anfang www.sethgodin.com, www.chrisbrogan.com und www.avc.com. Wenn Sie mögen, können Sie auch unseren eigenen Blog (»Stop Dreaming, Start Planning«) unter der RSS-Adresse http://blog. escapethecity.org/feed/ abonnieren. In der Bibliografie am Ende dieses Buches finden Sie alle Blogs, die wir abonniert haben.

In diesem Augenblick kann man online faszinierende Dinge verfolgen: Menschen, Ideen und Gespräche. Noch vor zehn Jahren wären diese Informationen für Sie unerreichbar gewesen, und heute reicht dafür ein Mobiltelefon. Hier ist ein wunderbarer Post von einem Escape-the-City-Mitglied, das auf den Twitter-Geschmack kam: http://www.giveliveexplore. com/2012/10/11/the-power-of-twitter-told-in-3-tweets/.

Was hat das mit Ihrem Ausstieg zu tun? Alles. Sie werden keinen Spaß an Ihrem neuen Job oder Start-up haben, solange Sie sich für das betreffende Thema nicht wirklich interessieren. Wir alle haben unterschiedliche Kombinationen aus Interessen und Fähigkeiten. Ihr zukünftiger beruflicher Weg wird sich irgendwo im Schnittmengenbereich Ihrer Interessen, Ihrer Fähigkeiten, Ihres Netzwerks und Ihrer Erfahrungen bewegen.

Je mehr Sie diese Bereiche entwickeln, desto größer ist die Wahrscheinlichkeit, dass Sie auf Chancen stoßen (oder sie selbst erzeugen), die Sie wirklich ansprechen.

▶▶ »Niemand macht einen größeren Fehler als der, der nichts tut, weil er nur wenig tun kann.«
Edmund Burke – irischer Staatsmann und Politiktheoretiker

esc Hören Sie auf zu lesen – handeln Sie

Es kommt der Punkt, an dem Sie die Rolle des Zuschauers aufgeben und sich aktiv einmischen müssen. Wie könnte das aussehen? Mit der Kündigung Ihres bisherigen Jobs ist es sicherlich nicht getan. Für den Anfang genügen möglicherweise ein paar sehr bescheidene Schritte.

Wir selbst haben zuerst mit einigen Freunden gesprochen, die ein Online-Bildungsportal betreiben; es geht darum, wie man eine Website aufbaut. Unser nächster Schritt war die Einrichtung unseres eigenen (anonymen) Blogs, in dem wir über die Idee sprachen, eine Community von Unternehmensaussteigern zu gründen.

In diesem Stadium brauchen Sie noch nicht zu wissen, wohin Ihre Reise führen wird. Vielleicht besuchen Sie einfach nur die nächste Escape-the-City-Veranstaltung oder treffen sich mit einem Freund aus einer anderen Branche, um über seine Berufserfahrungen zu sprechen. Was auch immer Sie unternehmen – tun Sie es mit der nötigen Offenheit und stellen Sie viele Fragen.

Hier sind einige Ideen auf der Grundlage unserer Erfahrungen:

Idee 1: Öffnen Sie sich gegenüber neuen Netzwerken
Überlegen Sie, welche Interessengemeinschaften Sie interessieren könnten. Suchen Sie über meetup.com und eventbrite.com nach Veranstaltungen, die Ihnen interessant erscheinen. Besuchen Sie diese Veranstaltungen. Seien Sie mutig. Nehmen Sie einen Freund mit. Sprechen Sie Menschen an. Verschaffen Sie sich über lanyrd.com einen Überblick über die Veranstaltungen, die jene Menschen besuchen, denen Sie auf Twitter folgen.

Idee 2: Finden Sie Ihre Stimme

Sobald Sie im Auftun neuer Nischen und neuer Welten ein wenig Übung haben, könnte es an der Zeit sein, dass Sie der Welt etwas über sich mitteilen. Starten Sie einen Blog (keine Sorge, vorläufig wird kaum jemand ihn lesen). Verfassen Sie ein paar Artikel. Löschen Sie sie wieder, wenn sie Ihnen nicht gefallen. Über welche Themen könnten Sie den ganzen Tag lang lesen? Worüber könnten Sie einen gut recherchierten und informativen Artikel schreiben?

Idee 3: Gründen Sie Ihre eigene Minigemeinschaft

Wenn Sie mit der Richtung, die Ihre Karriere nimmt, unzufrieden sind, warum organisieren Sie dann nicht Ihre eigenen Kneipentreffen nach der Arbeit? Was immer es ist, was Sie zu tun vorhaben – es wird Leute geben, denen es ähnlich geht. Bringen Sie eine Gruppe von Frauen zusammen, die einen Onlineshop gründen wollen, von Börsenhändlern, die sich künftig im sozialen Bereich betätigen wollen, oder von Buchhaltern, die von freiwilliger Arbeit in Afrika träumen. Wir selbst begannen damit, unsere Londoner Community von Großfirmenaussteigern zu organisieren. Nur weil wir diese ersten Schritte unternahmen, lesen Sie heute dieses Buch.

Idee 4: Starten Sie eine Reihe von Ausstiegsexperimenten

Nehmen Sie einen Tag Urlaub und begleiten Sie einen Freund in seinem Job. Schreiben Sie an fünf Unternehmer aus Bereichen, die Sie interessieren, und fragen Sie, ob Sie sie für einen Artikel / ein Forschungsprojekt interviewen dürfen. Engagieren Sie sich ehrenamtlich in einer Wohltätigkeitsorganisation in Ihrer Nähe. Suchen Sie nicht nur nach dem einen »Traumziel«, das Sie vom öden Firmenalltag befreit. Testen Sie viele neue Wege, und verfolgen Sie diejenigen weiter, die Sie interessieren. Entscheidend ist, dass Sie anfangen.

Wir haben bereits von Piers Calvert, dem Fotografen, gesprochen. Noch während er in seinem alten Job arbeitete, hatte er damit begonnen, seine

Fähigkeiten als Fotograf zu verbessern. Aber sein eigentlicher Ausstieg begann mit einer einzigen, zufällig aufgenommenen Fotografie …

Eines Morgens kam er mit dem Flugzeug nach London und machte zehn Minuten vor der Landung in Heathrow einige Bilder der von einer dichten Nebeldecke überzogenen Stadt, aus der nur die Wolkenkratzer von Canary Wharf herauslugten. Nach der Landung mailte er eines der Bilder an eine Reihe von Freunden, um sie an seiner Beobachtung teilhaben zu lassen, was für eine graue und elende Stadt London doch sei.

Das Foto machte die Runde, landete anderntags in den Abendnachrichten und in der überregionalen Presse und gewann schließlich einen Preis in einem angesehenen Fotografiewettbewerb des National History Museum. Das war das Zeichen, das er gebraucht hatte, berichtete uns Piers.

Lassen Sie sich von dem Gedanken, dass die Wege so vieler Menschen vergleichsweise willkürlich erscheinen, nicht entmutigen. Schöpfen Sie vielmehr Kraft aus der Vorstellung, dass Sie für eine unkonventionelle Karriere keine Anleitung brauchen. Konzentrieren Sie sich einfach aufs Lernen, starten Sie kleine Projekte, und führen Sie *neue* Gespräche, die Sie interessieren. Und seien Sie dabei stets offen für neue Möglichkeiten.

Für Menschen in Firmenjobs, die Angst vor Veränderungen haben, ist es aus psychologischer Sicht sehr wichtig, mit kleinen Experimenten zu beginnen. Das weiß auch Pamela Slim:

> ▶▶ »Stellen Sie sich vor, Sie stehen auf einem hohen Sprungbrett und blicken hinunter aufs Wasser. Wenn Sie eine Stunde lang hinunterschauen, wird Ihre Angst mit der Zeit immer größer, nicht wahr? Entscheidend ist also, dass die Menschen so früh wie möglich springen.«
>
> **Pamela Slim – in einem *Forbes*-Interview mit Eric Wagner**[2]

Nach der Entscheidung

»Planen Sie gründlich. Wenn es sich richtig anfühlt und Sie wissen, dass es richtig ist, wagen Sie den Sprung und legen Sie los. Sprechen Sie mit Leuten, die schon Erfahrung haben. Quetschen Sie sie (dezent und höflich) nach Informationen aus. Lernen Sie von ihnen. Lernen Sie über Ihren Bereich, was immer Sie können.«

Frank Yeung – einer der Gründer von Poncho No. 8 Gourmet Burritos, zuvor bei Goldman Sachs

esc Kündigen Sie nicht sofort

Sie haben also beschlossen, dass Sie die Firma verlassen werden …

Zuerst einmal Glückwunsch! Echt. Viele von uns können sich jahrelang nicht dazu entschließen (oder nie). Wenn es Ihnen möglich ist, einen solchen Entschluss zu fassen – auch wenn Sie noch nicht wissen, was Sie als Nächstes tun werden –, sollten Sie dieses aufregende Gefühl, zu wissen, dass eine Veränderung auf Sie wartet, auskosten. Die nächsten Seiten befassen sich mit dieser aufregenden und beängstigenden Zeit zwischen dem Entschluss zum Ausstieg und dem Augenblick, in dem Sie tatsächlich zum letzten Mal durch diese Türen gehen. Möglicherweise arbeiten Sie in einem Umfeld, das Ihnen überhaupt nicht guttut. Aber selbst wenn alles dafür spricht, dass Sie den Schlussstrich so bald wie möglich ziehen, sollten Sie doch aufpassen, dass Sie nicht lediglich vor etwas wegrennen. Sobald Ihr Entschluss feststeht, dass Sie gehen werden … was kommt als Nächstes? Sie brauchen einen Plan!

Lange bevor Scott Gilmore, der Gründer von Open Markets, seinen alten Job kündigte, sprach er mit Menschen, die bereits ihre eigene Wohltätigkeitsorganisation oder ihr soziales Unternehmen gegründet hatten: »Sie vermittelten mir den Eindruck, dass es hart, aber machbar sein würde.« Er sprach auch mit seinem Vater, einem erfolgreichen Unternehmensgründer, und hörte sich dessen Ratschläge und Tipps an, wie man ein Geschäft am besten beginnt und ausbaut.

Sobald Jon Warren entschlossen war, aus der privaten Vermögensverwaltung auszusteigen, gesellte er sich nicht länger zu den Rauchern vor der Tür, um darüber zu philosophieren, wie er nach Spanien gehen und sich dort selbstständig machen würde. Stattdessen nutzte er seine Mittagspause, um seine Ideen auszuformulieren und Geschäftspläne zu entwerfen. Heute leitet er an der Biskayaküste sein eigenes Unternehmen, San Sebastian Food, eine Art kulinarisches Reisebüro, das rund um die Themen Essen und Wein unvergleichliche Erlebnisse anbietet.

Solange Ihr Plan nur darin besteht, ohne weiteren Plan zu kündigen (um nur einmal tief durchzuatmen oder sich beispielsweise auf Abenteuerreise zu begeben), sollten Sie Ihren Job behalten! Die sicherste Methode, um am Ende wieder in einem Unternehmensjob zu landen, der Sie binnen sechs Monaten in den Wahnsinn treibt, ist eine Kündigung ohne weiteren Plan oder ohne hinreichende finanzielle Rücklagen. Denken Sie an Roz Savages Tipp – Evolution statt Revolution.

▶▶ »Und dennoch sage ich: ›Macht das nach Feierabend. Gebt euren Job nicht auf‹, wenn die Leute mir schreiben und sagen: ›Ich kündige jetzt.‹ Ich sage: ›Nein. Nein. Nein. Nein.‹ Bei allem Hype bin ich furchtbar praktisch eingestellt.«

Gary Vaynerchuk – Unternehmensgründer

esc Beginnen Sie (aber beginnen Sie klein)

Zu den ersten Dingen, die wir lernten, als wir beschlossen, Escape the City zu gründen, zählte diese Erkenntnis: Man kann nur erfahren, ob eine Idee, ein Plan oder ein Projekt die Mühe wert ist, indem man einfach anfängt. Das heißt nicht, dass Sie für ein unausgegorenes Projekt Ihr letztes Hemd riskieren müssen. Es heißt lediglich, dass Sie den Ball ins Rollen bringen sollten. Welche drei Dinge könnten Sie bis Ende der Woche unternehmen, um ein paar Details in Erfahrung zu bringen, die Sie heute über Ihren möglichen nächsten Schritt noch nicht wissen?

Der Tipp, »einfach anzufangen«, stammt aus Dan Germains Buch *A Book About Innocent – Our Story and Some Things we've Learned*. Hinzu kommt der Tipp, »klein anzufangen«. Ein Rat, der Gold wert ist.

Die (mittlerweile legendäre) Geschichte erzählt von den drei Autoren, die bei einem Londoner Jazzfestival einen Marktstand aufbauten. Sie verkauften dort hausgemachte reine Fruchtshakes (etwas, das es damals in England noch nicht wirklich gab). Sie stellten ein Schild auf, auf dem stand: »Sollen wir unsere Berufe aufgeben und diese Smoothies herstellen?« Daneben stellten sie eine Box für Ja- und eine für Neinstimmen auf. Sie haben sicherlich erraten, welche Box am Ende des Wochenendes voll war.

Wir wandten den Tipp, »klein anzufangen«, Ende August 2009 an, als wir auf einer Parkbank in Wimbledon in der Abendsonne ein Bier tranken und uns darauf verständigten, unseren Escape-Blog anzulegen. Damals wussten wir noch wenig, aber dieser Beschluss setzte einen Dominoeffekt von Ideen, Fortschritten, Kontakten und Karma in Gang, der uns am Ende dazu brachte, dieses Buch zu schreiben … eine weltumspannende Community zu gründen und Tausenden von Menschen dabei zu helfen, aufregende Karrieremöglichkeiten zu finden, Unternehmen zu gründen oder das große Abenteuer zu suchen.

▶▶ »Bis der endgültige Entschluss gefallen ist, ist da das Zögern, die Möglichkeit des Rückziehers, die ständige Ineffektivität. Alles, was mit Initiative (und Schaffenskraft) zu tun hat, gehorcht einer elementaren Wahrheit, deren Missachtung bereits unzählige Ideen und hervorragende Pläne zunichtegemacht hat: Von dem Augenblick an, in dem man sich endgültig entscheidet, spielt auch die Vorsehung mit. Jetzt passieren Dinge, die einem weiterhelfen und die sonst nicht passiert wären. Die Entscheidung löst einen Strom von Ereignissen aus, mit der Folge, dass sich glückliche Zufälle, Begegnungen und materieller Beistand einstellen, die sich niemand zu erhoffen gewagt hätte.«

William Hutchinson Murray (1913–1996) – aus seinem Buch *The Scottish Himalayan Expedition*

esc Testen Sie sich vor

Kommen wir zu unserem Thema zurück – behandeln Sie Ihren Übergang am besten wie ein Start-up. Wenn Sie ein Start-up gründen, tun Sie das auf der Grundlage bestimmter Annahmen und bestimmter Anforderungen an Ihr Produkt. Sie nehmen beispielsweise an, dass die Menschen Ihrem Produkt etwas abgewinnen können und bereit sind, dafür Geld auszugeben. Ihr Produkt sollte bestimmte Ziele oder Kriterien erfüllen, um mit Ihrer Vision in Einklang zu stehen.

Die besten Unternehmensgründer verbringen nicht Monate damit, Produkte zu entwerfen, um sich erst danach zu fragen, ob ihre Annahmen überhaupt richtig sind. Sie sprechen unmittelbar mit den Kunden und klären, ob ihre Vermutungen zutreffen. Das ist die Beschreibung der Lean-Start-up-Methode. Dabei handelt es sich um einen wissenschaftlichen Ansatz; er beschreibt, wie es möglich ist, Start-ups zu gründen und zu managen, ohne Zeit und Geld zu verschwenden. Siehe www.theleanstartup.com/principles.

Exakt dieselben Prinzipien gelten auch für Ihren Karriereübergang. Sie müssen sich über Ihre Anforderungen (die nicht – oder nur bedingt – verhandelbaren Elemente Ihrer Ausstiegsvision) klar werden. Das sind Ihre Entscheidungskriterien. Ebenso klar sollten Sie Ihre Annahmen (Ihre unbeantworteten Fragen) formulieren: Damit ersparen Sie sich unter Umständen viel vergebliche Zeit auf den falschen Wegen.

Ein Beispiel für eine Ausstiegsannahme lautet: »Ich bin sicher, dass meine Finanzplanungsfähigkeiten in sozialen Unternehmen gebraucht werden könnten – ich denke, dass ich in einem top aufgestellten, auf Internetbasis tätigen sozialen Unternehmen eine Stelle bekommen kann, die ähnlich gut bezahlt wird wie meine jetzige.« Die traditionelle Vorgehensweise wäre in diesem Fall, sich bei jedem sozialen Unternehmen zu bewerben, das Sie finden können, Stunden mit der Formulierung von Begleitschreiben zu verbringen, in denen Sie sich als den geeigneten Kandidaten für die Aufgabe darstellen, Urlaubsstunden für Bewerbungsgespräche zu nehmen – nur um am Ende festzustellen, dass Sie von vornherein keine Chance hatten, weil Sie entweder nicht die richtigen Fähigkeiten mitbringen oder aber zu teuer sind.

Die Lean-Start-up-Methode sieht folgendermaßen aus: über LinkedIn jemanden ausfindig machen, der den Job leistet, von dem Sie denken, dass es Ihr Wunschjob ist. So können Sie erstens klären, ob der Betreffende einen ähnlichen beruflichen Hintergrund mitbringt wie Sie. Zweitens erfahren Sie, ob es gemeinsame Kontakte gibt, über die Sie eine Empfehlung bekommen könnten. In dem Fall könnten Sie dem Betreffenden eine sehr kurze und sehr höfliche E-Mail schreiben, in der Sie ihn um ein fünfminütiges Telefongespräch bitten, das Ihnen die Möglichkeit gibt, weitere Tipps in Erfahrung zu bringen.

Die Chancen stehen gut, dass Sie nach einem kurzen Telefonat klarer sehen: Entweder gewinnen Sie die Zuversicht, dass Sie auf dem richtigen Weg sind, und erhalten Tipps, wie Sie Ihr Vorgehen noch verbessern können – oder aber Sie bekommen die Antworten, die Sie brauchen, um zu entscheiden, dass dieser Weg zu wenig Aussichten bietet, als dass Sie ihn weiterverfolgen sollten.

Bei jeder Form des Ausstiegs – ob das Ziel eine erneute abhängige Beschäftigung oder die berufliche Selbstständigkeit ist – sollten Sie Ihre Grundannahmen testen, bevor Sie viel Zeit und Geld in einen Plan investieren und bevor Sie sich durch eine voreilige Kündigung unnötigen Risiken aussetzen.

> ▶▶ »Solange Sie nicht wissen, was Sie eigentlich testen, werden Ihnen alle Ergebnisse der Welt nichts sagen.«
>
> **Eric Ries – *Lean Startup***

`esc` Erstellen Sie eine Checkliste

Alles, was wir, seit wir unsere Jobs kündigten, aus unseren Gesprächen mit Tausenden von Menschen mit derselben Vergangenheit gelernt haben, lässt sich auf folgenden Nenner bringen: Halten Sie die Risiken gering, bereiten Sie die richtige Checkliste mit Fragen vor, die Sie sich vor Ihrem Ausstieg stellen, und kündigen Sie erst dann, wenn Sie alle Fragen auf der Liste mit »Ja« beantworten können. Steve Reid begann seine Karriere als Buchhalter und arbeitete anschließend in der Finanzabteilung von IMG media, bis er schließlich beim Internet-Start-up mydeco einstieg. Er entwickelte die Idee für Tribesports.com, als er gemeinsam mit einem Freund für den Ironman France trainierte. Steve war so vernünftig, seinen alten Job weitere 18 Monate zu behalten und von den Menschen um ihn herum so viel wie möglich zu lernen. Die Unternehmensgründer, mit denen er sprach, bevor er kündigte, stellten ihm diverse Fragen; sie wollten sichergehen, dass er wusste, worauf er sich einließ. Wie sieht Ihre Checkliste mit den Fragen und Annahmen aus, die Sie mit »Ja« beantworten können sollten, bevor Sie kündigen?

- Bieten Sie die Lösung für ein echtes Problem an?
- Haben Sie die Unterstützung Ihrer Familie?
- Sind Sie finanziell in der Lage, so lange auf ein Gehalt zu verzichten, wie Sie brauchen, um Ihr Projekt zum Laufen zu bringen?
- Sind Sie bereit, auf viele Selbstverständlichkeiten des normalen Lebens zu verzichten, um Ihr Unternehmen auf Erfolgskurs zu bringen?
- Sind Sie auf eine einsame Reise vorbereitet?
- Sind Sie robust genug, um sich Einwände und Zweifel anzuhören, ohne den Mut zu verlieren?
- Liegen Ihnen Ihre Kunden und Ihr Unternehmen so am Herzen, als wären sie Ihre eigenen Kinder – würden Sie alles für sie tun? Haben Sie großartige Mitgründer, die von derselben Leidenschaft beseelt sind?

Steve Reid – einer der Gründer von Tribesports.com

esc Pflegen Sie Kontakte zu Komplizen

Niemand von uns wäre in der Lage gewesen, Escape the City allein auf die Beine zu stellen. Wir hatten Glück, dass wir uns zu einer Zeit begegnet sind, als wir in den Startlöchern saßen, um uns selbstständig zu machen. Die Idee hat sich zwischen uns entwickelt. Wir haben einander ermuntert, bis zum Äußersten zu gehen. Durch die gleichzeitige Kündigung bekam die ganze Sache viel mehr Schwung, und mögliche Ängste konnten uns nicht so leicht daran hindern, unser Vorhaben durchzuziehen.

Obwohl es natürlich verlockend ist, sich nach Gurus und Mentoren umzuschauen, sollten Sie nicht die Kraft unterschätzen, die der Umgang mit Gleichgestellten uns gibt. Wenn Sie sich selbstständig machen, sollten Sie nach Leuten in Ihrem Stadium suchen (das heißt nach Leuten, die sich ebenfalls gerade selbstständig machen, und nicht nach Leuten, deren Unternehmen schon lange rentabel funktionieren). Können Sie einen Klub von Gleichgesinnten bilden, die sich an einem Abend im Monat treffen, um über ihre jeweiligen Start-ups zu sprechen?

Matt Trinetti ist Escape-the-City-Mitglied aus Chicago und wollte neue Karrierechancen und Geschäftsideen erforschen. Er und einige Freunde gründeten einen Buchklub, um über Ideen zu sprechen, die sich nicht mit ihrer Arbeit überschnitten. Die Bücher, die sie lasen, handelten von den neuesten Ideen in Sachen Karriereentwicklung und unternehmerisches Engagement. Lesen Sie auf www.giveliveexplore.com nach, welche Abenteuer sich für Matt aus dieser lockeren Runde schließlich ergaben.

Versuchen Sie sich mit Leuten zu umgeben, die an ähnlichen Dingen interessiert sind wie Sie. Wer die ganze Woche mit Menschen verbringt, die keinen Spaß an ihrer Tätigkeit haben, und abends in der Kneipe nur weiter über seine Arbeit klagt, wird sie am Ende noch mehr hassen. Gesellt er sich aber zu Menschen, die in ihrem Leben interessante Dinge machen, wird er es ihnen womöglich eines Tages gleichtun. Machen Sie sich auf die Suche nach Ihresgleichen.

▶▶ »Die alten Methoden sind tot. Und Sie brauchen Menschen um sich herum, die von Ihrem Schlag sind. Das bedeutet, dass Sie mehr Zeit mit den Kreativen, den Freaks, den echten Visionären verbringen sollten, als Sie es jetzt schon tun. Denken Sie mehr darüber nach, was diese Leute brauchen, und reagieren Sie entsprechend. Vermeiden Sie Dumpfbacken; vermeiden Sie Menschen, die stets auf Nummer sicher gehen. Von ihnen haben Sie nichts zu erwarten. So ein Stabilitätsmodell ist nicht länger Stabilitätsgarant. Es handelt sich dabei um eine aussterbende Art, zu der Sie nicht dazugehören wollen.«

Hugh MacLeod – *How To Be Creative*

esc Verändern Sie Ihr Risikoverständnis

Dom begründete seine Kündigung folgendermaßen: »Wenn ich den Leuten erzählen würde, dass ich den Job aufgebe, um einen Master zu machen, würden sich alle Gespräche darum drehen, wie viel ich lernen würde und was für eine gute und sichere Wahl das wäre. Aber genau dasselbe gilt auch für Start-ups. Selbst wenn es schiefgeht, lerne ich von dem Versuch, ein Unternehmen zu gründen, mehr, als ich von irgendetwas anderem bisher gelernt habe, und ich muss dazu nicht einmal Schulgeld bezahlen.«

Dom hätte leicht zwei Jahre damit verbringen können, Schulden anzuhäufen und einer weiteren Qualifikation nachzujagen, und es wäre nicht als großes Risiko erschienen. Also begann er, auch das Risiko einer Unternehmensgründung anders zu sehen. Es war wie ein Master, für den er nicht bezahlen musste, und wenn es schiefginge, könnte er sich einfach einen neuen Job suchen.

Sobald wir die Idee hatten, waren wir nicht mehr bereit, in unseren Jobs einfach so weiterzumachen mit dem »Was wäre, wenn«, ohne zu wissen, ob wir das Projekt jemals stemmen würden. Wir beide nannten es lange ein Projekt und eine Community, bevor wir es als Unternehmen bezeichneten. Auf diese Weise spielten wir, besonders vor unseren Kündigungen, ein kleines Täuschungsmanöver mit uns selbst, das uns ein wenig Druck von den Schultern nahm.

Anstatt über die Risiken einer Veränderung nachzudenken, sollten Sie sich vielleicht fragen, wie das Risiko aussieht, wenn Sie nicht tun, was Sie in Wahrheit tun möchten.

▶▶ »Mein abschließender Rat an Sie lautet also: Wenn Sie vor der Wahl stehen, ob Sie sich auf die Realität einlassen oder sich in dem engagieren, was Erich Fromm die ›nekrophile‹ Welt von Geld und Macht nennt, sollten Sie das Leben wählen, was immer das schein-bar kosten mag.«

George Monbiot – Journalist

`esc` Kündigen Sie (mit Umsicht)

Der letzte Schritt bei jedem Ausstieg ist der schicksalhafte Augenblick der Kündigung. Nachdem feststeht, dass Sie gehen wollen, müssen Sie entscheiden, wann Sie kündigen. Im Idealfall reichen Sie Ihren Abschied ein, sobald Sie alle Fragen auf Ihrer Checkliste positiv beantworten können. Oder Sie beschließen zu gehen, wenn Ihr Ausstiegsbudget die Zielmarke erreicht hat.

Häufig ist es schwer, den finalen Schritt zu tun. Nicht dass wir Ihnen raten, Robs Beispiel zu folgen: Er kündigte, weil sein Jahresgespräch anstand und er beschlossen hatte, die drei Wochen davor nicht darauf zu verwenden, das nötige Feedback von all seinen Managern einzusammeln. Statt der Referenzmappe überreichte er seinem Chef sein Kündigungsschreiben. Er hatte sich gewissermaßen selbst zu einer Entscheidung gezwungen, indem er den Jahresbericht einfach *nicht* vorbereitete.

Die meisten Kündigungen, von denen wir gehört haben, verliefen ohne Zwischenfälle. Die Sorge davor ist häufig schlimmer als das, was sich dann wirklich abspielt. Machen Sie sich aber darauf gefasst, Ihre Entscheidung zu begründen, wenn man Sie danach fragt, und lassen Sie sich nicht von Ihrem Vorhaben abbringen – vorausgesetzt, es ist das, was Sie wirklich wollen. Sie werden überrascht sein, wie positiv viele Chefs darauf reagieren.

Ein Hinweis: Sie tun sicherlich gut daran, auf ihren professionellen Ruf zu achten und sich so zu verhalten, wie Sie es sich von Ihren Beschäftigten wünschen würden. Außerdem wissen Sie nie, ob Sie Ihren Kollegen und Vorgesetzten nicht später als Kunden oder nützlichen Kontakten wiederbegegnen oder ob Sie sie nicht womöglich erneut um einen Job bitten wollen! Brechen Sie nicht alle Brücken hinter sich ab.

Kurz nach der Kündigung und kurz bevor er um ein Zeugnis bat, beging Rob den Fehler, seinem Chef eine E-Mail zu schicken, in der er einige der

Gründe darlegte, warum er und andere auf seiner Ebene überlegten zu gehen. Großer Fehler. Keine Antwort, kein Zeugnis!

Gareth Jenkins, dem sein Job bei einer der »großen vier« Wirtschaftsprüfungsgesellschaften gekündigt wurde, nachdem er durch sein Examen gefallen war, übertrumpfte Robs wohlmeinende E-Mail mit einer zynischen Tirade über den Firmenjargon, die die Runde machte und ihren Weg in die britische Presse fand. Auch wenn wir bezweifeln, dass er in Zukunft je wieder an einem Job in der »City« interessiert sein könnte, hätte ohne den Ruf, den er sich mit seiner E-Mail erwarb, zumindest die Möglichkeit dazu bestanden. Lesen Sie Gareths E-Mail hier: http://bit.ly/WkhFSE.

▶▶ »Aber falls jemand mit mir kommen will, dann wird dieser Augenblick den Boden für etwas Echtes und Lustiges und Inspirierendes und Wahres in diesem gottverlassenen Geschäft bereiten, und wir werden es zusammen tun! Wer also kommt mit mir außer ... ›Flipper‹ hier?«

Tom Cruise als *Jerry Maguire*[3] – TriStar Pictures

esc Erwarten Sie keinen Rosenstrauß

Ajit Chambers verließ die Finanzbranche, um ein Unternehmen zu gründen, das Touren zu nicht mehr genutzten Londoner Underground-Stationen anbietet. Er erzählte uns, was der schlimmste Teil des Abschieds war: dass die Menschen, die ihn am ehesten hätten unterstützen müssen, die Ersten waren, die gegen ihn wetteten.

Natürlich ist es wichtig, dass Menschen, die sich auf Sie verlassen (oder auf die Sie sich verlassen), wissen, was Sie planen, und dass Sie sie am Entscheidungsprozess beteiligen. Letztlich aber ist es allein Ihre Entscheidung, und Sie sollten sich auf Widerstand seitens Ihrer Freunde und Familienangehörigen gefasst machen. Häufig resultiert dieser aus der wohlmeinenden Sorge um Ihre Sicherheit und aus dem Wunsch, Sie vor einer Niederlage zu bewahren.

Was diese Menschen jedoch nicht verstehen: dass es möglicherweise Ihr ausdrücklicher Wunsch ist, sich Herausforderungen zu stellen, die das Risiko des Scheiterns bergen. Weil das zugleich bedeutet, dass Sie etwas versuchen, das den Versuch wert ist. Die Menschen in Ihrem Leben haben eine genaue Vorstellung davon, wer Sie sind. Sobald Sie etwas Grundsätzliches anders machen, sind Sie nicht mehr der Mensch, den sie kannten – mit der Folge, dass sie ihre Wahrnehmungsfähigkeit infrage gestellt sehen.

Es gibt wenig, was Sie daran ändern können, außer sich Unterstützung zu holen und diese Menschen durch Ihr Handeln eines Besseren zu belehren. Es ist wichtig, dass Sie sich vor Pessimisten und Zynikern schützen, besonders vor solchen, die Ihnen nahestehen. Sie betreten eine Phase Ihres Lebens, in der Ihr Selbstvertrauen und Ihre Zuversicht möglicherweise starken Schwankungen ausgesetzt sind und Sie alle Unterstützung und alle Stabilität brauchen werden, die Sie kriegen können.

Wenn Ihre Kollegen oder Freunde mit ihren eigenen Jobs oder Karrieren unzufrieden sind, nehmen sie es Ihnen möglicherweise übel, dass Sie ihnen genau die Art von Veränderung vorleben, zu denen sie selbst sich außerstande sehen – aus welchen Gründen auch immer ... »Ja, Mary kann das tun, weil (X, Y, Z)«, oder: »Viel Spaß bei der Rettung der Welt, Jim, aber unsereiner muss ja leider seinen Lebensunterhalt verdienen.«

Wenn Sie kündigen, dürfen Sie nicht erwarten, dass alle Welt Ihnen Beifall spendet. Als Mikey kündigte, schaute sein Abteilungsleiter (für den er sich vier Jahre abgerackert und mit dem er so manches Bier getrunken hatte) nicht einmal von seinem Schreibtisch auf, sondern murmelte nur: »Wir sehen uns dann später.« Ihr Ausstieg stellt möglicherweise eine Alternative zu dem Weg dar, den mancher Ihrer Vorgesetzten gegangen ist. Das kann sich wie ein Schlag ins Gesicht anfühlen für jemanden, der sein ganzes Leben für ein und dieselbe Firma tätig war.

Es wird aber auch diejenigen geben, die Ihnen auf dem Flur zuflüstern: »Gut gemacht, viel Glück!«, und: »Ich wünschte, ich wäre selbst so mutig.« Wir alle drei erhielten herzliche E-Mails von Kollegen, die uns Glück wünschten.

▶▶ »Die beste Art, Zustimmung zu ernten, ist, sie gar nicht zu brauchen. Das gilt für die Kunst ebenso wie fürs Geschäft. Und für die Liebe. Und für den Sex. Und für fast alles, was die Mühe lohnt.«

Hugh MacLeod – www.gapingvoid.com

esc Fazit – Evolution statt Revolution

Gehen ist oft härter als Bleiben. Gehen ist mit einem negativen Stigma belegt. Als ob wir es uns damit zu leicht machen würden. Als ob wir die Flinte ins Korn werfen würden. In Wirklichkeit ist es häufig sehr viel einfacher, bloß so weiterzumachen wie bisher. Dann brauchen Sie sich nicht den Kopf über die großen Fragen zu zerbrechen: »Was könnte ich stattdessen tun?« »Wie verdiene ich meinen Lebensunterhalt?« Aus bloßer Angst vor dem Unbekannten in einer Situation auszuharren, die nicht richtig ist – das hätte wirklich ein negatives Stigma verdient.

Öffnen Sie sich für die Geschenke des Schicksals. Inspiration kann aus den unterschiedlichsten Richtungen kommen. Sie können nicht wissen, wonach Sie suchen, solange Sie nicht wissen, was es in der Welt so alles gibt. Die meisten Menschen haben keine Ahnung, was das Leben noch für sie bereithält. Hören Sie erst zu und lernen Sie, und dann handeln Sie. Sie wissen noch nicht, was Sie alles nicht wissen. Lesen Sie, was Ihnen zwischen die Finger kommt, schauen Sie sich TED-Talks an, besuchen Sie Veranstaltungen, knüpfen Sie neue Kontakte, und entdecken Sie, was es noch so alles gibt – da draußen.

Sobald Sie sich über die Prinzipien Ihrer Ausrichtung im Klaren sind (den konkreten Job brauchen Sie, wie gesagt, noch nicht zu kennen, und er muss auch nicht für immer sein), können Sie beginnen, innerhalb des breiten angestrebten Bereichs nach Chancen zu suchen. Das ist eine fantastische Position. Sie sind weiter als die meisten Menschen, die immer noch an der Frage kauen: »Was um Himmels willen kann ich denn sonst tun?« Erfolgreiche Aussteiger tun schlicht vieles, was sie interessiert. Manches davon entwickelt sich zur Dauerbeschäftigung, anderes wird als wertvolle Erfahrung abgebucht und wieder fallen gelassen.

Sie haben also hoffentlich mittlerweile eine genauere Vorstellung davon, wie sich Ihr Übergang gestalten wird. Entweder suchen Sie nach einem neuen Job, oder Sie planen die Gründung eines eigenen Unternehmens, oder Sie gehen womöglich auf große Abenteuerreise, bevor Sie sich Ihren nächsten Schritt überlegen. Die folgenden drei Kapitel befassen sich mit diesen drei Ausstiegsrouten.

▶▶ »Appelle, den Job, den Sie nicht ausstehen können, einfach an den Nagel zu hängen, sind nicht immer realistisch. Trommelrufe, dies oder das zu tun, sind nicht für jedermann. Ein subtilerer Kurs ist möglicherweise zielführender. Gehen Sie nicht mit dem Kopf durch die Wand. Eine Sache aber muss Ihnen klar sein, unabhängig von Ihrer Situation: Das ist Ihr Leben, und Sie haben das Recht, es gut zu leben. Mit den Rechten kommen die Pflichten, aber Sie können nicht Ihren Verpflichtungen, Ihrer Familie, Ihrem Job, Ihrem Bankmanager oder Bewährungshelfer gerecht werden, solange Sie selbst nicht zufrieden sind. Wenn Sie in sich nicht die Kraft oder den Mut zu großen Sprüngen verspüren, beschränken Sie sich auf kleine. Wenn Sie Angst vor dem Verlust Ihres Gleichgewichts haben oder sich unsicher fühlen, machen Sie kleine Schritte und testen Sie die Gewässer.«

Alastair Humphreys – *Ten Lessons From The Road*

TEIL 2

Nach dem Ausstieg

KAPITEL 6

Finden Sie einen aufregenden Job

Was ein aufregender Job ist, hängt in höchstem Maße von Ihrer Person ab. Viele Probleme, denen Sie möglicherweise im Laufe Ihrer beruflichen Entwicklung begegnen, lassen sich so erklären, dass Sie die Vorstellung, was ein aufregender Job ist, von anderen Menschen übernommen haben. Die Welt ist bunt, und die Rivalität unter den Menschen ist groß und wird mit der Zeit immer größer. Solange Sie keine Freude an Ihrem Job haben, werden Sie kaum in der Lage sein, mit Menschen mitzuhalten, die ihren Job mit Spaß erledigen. Es ist also wichtig, dass Sie Ihre Entscheidungen selbst treffen. Sie tun dies, indem Sie sich über Ihre Prinzipien klar werden und Ihre Entscheidungskriterien bestimmen.

Und je eher Sie sich damit abfinden, dass in den Stellenbörsen kein perfekter Job auf Sie wartet, desto eher können Sie mit der sehr viel realistischeren Aufgabe beginnen: um Ihre Stärken herum eine Karriere aufzubauen, sich auf Probleme zu konzentrieren, die Sie interessieren, und Fähigkeiten zu entwickeln, die Ihnen persönlich Erfüllung bringen. Auf diese Weise entwickeln Sie früher oder später Leidenschaften – häufig in Bereichen, die Sie niemals hätten voraussehen können, als Sie sich für einen bestimmten Weg entschieden. Gönnen Sie sich also eine Pause und entspannen Sie.

Es sind viele wenig hilfreiche Mythen über Traumjobs im Umlauf – darüber, wie Sie Ihren Leidenschaften folgen, Chancen aufspüren, sich für Jobs bewerben oder erfolgreich Bewerbungsgespräche führen. Wir möchten in diesem Kapitel gemeinsam mit Ihnen durchsprechen, was wir über die Jobsuche gelernt haben und wie Sie Ihre Erfolgschancen maximieren können. Auch wenn die Botschaften sich insbesondere auf Tätigkeiten in großen Unternehmen beziehen, sind viele der Tipps auch in einem sehr viel breiterem Kontext anwendbar.

▶▶ »Wenn Sie als Job etwas erwarten, das Sie selbst dann noch zu tun bereit wären, wenn Sie dafür kein Geld bekämen, können Sie lange suchen. Vielleicht ewig.«

Penelope Trunk – Gründerin von Brazen Careerist

esc Arbeit ist Wandel

Sie sehen Ihre Tätigkeit vielleicht anders, aber die meisten Jobs bestehen aus einer Folge von Projekten. Und aus Projekten ergeben sich erstaunliche Dinge ...

Kelly Cheesman ist eine hervorragende Frontend-Entwicklerin, die derzeit mit uns in London arbeitet. Sie stammt aus Neuseeland. Sie war niemals in Europa, geschweige denn in Großbritannien gewesen, als sie das Angebot annahm, sich uns in London anzuschließen. Bevor wir ihr dieses Angebot machten, hatte sie zwölf Monate lang auf Freelancer-Basis für Escape the City gearbeitet. Sie hätte von Neuseeland aus niemals eine solche Gelegenheit in London gefunden, wäre sie nicht zuvor bereit gewesen, für uns auf Projektbasis tätig zu werden.

Wir begannen, unsere Jobs durch die Brille unseres Arbeitgebers zu sehen, der unsere Zeit kaufte (das heißt als Projekte, die zufällig einer Vollbeschäftigung gleichkamen). Es war höchst aufschlussreich, einmal den ideellen Stundenlohn unserer Tätigkeit zu ermitteln. Dazu addierten wir die Zeit, die wir für unseren Weg zu und von der Arbeit benötigten, zu den Stunden, die wir im Jahr arbeiteten. Daraus errechneten wir unseren Stundenlohn. Das Gehalt mag zwar ansehnlich gewesen sein, aber unser Stundenlohn betrug gerade einmal 13 britische Pfund. Diese ernüchternde Erkenntnis veranlasste uns zu der Frage, was uns wichtiger war – Zeit oder Geld? Und das eine und das andere zu welchen Bedingungen?

Im Rückblick erkannten wir, dass die Suche nach dem perfekten, linearen Karrierepfad – von Beförderung zu Beförderung, von Gehaltserhöhung zu Gehaltserhöhung – ein sicherer Weg ist, um garantiert niemals auf unkonventionelle, unternehmerische oder aufregende Projekte zu stoßen. Damals waren wir blind dafür. Wir waren es so gewohnt, uns anderen zuliebe ein Bein auszureißen und alles möglich zu machen, dass wir eines nicht sahen: Um eine Tätigkeit zu finden, die uns etwas bedeutete, mussten wir uns seitwärts, abwärts, in alle Richtungen bewegen.

Es steht zu hoffen, dass die Zukunft den Beschäftigten mehr Eigenständigkeit und Eigenverantwortung bringt. Wir sprachen vor Kurzem mit Tom Savage, dem Gründer des Freelancer-Netzwerks 3desk.com, der uns erzählte, dass er auf eine Verbesserung der Beschäftigungslandschaft hoffe. »Stellen Sie sich einen fließenden Talentmarkt vor, in dem jeder um seinen eigenen Wert weiß. Einen Markt, in dem die Menschen selbst entscheiden, für wen sie wann und wie für wie viel Geld arbeiten wollen.«

Tom sieht in der Rezession, im technologischen Fortschritt und in der verbesserten Mobilität einige der treibenden Kräfte hinter diesen Veränderungen. Diese werden sich sicherlich nicht über Nacht vollziehen, aber wenn Sie an der Geschwindigkeit der Veränderung zweifeln, brauchen Sie bloß an die verbreitete Praxis des Homeoffice zu denken, die in dieser Form vor zehn Jahren noch undenkbar gewesen wäre.

Die Vorstellung von einem Job auf Lebenszeit ist schon heute obsolet. Vielleicht aber wird bald auch die Idee eines einzigen Arbeitgebers, der Ihre gesamte Zeit in Anspruch nimmt, für viele von uns der Vergangenheit angehören. Von Sicherheit und Treuebeziehung kann beim Firmenjob jedenfalls kaum mehr die Rede sein. Vielleicht sollten Sie beginnen, sich als Ein-Mann-(Eine-Frau-)Unternehmen zu begreifen. Welche Werte repräsentieren Sie? Welche Eindrücke vermitteln Sie? Was denken die Menschen, wenn sie Sie sehen (online oder leibhaftig)? Wie können Sie von sich ein Bild vermitteln, das eine Balance herstellt zwischen der Tätigkeit, die Sie anstreben, und dem, was Sie anbieten können?

So mancher hat schon damit begonnen, sich sein Arbeitsleben nach den eigenen Vorstellungen zu gestalten. Vielleicht sehen Sie ihn nur nicht von Ihrem gegenwärtigen konventionellen Umfeld aus. Er sitzt tagsüber in Cafés, Museen und Bibliotheken. Er schläft oder trinkt seinen Kaffee, während Sie sich durch den Berufsverkehr kämpfen.

Sheena Matheiken, auf Freelancer-Basis tätige digitale Kreativdirektorin, gab vor Kurzem ein Interview zum Thema Freelancing: »Ich verstehe wirklich nicht, warum das nicht mehr Menschen machen. Ich kenne viele talentierte Leute, die unter dem falschen Vorwand der Sicherheit, der

Bequemlichkeit oder welcher Rechtfertigung auch immer in Vollzeitjobs ausharren, die ihnen keinen Spaß machen.«[1]

Die Zukunft ist bereits da; vielleicht leben Sie sie einfach noch nicht. Helfen Sie ein wenig nach. Schauen Sie sich an, wie andere Leute leben und arbeiten. Sie werden möglicherweise überrascht sein, was Sie entdecken.

▶▶ »Die Zukunft handelt von Kurzzeitjobs und Kapital und Kunst und einer stets wechselnden Folge von Partnerschaften und Projekten. Diese Revolution ist mindestens so gewaltig wie die letzte, und diese letzte hat alles verändert.«

Seth Godin – Autor, Unternehmensgründer, Blogger

esc Werden Sie sich über Ihre Entscheidungs-kriterien klar

In diesem Buch ermuntern wir Sie, Ihren Ausstieg als Start-up zu begreifen. Dieser Vergleich betrifft nicht nur die finanzielle Seite der Dinge, sondern auch die Vision und die Kernprinzipien. Wie sieht Ihre Vision aus? Welche Elemente Ihres Ausstiegs sind nicht verhandelbar? Welches sind die entscheidenden Bestandteile Ihrer neuen Karriere?

Wie bei jedem guten Start-up mögen Sie zwar für Ihren Ausstieg unterschiedliche Taktiken verfolgen, aber die umfassenden Prinzipien sollten dieselben bleiben. Das können so allgemeine Dinge sein wie: »Ich möchte meine eigene Sache machen«, »Ich möchte in meinem Job unmittelbarer mit Kunden zu tun haben« oder »Ich möchte etwas tun, das einen positiven Einfluss auf die Gesellschaft hat«.

Wir haben alle Einträge auf Escape the City nach fünf wesentlichen »Ausstiegsfaktoren« sortiert:

1. Unternehmerischer Ansatz
2. Positiver Einfluss auf die Gesellschaft
3. Aufregende Marken
4. Exotische Orte
5. Abenteuer

Vielleicht sehen Ihre Ausstiegsfaktoren ganz anders aus. Vielleicht schätzen Sie mehr als alles andere flexibles Arbeiten und eine ländliche Umgebung. Oder Sie beschließen, dass Ihr Ausstieg mit etwas Kreativem zu tun haben soll und Sie künftig nicht mehr den ganzen Tag vor dem Computer sitzen wollen. Wie immer Ihre Prioritäten aussehen – Sie sollten beginnen, aus den Zutaten Ihres Ausstiegs eine Idee zu destillieren.

Ihre Entscheidungskriterien liefern Ihnen eine Karte, mit deren Hilfe Sie die zig potenziellen Möglichkeiten und unterschiedlichen Pfade abgehen können, die sich Ihnen jetzt bieten. Es wird für Sie eine große Erleichterung sein, wenn Sie einige dieser Erkundungsstraßen schließen und sich bei Ihrem Ausstieg auf andere konzentrieren können.

Indem Sie Ihre Werte und Stärken testen, können Sie die Suche eingrenzen. Vermeiden Sie jedoch Onlinetests, die Ihnen erzählen, wer Sie »als Erwachsener einmal sein könnten«. Trainer, Mentoren und Freunde bieten einen guten Resonanzboden, anhand dessen Sie sich selbst objektiv analysieren können. Die Gesamtrichtung und die Entscheidung müssen von Ihnen kommen.

Was sind die nicht verhandelbaren Merkmale Ihres nächsten Karriereschrittes? Das müssen nicht unbedingt konkrete Branchen oder Jobbezeichnungen sein. Denken Sie eher an die Prinzipien, nach denen Sie arbeiten wollen, an Ihre finanziellen Ansprüche, die Umgebung, in der Sie tätig sein wollen, und an den Ort. Nicht jeder Job erfüllt alle Ansprüche. Aber wenn Sie Ihre Entscheidungskriterien definiert haben, sollten Sie in der Lage sein, Ihre Suche einzugrenzen, um besser auf die »richtige« Chance reagieren zu können, sobald Sie sie sehen.

Welche der folgenden Punkte sind für Sie wichtig?

- Wo Sie arbeiten
- Wann Sie arbeiten
- Woran Sie arbeiten
- Wie viel Geld Sie dafür bekommen
- Wie eigenständig Sie arbeiten können
- Wie viel Sie jeden Tag lernen
- Mit wem Sie arbeiten

Sobald Sie die allgemeine Vision für Ihren Karriereübergang herausgearbeitet haben, sollten Sie wie jedes Start-up auf der Suche nach seinem Geschäftsmodell so lange testen und experimentieren, bis Sie das Umfeld finden, das für Sie funktioniert.

▶▶ »Deine Überzeugungen werden deine Gedanken,
Deine Gedanken werden deine Worte,
Deine Worte werden deine Taten,
Deine Taten werden deine Gewohnheiten,
Deine Gewohnheiten werden deine Werte,
Deine Werte werden dein Schicksal.«

Mahatma Gandhi

esc Vergessen Sie Leidenschaften – was können Sie bieten?

Wir sind Kunden, seit wir auf der Welt sind. Wir waren Kunden unserer Schulen, unserer Eltern, unserer Universitäten und sogar unserer Arbeitgeber. Diese Einstellung gegenüber Menschen und Institutionen in unserem Leben lässt uns die Welt möglicherweise zu sehr aus der Konsumentenperspektive (voller »berechtigter« Ansprüche) betrachten. Dieser Abschnitt ermuntert Sie, wie ein Anbieter zu denken – die Frage lautet nicht: Was können Sie bekommen?, sondern: Was können Sie geben?

Wir haben über die problematische Seite der »Leidenschaftshypothese« gesprochen – die Vorstellung, dass Sie eine schon immer bestehende Leidenschaft haben, die nur darauf wartet, entdeckt zu werden. Cal Newport geht in seinem Buch *Die Traumjoblüge* einen Schritt weiter. Er meint, viel zu viele hätten jedes Mal, wenn die Arbeit mühsam wird, eine Krise und stellten sich eine nicht zu beantwortende Frage: »Bin ich in Wahrheit dazu bestimmt, diese Arbeit zu tun?« Seiner Ansicht nach hindert uns eine solche Einstellung daran, alles zu geben, um unsere Arbeit gut zu machen, bevor wir die Reißleine ziehen und uns Gedanken über einen Wechsel machen.

Nur durch den allmählichen Erwerb wertvoller Fähigkeiten, so Newport, können wir zur Erfüllung (und damit irgendwann zur Leidenschaft) finden. Falls er recht hat – und diese Punkte ergeben in der Tat Sinn, wenn man bedenkt, wie viele Menschen im Strudel der Frage »Welches Leben ist mir eigentlich vorbestimmt?« festhängen –, dann lautet die wichtigste Frage, die Sie auf Ihrer Jobsuche bedenken sollten: »Welche nützlichen Fähigkeiten kann ich einem potenziellen Kunden bieten?«

Wer sich nützlich macht, lädt sich damit zwangsläufig mehr Verantwortung auf, begegnet interessanteren Herausforderungen und genießt hoffentlich die Erfüllung eines Menschen, der seinen Job besonders gut macht. Der Psychologe Mihály Csíkszentmihályi beschreibt mit dem Begriff »Flow« den wohltuenden Zustand des konzentrierten Eintauchens in eine Aufgabe, die Sie trotz ihrer Schwierigkeit bestens meistern.

Warum ist das von Bedeutung? Weil Erfüllung, Flow und sogar Leidenschaft sich weder aus einer Jobbeschreibung noch aus dem allgemeinen Profil einer neuen Branche ablesen lassen. Diese ersehnten Dinge entwickeln sich erst, wenn wir uns auf einen Bereich einlassen (vorzugsweise einen, der uns interessiert) und die erforderliche Zeit und Mühe investieren, um in irgendetwas wirklich gut zu werden. In seinem Buch *Überflieger* behauptet Malcolm Gladwell, es bedürfe 10 000 Stunden, um es in einer Fähigkeit wirklich zur Meisterschaft zu bringen. Ein bisschen Geduld müssen Sie demnach aufbringen. »Suchen Sie Ihre Leidenschaft« ist ein gefährlicher Rat. Er geht davon aus, dass Sie bereits die nötige Mühe investiert haben, um überhaupt in einer Position zu sein, in der sich diese Leidenschaft entwickeln kann. Wie gelangen Sie an einen Ort, an dem Sie diese Dinge entdecken können? Fragen Sie nicht länger, was ein Arbeitgeber Ihnen bieten kann, sondern fragen Sie sich, was Sie selbst bieten könnten, und bemühen Sie sich dann nach Kräften, sich relevant und nützlich zu machen.

Heißt das, dass Sie die nächstbeste Karriere ergreifen und sich fünf Jahre nützlich machen müssen, um am Ende zu wissen, ob Ihre Wahl die richtige war? Natürlich nicht. Auch hier gilt der Tipp, klein anzufangen und sich »vorzutesten«. Machen Sie sich jedoch klar, dass der Augenblick kommt, an dem Sie sich für etwas entscheiden müssen (und sei es auch für etwas so Vieldeutiges wie »digitaler Freelance-Berater«). Wenn Sie sich aber entschieden haben, sollten Sie nicht gleich in Panik geraten, wenn der neue Job Sie nicht sofort in den siebten Himmel hebt, bevor Sie ihn überhaupt verstanden haben.

▶▶ »Anderen jungen Menschen, die sich ständig fragen, ob das Gras auf der anderen Seite des beruflichen Zauns nicht vielleicht grüner ist, gebe ich diesen Rat: Leidenschaft ist nicht etwas, dem wir folgen. Die Leidenschaft folgt uns, sobald wir uns wirklich anstrengen, wertvoll für die Welt zu werden.«
Cal Newport[2] – in der *New York Times*, 29. September 2012

esc Konzentrieren Sie sich auf »Fähigkeiten«

Wir sprachen bereits darüber, wie gefährlich es ist, einfach nur immer mehr Qualifikationen anzuhäufen. Viele Ausstiege scheitern ja daran, dass sich die Menschen, was ihre Fähigkeiten angeht, unsicher sind. Die Entwicklung neuer und die Neuausrichtung bestehender Fähigkeiten ist für den Karriereübergang offenbar von zentraler Bedeutung.

Als Erstes müssen wir uns über den Unterschied zwischen Fähigkeiten und Qualifikationen klar werden. Viel zu viele Menschen denken, um neue Fähigkeiten zu erwerben, müssten sie zwangsläufig noch mehr Prüfungen bestehen – noch eine Finanzfortbildung oder noch ein juristisches Examen. Wenn Sie nicht länger für große Unternehmen arbeiten wollen, sind informelle Fähigkeiten sehr viel wichtiger als äußerliche Etiketten.

Als Mikey im Jahr 2011 zurück nach New York ging, um Escape the City in den USA zu starten, schrieb er sich in einen einstündigen Skillshare-Kurs in Public Relations ein. Das kostete ihn 15 US-Dollar. Als die Stunde vorüber war, hatte er nicht nur einige wertvolle Ratschläge von jemandem bekommen, der sich mit PR und Start-ups hervorragend auskannte. Er hatte auch gezielt Fragen stellen können – zum Beispiel, wie er das eigene Start-up bekannt machen konnte – und 30 weitere Menschen mit interessanten Geschichten getroffen, die für ihn neue Netzwerke eröffnen konnten.

Hier sind unsere drei Überzeugungen im Zusammenhang mit Fähigkeiten:

Lektion 1: Neue Arbeitgeber sind mehr an Nachweisen der generellen Einsatzbereitschaft als an konkreten Fähigkeiten interessiert

In manchen Berufen gehören bestimmte Qualifikationen zu den Einstellungsvoraussetzungen. Wenn Sie sicher sind, dass Sie in einen solchen Bereich einsteigen wollen, müssen Sie sich möglicherweise auf eine längere Umschulungsphase einlassen. Vielen Arbeitgebern geht es aber schlicht um Engagement und Einsatzbereitschaft.

Escape the City unterhält gute Beziehungen zu Prospectus, einer Agentur, die Jobs im Nonprofit-Bereich vermittelt. Direktorin Francesca Lahiguera erzählte uns, dass sie häufig von Kandidaten aus der Privatwirtschaft Anfragen für Tätigkeiten im gemeinnützigen Bereich erhält. Ihre Agentur freue sich jedes Mal über solche Bewerbungen. Sie prüfe natürlich, ob die Qualifikationen passen. Wichtig sei aber auch, dass es Hinweise auf ein ernsthaftes Interesse an gemeinnütziger Arbeit gebe. Wenn ein Kandidat kein früheres Engagement nachweisen kann, ist das häufig ein Anzeichen dafür, dass die Bewerbung nach einer anstrengenden Arbeitswoche aus der Laune des Augenblicks heraus erfolgte. In diesem Fall sei fraglich, ob langfristig etwas Gutes dabei herauskomme.

Insofern geht es also mindestens so sehr darum, Einsatz zu zeigen (mit ehrenamtlichen Tätigkeiten, Nebenprojekten, Mentorenaufgaben, Treuhandschaften und so weiter), wie um die Erweiterung der Fähigkeitenliste. Und indem wir uns in neuen Bereichen engagieren, entwickeln wir zwangsläufig auch neue Fähigkeiten.

Lektion 2: Die Entwicklung neuer Fähigkeiten setzt nicht voraus, dass Sie Ihren Job kündigen, und kann zudem viel Spaß machen
Wenn Sie noch nicht endgültig beschlossen haben, dass Sie aussteigen wollen, besteht sehr wohl die Möglichkeit, neue Fähigkeiten zu entwickeln, bevor Sie überhaupt wissen, wozu Sie sie gebrauchen können. Indem Sie Ihrem Köcher aktiv neue Pfeile hinzufügen, können Sie neue Interessen entdecken und neue Türen öffnen, ohne sich allzu sehr auf irgendetwas festzulegen. Die Fortbildungsbranche durchläuft gegenwärtig eine Revolution, was die Verteilung von Informationen angeht. In der Vergangenheit wurde das meiste Wissen von Universitäten und Bibliotheken gehortet. Heute bewirkt das Internet eine massive Demokratisierung von Wissen. Das nützt uns jedoch wenig, solange wir nicht wissen, was wir mit diesen Informationen anfangen.

Einen guten Ausgangspunkt bieten die Campusse des 21. Jahrhunderts, die überall aus dem Boden sprießen. Offline könnten Sie sich www. generalassemb.ly (London, New York und zunehmend überall), www.

skillshare.com und www.hubacademy.com in London (Ableger – mit Schwerpunkt soziales Unternehmen – gibt es in aller Welt) anschauen. Als Online-Universitäten bieten sich www.udacity.com, www.udemy.com und www.khanacademy.org an. Die wichtigste Neuerung besteht darin, dass Sie sich nicht länger für einen dreijährigen Kurs einschreiben müssen, um neue Fähigkeiten zu entwickeln. Das mit dem Erlernen neuer Dinge verbundene Risiko ist viel geringer. Vielleicht erfahren diese Kurse und Klassen nicht dieselbe externe Wertschätzung wie ein MBA oder ein akademischer Grad, aber fragen Sie sich selbst, wozu Sie studieren – für das Etikett oder das Wissen?

Wenn Sie Glück haben, bietet Ihr eigener Arbeitgeber Fortbildungskurse in Bereichen an, die für Ihre Ausstiegspläne interessant sind. Viele Großfirmen haben Abonnements für Datenbanken wie Mintel (für Marktforschung), Gorkana (für PR und Journalistenkontakte) und GetAbstract (für Zusammenfassungen von Wirtschaftsbüchern). Sie sollten versuchen, bestmöglich von diesen Ressourcen zu profitieren, solange Sie noch dort sind.

Lektion 3: Ihre Fähigkeiten sind viel breiter anwendbar, als Ihnen bewusst ist

Die meisten Jobs verlangen nach Generalisten. Nach einer sicheren Hand. Nach jemandem, aus dessen Lebenslauf hervorgeht, dass er »Ergebnisse liefern« kann. Häufig spielt es keine Rolle, welche Fähigkeiten oder Erfahrungen Sie vorweisen, solange Sie auf Umsetzungserfolge verweisen können. Wichtig ist, dass Sie eine Geschichte erzählen können, die Ihre Vergangenheit für die neue Rolle bedeutend erscheinen lässt, die Sie anstreben. Und wollen Sie denn überhaupt für einen Arbeitgeber tätig sein, der Sie nur dann einstellt, wenn Sie sämtliche Punkte einer bürokratischen Checkliste von Anforderungen erfüllen?

Vielleicht suchen Sie auch nach einem ähnlichen Job wie Ihrem bisherigen, nur in einem ganz neuen Sektor. Schauen Sie sich die Organigramme beliebiger Firmen an – die meisten haben, unabhängig von der Branche, ziemlich ähnliche Positionen anzubieten. Wenn Sie der Funktion überdrüssig sind, in der Ihr Job angesiedelt ist, brauchen Sie lediglich horizontal in einen anderen Bereich zu wechseln. Wenn Ihnen beispielsweise die Finanzabteilung nicht mehr zusagt, könnten Sie vielleicht im operativen Geschäft ein neues Zuhause finden. Sind Sie bislang im Verkauf tätig? Vermutlich fällt es nicht schwer, zu begründen, warum Sie ins Marketing wechseln möchten. Alles ist verhandelbar. Es liegt an Ihnen, sich dafür zu bewerben.

Nach vier Jahren im Investmentbanking von Citigroup begann sich Trupti Patel zu fragen, was sie als Nächstes tun sollte. Heute arbeitet sie für Social Finance, das führende britische soziale Finanzdienstleistungsunternehmen – wo sie ihr Know-how und ihre Fähigkeiten in den Dienst einer Sache stellen kann, die ihr am Herzen liegt. Wie sie uns berichtete, war dieser Entschluss nicht das Ergebnis einer plötzlichen Eingebung. Es waren vielmehr diverse Erlebnisse, die sie schließlich auf ihren neuen Weg führten. Im Rahmen ihres Partnerprogramms bei der Citigroup wechselte sie für sechs Monate ins Citigroup-Büro in Sydney. Sechs Monate in einem anderen Land und einer anderen Arbeitsumgebung, in der so viel Wert auf die Work-Life-Balance gelegt wurde, verleiteten sie schließlich dazu, nach ihrer Rückkehr nach London ihren Job zu kündigen …

»Ich leistete während meiner Auszeit Freiwilligendienst in Indien, wo ich einer Nonne begegnete, die in einer abgelegenen Wüstenregion ein Waisenhaus leitet. Die Nonne, die in Oxford studiert hatte, hatte die einfache Schule im großen Stil ausgebaut und um einen Collegecampus erweitert. Das brachte mir zu Bewusstsein, dass ich mein Finanz-Know-how in einem sozialen Umfeld einsetzen konnte.«

> ▶▶ »Wir sollten mehr auf unsere Widerstandskraft vertrauen und weniger auf unsere Vermutungen, wie wir uns dabei wohl fühlen werden. Wir sollten etwas bescheidener und etwas mutiger sein.«
> **Elizabeth Gilbert – Verfasserin von *Eat, Pray, Love***

`esc` Suchen Sie nach Menschen, nicht nach Jobs

Warum sind Beziehungen so wichtig?

Anscheinend ergibt sich Ihre nächste Chance mit größerer Wahrscheinlichkeit über den Freund eines Freundes als über Ihr unmittelbares Netzwerk. Mark Granovetter, Soziologe an der Stanford University, hält »schwache Verbindungen« in der modernen Welt für besonders wertvoll.[3] Nicholas Christakis und James Fowler unterstützen diese Sicht in ihrem Buch *Connected*, in dem sie die These vertreten, dass sich freie Stellen und andere wirtschaftliche oder private Gelegenheiten über unser weitverzweigtes Netz von Kontakten ergeben.

Wenn sich eine Möglichkeit auftut, befragt ein Arbeitgeber zuerst sein bestehendes Netzwerk und die Netzwerke der übrigen Menschen, die dort arbeiten. Wenn diese Menschen von Ihnen wissen und vor allem Ihre (gegenwärtige und zukünftige) Geschichte kennen, sind Sie in der Poleposition, um sich für diesen Job zu bewerben, bevor die Öffentlichkeit überhaupt davon erfährt. Wenn jemand das Unternehmen verlässt, weil er in einen neuen Job wechselt oder in Rente geht, wollen Sie natürlich der Erste sein, der einen Telefonanruf bekommt.

Wie werden Sie also derjenige, den die Leute anrufen?

Sammeln Sie die richtigen Kontakte – über LinkedIn, Ihr persönliches Netzwerk, Twitter, Meetup.com und andere Kanäle finden Sie Menschen, die in für Sie interessanten Bereichen tätig sind. Es muss kein Manager oder CEO sein … jeder, der in einem interessanten Bereich arbeitet, kann Ihnen den Zugang verschaffen, nach dem Sie suchen.

Bilden Sie echte Beziehungen – Beziehungen bringen Ihnen nichts, wenn sie nicht echt sind. Bemühen Sie sich um echte Gespräche, nehmen Sie nicht nur, sondern geben Sie auch, und organisieren Sie aktiv. Arbeiten Sie gratis (ja, gratis!). Jemanden anzumailen und nach Jobgelegenheiten zu fragen, ist noch keine echte Beziehungsbildung! Zeigen Sie sich von Ihrer entgegenkommenden Seite, stellen Sie Menschen aus Ihrem Netzwerk einander vor. Denken Sie stets »Wie kann ich dieser Person helfen?« statt »Was kann ich aus dieser Situation rausschlagen?«.

Haben Sie eine Meinung – Natasha Malpani bekam ihren ersten Job bei Big Society Capital über Escape the City, nachdem sie zuvor für einen Hedgefonds gearbeitet hatte. Sie sagt: Was Arbeitgeber heute an ihren Jobbewerbern als Erstes interessiere, sei deren Onlinepräsenz, zumal wenn es sich um den Wechsel in den sozialen Bereich handelt. Sie rät Ihnen, mindestens fünf Blogeinträge zu verfassen, in denen Sie über Ihre Branchenansichten sprechen, um Ihren Enthusiasmus, Ihr echtes Interesse und Ihre Kenntnisse unter Beweis zu stellen. Einen Blog sollten Sie haben.

Machen Sie sich Freunde – Sie sollten die Bedeutung des Nettseins nicht unterschätzen. Wenn Keith Ferrazzi in seinem Buch *Geh nie alleine essen!* über Networking spricht, spricht er auch über das Gemochtwerden. Wenn die Menschen Sie mögen, werden sie Ihnen helfen. Anstatt andere um Dinge zu bitten, sollten Sie sich darauf konzentrieren, freundlich rüberzukommen. Sonst, warnt uns Ferrazzi, »wachen Sie mit 40 in einer Bürozelle auf und ärgern sich über Ihren 30-jährigen Vorgesetzten. Und Sie werden sich fragen, ob dieser den Job bekommen hat, weil der Chef ihn lieber mag. Und die Antwort wird lauten: Ja.«

Seien Sie vertrauenswürdig – das ist nichts, was Sie vortäuschen können. Sie können nicht einfach auf der Bühne erscheinen und lauter Vorteile erwarten. Sie müssen Vertrauen schaffen, indem Sie mit den Menschen Interessen teilen. Sobald sich Ihre Beziehung zu einem Menschen darauf beschränkt, dass Sie ihn immer nur um Gefallen bitten, ist es keine Beziehung mehr …

Seien Sie menschlich – entwickeln Sie echte Beziehungen zu Menschen, die Sie potenziell als Kandidaten für eine neue Chance ins Spiel bringen könnten. Menschen sind Chancen. Chancen sind Menschen. Alles, was Sie im Laufe Ihrer Karriere tun, ist im Grunde das Resultat der Menschen, denen Sie unterwegs begegnen. Seien Sie vertrauenswürdig. Seien Sie kreativ.

Seien Sie entgegenkommend. Leisten Sie Ihren Beitrag. Sie werden Ihren Einsatz früher oder später zurückbekommen.

Das Leben ist eine Folge von Gesprächen.
Gespräche finden im Netzwerk statt.

In welchen Netzwerken sind Sie?
An welchen Gesprächen nehmen Sie teil?

▶▶ »Social-Media-Beziehungen und persönliche Beziehungen laufen nach exakt demselben Muster ab – Sie bekommen zurück, was Sie hineinstecken. Sie können Beziehungen nicht kaufen, nicht erzwingen und nicht zu etwas machen, was sie nicht sein wollen.«

Gary Vaynerchuk – *Die Thank You Economy*

esc Erzählen Sie eine gute Geschichte

Die Definition einer guten Geschichte? »Jemand wünscht sich etwas und überwindet etliche Hindernisse, um es zu bekommen« (in Anlehnung an *Eine Million Meilen in tausend Jahren* von Donald Miller). Was wünschen Sie sich? Was hindert Sie?

Menschen reagieren positiv auf Geschichten. Unser Gehirn merkt sich Geschichten. Wir erzählen einander gute Geschichten. Ihre Aufgabe ist es, eine einprägsame Geschichte davon zu erzählen, wer Sie sind, was Sie bislang gemacht haben und wie das, was Sie gemacht haben, zu dem hinführt, was Sie tun möchten. Sie sollten dies in Ihren Bewerbungen tun, im persönlichen Gespräch und über Ihre Onlinepräsenz. Ziehen Sie einen roten Faden durch all Ihre eher beliebigen vergangenen Erfahrungen und zukünftigen Ambitionen. Zeigen Sie den Leuten, warum Ihre Geschichte folgerichtig ist (selbst wenn sie es nicht unbedingt ist!).

Helfen Sie den Menschen, sich einen Reim auf Ihre Geschichte zu machen. Dann werden diese eher verstehen, wonach Sie suchen, und Sie für Jobs, die Sie interessieren, empfehlen. Wir sprechen hier über die Vermittler und Türöffner, und nicht nur über diejenigen, die den Job letztlich zu vergeben haben. Wichtig ist, zu erkennen, dass Sie im Grunde fortlaufend für Jobs interviewt werden, von denen Sie noch gar nichts wissen. Sie werden niemals nur am Tag des Bewerbungsgesprächs taxiert – Ihr Ruf eilt Ihnen voraus, und Ihre Onlinepräsenz (oder deren Fehlen) trägt ebenfalls dazu bei. Wenn Sie über Ihr Handeln und die Informationen, die Sie über sich bereitstellen, eine Geschichte erzählen können, die für sich spricht, dann umso besser. Was die Menschen über Sie sagen, hat viel mehr Einfluss auf das Geschehen als das, was Sie selbst über sich erzählen.

▶▶ »Ideen, die sich verbreiten, gewinnen.«
Seth Godin – Buchautor, Unternehmensgründer und Blogger

esc Schaffen Sie sich eine Onlinepräsenz

Man wird Sie googeln. Ihre Onlinepräsenz erzählt eine Geschichte. Sie sollten sie gestalten. Was sagt Ihr LinkedIn-Profil darüber aus, wer Sie sind, was Sie interessiert und wo Sie hinwollen? Was sagt Ihr About.me-Profil aus, was Ihr expliziter Lebenslauf, was Ihre Twitter-Biografie? Die meisten Geschichten über Sie, die das Netz vermittelt, haben Sie unter Kontrolle. Was Sie nicht steuern können, ist das, was die Leute über Sie erzählen – aber Sie können alle Inputs dazu beeinflussen.

Der traditionelle Lebenslauf und das traditionelle Bewerbungsanschreiben sind *so* langweilig. Die Unternehmen wünschen sich Kandidaten, die sie schon kennen und denen sie vertrauen. Die Personalbeschaffung ist ineffizient, teuer und häufig erfolglos (wenn beispielsweise der neu Eingestellte binnen Jahresfrist schon wieder geht). Die Arbeitgeber möchten den Prozess so risikofrei wie möglich gestalten. Fragen Sie sich selbst, wie Sie sich zu einer sicheren Wahl für jene Posten machen können, die Sie gern hätten. Welche Geschichte können Sie mit Ihrer Onlinepräsenz vermitteln, um den Leuten zu signalisieren, wie aufregend es ist, mit Ihnen zu arbeiten?

Was verrät Ihr Escape-the-City-Profil über Sie?!

▶▶ »Wie sind Sie zu diesem Job gekommen?
Fast immer, wenn ich jemandem diese Frage stelle, lautet die Antwort: ›Das ist eine lustige Geschichte.‹ In Wirklichkeit ist es das aber fast nie. Vielmehr ist es eine Kombination von Koinzidenzen und unverdrossenem Einsatz. Die Menschen bekommen gute Jobs, weil sie am Ball bleiben.«
Seth Godin – *Linchpin*

esc Suchen Sie anders

Aufregende Jobs gibt es nicht von der Stange. Denken Sie nicht länger in Transaktionen. Hören Sie auf, Menschen mit Ihrem Lebenslauf und Ihrem Bewerbungsschreiben vollzuspammen. Die besten Jobgelegenheiten schaffen es niemals bis zur Stellenausschreibung. Bewerben Sie sich entweder weiter aus voller Kraft wie alle anderen, oder gehen Sie neue Wege. Zwar ist heute die Konkurrenz größer; gleichzeitig bieten sich Ihnen aber auch mehr Möglichkeiten, sich von anderen abzuheben und so gut wie jede Person, die Sie wollen, zu kontaktieren.

Adele Barlow ist die fantastische Community-Managerin von Escape the City. Mit viel Geschick erweitert sie unsere Mitgliederbasis und unterstützt die bestehenden Mitglieder bei ihrem Ausstieg, damit sie am Ende bekommen, was sie sich wünschen. Wie kam sie zu ihrem Job? Sie besuchte mindestens fünfzehn unserer Londoner Gespräche und Veranstaltungen (aus reinem Interesse, nicht um sich den Job zu angeln). Damals arbeitete sie als Freelancerin für diverse Agenturen und Start-ups. Weder suchte sie nach einem Job, noch suchten wir Mitarbeiter. Aber als wir in New York waren, organisierte sie für uns mehrere Veranstaltungen und bewährte sich dabei ungemein. Sie unterhielt mit uns ständigen E-Mail-Kontakt, machte uns mit interessanten Leuten bekannt und leitete uns interessante Artikel weiter.

Als wir irgendwann dann vor der Frage standen, wen wir zusätzlich in unser Team aufnehmen würden, lag es nahe, Adele zu fragen, ob sie den Job übernehmen wolle. Zu einer Stellenausschreibung kam es gar nicht erst. Und viele andere hatten uns im Laufe des vorangegangenen Jahres Blindbewerbungen geschickt – einige davon konkret mit der Frage nach der Position eines Community-Managers. Aber warum sollten wir uns die Mühe machen, uns mit Leuten zu treffen, die uns gerade einmal eine E-Mail geschickt hatten, wenn wir eine seit mehr als zwei Jahren bestehende Beziehung zu jemandem hatten, den wir kannten und schätzten und der unser volles Vertrauen genoss?

Adele baute eine Beziehung zu Escape the City auf, weil sie fasziniert war von dem, was wir aufbauten. Als sich die Gelegenheit bot, lag es auf der Hand, dass sie die richtige Person für den Job war, und wir taten unser Bestes, um sie davon zu überzeugen.

Wenn also Stellenausschreibungen, E-Mail-Newsletter und Jobagenturen nicht zu aufregenden Jobs führen, was dann? Erstens sollten Sie so viele Konkurrenten hinter sich lassen wie möglich. Das bedeutet, dass Sie dort suchen, wo andere nicht suchen, Beziehungen aufbauen, die andere nicht haben, und sich in einer Weise positionieren, wie andere es nicht können.

Aggie Jones ergatterte ihren Job bei Spotify in den Anfängen des Musik-streamingdienstes. Sie erzählte uns, dass sie damals einfach ein Unternehmen suchte, mit dem sie sich identifizieren konnte und das sie faszinierte und inspirierte. Als sie aber auf der Spotify-Website las, dass der einzige angebotene Job an Voraussetzungen geknüpft war, die sie nicht erfüllte … »schrieb ich den Betreibern eine E-Mail, in der ich erklärte, dass ich zwar nicht die Erfahrungen für die Position mitbrachte, die sie besetzen wollten, dass sie mich aber dennoch einladen müssten, damit ich sie überzeugen könnte, dass ich die Art von Mensch war, mit dem sie gern zusammenarbeiten würden. Ich wurde eingeladen, und zu meinem großen Glück schufen sie dann für mich einen Job!«

Martin Underwood studierte erst Jura und absolvierte anschließend das Referendariat. Als er damit fertig war, beschloss er, dass er im Bereich Bildung und Technologie arbeiten wollte. Er verfasste diesen Blogeintrag für uns: http://blog.escapethecity.org/categories/let-the-journey-unfold/. Binnen eines Tages erhielt sein Artikel diesen Kommentar: »Ich stimme Ihnen vollkommen zu, und Ihre Erfahrungen decken sich mit meinen eigenen. Heute bin ich Direktor eines Technologie-Start-ups mit Schwerpunkt Bildungssektor, und wir suchen exakt jemanden wie Sie, um bei uns einzusteigen! Wir würden uns freuen, wenn Sie mit uns in Kontakt treten – die Jobausschreibung steht ab heute auf Escape the City. Ihre Meinung interessiert uns sehr.« Das Resultat war ein Bewerbungsgespräch.

Seien Sie kompromisslos Sie selbst, wenn Sie sich für einen Job bewerben. Wenn Sie nicht in einem Umfeld arbeiten wollen, in dem Sie sich wie ein Roboter verhalten, sollten Sie auch kein Bewerbungsschreiben wie ein Roboter verfassen. Ihre Bewerbung sollte kein Valium sein. Sie sollte herausstechen. Sie sollte etwas sein, was sich die Leute im Büro weiterreichen. Hier sind zwei gute Beispiele, wie Sie sich aus der Masse abheben:

1. Susan hatte genug davon, Stellenbörsen mit langweiligen Jobs zu durchkämmen, und so beschloss sie, den Spieß umzudrehen und ihren eigenen Chef anzuwerben. Sie formulierte ihre Idealvorstellungen von Chef, Unternehmen und Ort und tat alles, um ihre »Stellenausschreibung« online zu verbreiten. Das Resultat? Originell und kreativ, wie ihr Vorgehen war, wurde ihr Gesuch tatsächlich herumgereicht. Am Ende erhielt sie 26 Bewerbungen und stellte zwei Chefs ein. Lesen Sie »Susan Hires A Boss« hier: http://main.susanhiresaboss.com/.

2. Matt Rennie landete nach seinem Universitätsabschluss in einem der schwierigsten Jobmärkte für Akademiker, die es in Großbritannien jemals gegeben hatte. Entschlossen, zum Creative Marketing zu wechseln, nahm Matt ein kurzes YouTube-Video auf, in dem er erklärte, wer er war und wonach er suchte. Das Ergebnis? Über 10 000 Klicks und diverse Jobangebote. Zuletzt unternahm Matt eine Minitour durch Großbritannien mit Bewerbungsgesprächen in Edinburgh, Newcastle, Leeds und London und erhielt sogar ein Angebot für New York. Betrachten Sie »A message from a graduate« hier: http://www.youtube.com/watch?v=8l8FdluYS7o.

Diese Methoden sind nicht einfach, und es gibt keine Garantie, dass Sie damit ebenso erfolgreich wären. Nutzen Sie sie als Inspirationsquelle, um Ihre ganz eigene Methode zu entwickeln, wie Sie die Menschen auf sich aufmerksam machen können. Wenn Sie gleichzeitig noch eine überzeugende Geschichte erzählen und echte Beziehungen aufbauen können, wird es sicherlich nicht lange dauern, bis Sie einen interessanten und faszinierenden Job gefunden haben.

▶▶ »Gute Jobs, Weltklassejobs, Jobs, für die Menschen über Leichen gehen – solche Jobs kriegt man nicht, indem man E-Mails mit Lebensläufen verschickt.«

Seth Godin – *Linchpin*

Führen Sie Ihr Bewerbungsgespräch anders

Wenn Sie sich schon in Ihrer Bewerbung als echter Mensch (und nicht als Roboter) präsentieren sollten, dann gilt das erst recht für das Bewerbungsgespräch. Zu den schlimmsten Dingen bei Jobs, egal welchen, gehört das Gefühl, sich nicht als der Mensch einbringen zu können, der man in Wahrheit ist. Wenn Sie irgendwo arbeiten wollen, wo Sie sein können, wie Sie sind, dann müssen Sie sich auch im Bewerbungsgespräch so präsentieren.

Vergessen Sie nicht, dass die Geschichte zwei Seiten hat. Leicht kann es passieren, dass Sie ausschließlich daran denken, welchen Eindruck Sie auf Ihren potenziellen Arbeitgeber machen. Genauso wichtig ist es aber, dass Sie sich ein Bild davon machen, ob auch Sie sich vorstellen können, für diesen Arbeitgeber zu arbeiten. Bitten Sie ihn, Ihnen etwas über den betreffenden Job und die Ziele des Unternehmens zu erzählen, damit Sie darauf mit Enthusiasmus reagieren können (oder auch nicht). Stellen Sie pointierte Fragen.

Bewerbungsgespräche sind ein bisschen wie Beziehungs-Dates. Wenn Sie den Eindruck vermitteln können, dass dieser Job nicht Ihre einzige Option ist, ist die Wahrscheinlichkeit größer, dass Sie ihn bekommen. Wenn Sie auch noch Einfluss auf die Gehaltshöhe nehmen können, dann umso besser. Bleiben Sie sich aber immer treu.

Es wirkt nicht sehr überzeugend, wenn Sie behaupten, dass Sie vollkommen begeistert sind von dem Unternehmen, wenn Sie gerade mal die Jobbeschreibung gelesen haben. Wie können Sie vor dem Gespräch mehr über das Unternehmen herausfinden (und das im Interview auch an geeigneter Stelle erwähnen), um Ihre Bewerbung glaubwürdiger zu gestalten? Heute ist es nicht mehr verboten oder gar anrüchig, sich online über andere zu erkundigen. Es wird Ihren potenziellen Arbeitgeber nur positiv beeindrucken, wenn Sie sich im Voraus ein Bild von ihm, seinem Geschäftsplan, seiner Presse und seinen Anteilseignern machen.

Sobald Ihr potenzieller Arbeitgeber das befriedigende Gefühl hat, dass Sie dem Job gewachsen sind, bleibt seine größte Sorge die Unstetigkeit. Am liebsten hört er von Ihnen, dass Sie zu jeder Tätigkeit bereit sind und dass Sie hoffen, langfristig bei ihm bleiben und zu seinem Erfolg beitragen zu können. Können Sie während des Interviews selbst etwas anbieten? Bereiten Sie drei innovative Ideen für die Vermarktung seiner Produkte, die Weiterentwicklung seiner Onlinepräsenz und die Organisation einer großen Veranstaltung vor.

Berichten Sie nichts Negatives über Dinge, die Sie in der Vergangenheit gemacht haben. Das macht keinen guten Eindruck, selbst wenn es stimmt und Sie es ehrlich meinen. Jeder, der Sie einstellt, wünscht sich, dass Sie die Welt positiv sehen und das auch zeigen – für Sie ist das Glas immer halb voll –, und er wünscht sich jemanden, der aus dem Erfahrungsvorrat seiner Vergangenheit schöpfen kann.

Machen Sie aus dem Interview so früh wie möglich ein Gespräch. Manchmal ist das nicht möglich, wenn sich Ihr Gesprächspartner an ein Skript hält. Aber die Menschen neigen dazu, Menschen einzustellen, für die sie Sympathie empfinden. Natürlich müssen Sie kompetent und fähig erscheinen (Sie hätten keinen Gesprächstermin bekommen, wenn Sie keines von beidem wären), aber gleichzeitig fragt sich der Interviewer natürlich, ob er fünf Tage in der Woche mit Ihnen verbringen will. Tun Sie alles dafür, dass dem so ist.

Und bitten Sie ausdrücklich um den Job. Es ist erstaunlich, wie viele Menschen im Bewerbungsgespräch kein einziges Mal sagen: »Ich will diesen Job haben, ich kann ihn leisten, und Sie können sich auf mich verlassen.« Reduzieren Sie das Jobrisiko. Sagen Sie, dass Sie selbstverständlich bereit sind, einen Monat auf unverbindlicher Basis zu arbeiten, damit sich Ihr potenzieller Arbeitgeber von Ihren Fähigkeiten überzeugen kann.

▶▶ »Warten Sie nicht, bis ein Job offen ausgeschrieben wird. Ihre Idealposition existiert möglicherweise noch gar nicht, sodass Sie sie erst erfinden müssen. Nichts spricht dagegen, dass Sie erklären: ›Ich würde gerne für Sie arbeiten, obwohl mir klar ist, dass Sie möglicherweise keinen Job im Angebot haben. Darf ich trotzdem mit Ihnen sprechen?‹«

Ella Heeks – wurde Managing Director des Gemüsekistenlieferanten Abel and Cole, ein Job, der zuvor nicht existiert hatte[4]

esc Fazit – finden Sie einen aufregenden Job

Es gibt keinen Zeitrahmen, wie lange es braucht, bis Sie eine Arbeit gefunden haben, die richtig für Sie ist. Es kann Jahre dauern. Aus finanziellen Gründen könnte es ratsam sein, dass Sie Ihren aktuellen Job behalten oder dass Sie kündigen und einen Teilzeitjob annehmen. Haben Sie Geduld! Entspannen Sie sich. Jeder scheint heute unter solchem Stress zu stehen. Gönnen Sie sich eine Pause – Sie müssen jetzt nicht sofort alles bis in jedes Detail planen.

Als sich Alice Evans über Escape the City eine Chance bot, gab sie ihren Job als Buchhalterin in London auf und stieg als freiwillige Kraft bei Malawian Style ein: »Ich hatte allmählich das Gefühl, dass das, was ich tat, weder mir selbst noch irgendwem sonst einen nennenswerten Nutzen brachte.« Sie gab ihren Job als interne Rechnungsprüferin auf und ging auf Reisen, in der Hoffnung, unterwegs den Traumjob zu finden. »Bei dieser Gelegenheit lernte ich, dass es gar nicht so schlecht ist, sich in Sachen Buchführung auszukennen. Es gibt so viele Orte und Unternehmen, wo Sie damit etwas bewirken können und wo Ihre Fähigkeiten wirklich geschätzt werden.«

Verändern Sie Ihre Einstellung. Gewöhnen Sie sich an, wie ein »Anbieter« zu denken. Fragen Sie nicht: »Was kann ich bekommen?«, sondern: »Was kann ich anbieten?« In schlechten Zeiten lernen wir mehr über uns als in guten. Nachdem Sie viel Mühe investiert haben, um neue Chancen für sich zu schaffen, sollten Sie auch zugreifen und eine davon auswählen. Analysieren Sie sie nicht zu sehr. Wenn Sie nicht hinter die nächste Kurve schauen können, ist das kein Grund zur Sorge. Es muss nicht immer so bleiben. Konzentrieren Sie sich auf die Geschichte, die Sie mit dem erzählen, was Sie tun. Zeigen Sie Einsatz und Entschlossenheit. Erwarten Sie nicht, dass Ihr Job Ihnen vom ersten Tag an die große Erfüllung beschert. Echte Erfüllung kommt, indem Sie allmählich versuchen, sich wertvoll zu machen. Viel Glück!

▶▶ »Wenn Sie eine Karriere beginnen [...], haben Sie keine Idee, was Sie tun. Das ist wunderbar. Menschen, die wissen, was sie tun, kennen die Regeln, und sie wissen, was möglich und was unmöglich ist. Zu dieser Kategorie gehören Sie nicht. Und das ist gut so ...«

Neil Gaiman – Autor – Studienabschlussrede,
http://vimeo.com/42372767

KAPITEL 7

Abenteuer

Wir haben dieses Kapitel zwischen die zwei Langzeitoptionen (einen neuen Job finden oder ein eigenes Unternehmen gründen) eingebettet. Für die meisten Menschen ist das Abenteuer keine praktikable Ausstiegsmöglichkeit. Aber Abenteuer (in allen Formen) können uns dazu bringen, die Welt und unseren Platz darin mit völlig anderen Augen zu sehen. Deshalb sind sie ein extrem wertvoller Teil jedes Ausstiegs.

Viele von uns träumen von einem Leben, das nicht das ihre ist, von Freiheit und davon, die Welt zu sehen. Leider jedoch ist die Trägheit häufig stärker als der Tatendrang. Was für Ihre Karriere gilt, gilt möglicherweise auch für Ihre Auszeit. Häufig ist es einfacher, nichts zu tun, als etwas zu tun, das Sie wirklich tun wollen und wovon Sie massiv profitieren würden.

In diesem Kapitel sprechen wir über Abenteuer als eine Metapher für das Verlassen der eigenen Bequemlichkeitszone. Sie müssen nicht um die Welt segeln, um sich zu qualifizieren. Indem Sie etwas außerhalb der normalen Routine unternehmen, befreien Sie sich von den beengenden Schichten Ihrer Existenz – Ihrer Arbeit, Ihren Verpflichtungen und Ihren Sorgen. Wir verbringen so viel Zeit damit, uns durch die Augen anderer Menschen zu sehen, dass wir so manche wichtigen Dinge an uns selbst übersehen. Da ist es mitunter erforderlich, etwas völlig anderes zu machen, um sie dennoch wahrzunehmen.

Suchen Sie das große Abenteuer.

▶▶ »Ohne Ihre gewohnte Umgebung, Ihre Freunde, Ihre tägliche Routine, Ihren Kühlschrank voller Essen [...] sind Sie der unmittelbaren Erfahrung ausgesetzt. Eine solche unmittelbare Erfahrung schärft notgedrungen Ihr Bewusstsein für den Menschen, der diese Erfahrung macht. Das ist nicht immer bequem, aber es ist stets belebend.«

Michael Crichton – Buchautor

esc Entfliehen Sie der Matrix

Wer in einer Stadt lebt, in einem großen Unternehmen arbeitet, mit dem öffentlichen Nahverkehr unterwegs ist, von der Hand in den Mund isst (Sandwiches am Schreibtisch, Fertigmahlzeiten aus dem Supermarkt am Abend), am Ende des Monats von Geisterhand bezahlt wird (abzüglich Steuern) und Uniform trägt (einen Anzug oder ein Kostüm wie alle anderen auch), vergisst leicht, wie es ist, wenn man wirklich für sich selbst sorgt und seine eigenen Entscheidungen trifft.

Sie können sich auf diese Weise lange durchmogeln. Im Prinzip ewig. Tempomat. Bevor wir unsere Unternehmensjobs kündigten, hielten wir uns mit Abenteuern über Wasser. In unter 24 Stunden von London nach Paris radeln, im Kajak einen Fluss in Nordportugal hinunter, Kanufahrten auf dem Yukon, Straußenausflüge durch Kalifornien. Das waren natürlich Ablenkungsmanöver, und wir fühlten uns, zurück in unseren Bürozellen, nur noch schlechter. Warum machten wir es dann? Inwiefern half es?

Wir machten die Erfahrung, dass Abenteuer (selbst die kurzen – eine Nacht lang durch die Sussex Downs wandern, ein Motorradausflug im Regen nach Stonehenge) uns dabei halfen, uns frei zu machen von dem Stumpfsinn der Arbeit, der Gesellschaft und unserer Kollegen, der uns sonst gefangen hielt.

Zu merken, dass wir in der Lage waren, für uns selbst zu sorgen – und sei es nur während einer dreitätigen Fahrradtour durch Nordfrankreich –, war unglaublich befreiend und stärkend. Wenn Sie, und sei es auch nur vorübergehend, Ihr Leben selbst in die Hand nehmen können und diese Erfahrung genießen, dann sind Sie vielleicht auch in der Lage, sich langfristig ganz auf die eigenen Beine zu stellen.

▶▶ »Ich weiß *exakt*, was du meinst. Lass mich dir sagen, warum du hier bist. Du bist hier, weil du etwas weißt. Was du weißt, kannst du nicht erklären, aber du fühlst es. Seit du auf der Welt bist, hast du gefühlt, dass mit dieser Welt irgendetwas nicht stimmt. Du weißt nicht, was es ist, aber es ist da, wie ein Splitter im deinem Kopf, der dich irre macht. Es ist dieses Gefühl, das dich zu mir gebracht hat. Verstehst du, was ich da sage?«

Morpheus, *The Matrix*, Warner Brothers[1]

esc Erweitern Sie Ihren Erlebnishorizont

Matt Trinetti ist eine Escape-Legende. Nachdem er über zwanzig Jahre lang das Leben einer Marionette geführt hatte, beschloss er, die Arbeit *im* Leben für eine Weile zu unterbrechen, um *am* Leben zu arbeiten. Der erste Punkt auf seiner Agenda lautete: »Folge deiner eigenen Begeisterung und verbringe sieben Monate in Europa ganz nach den eigenen Vorstellungen.« Er traf das Escape-the-City-Team in London und berichtete uns: »Wenn ich an die Monate vor meinem Aufbruch nach Europa zurückdenke, scheint es mir mitunter, als wäre ich von lauter wandelnden Toten umgeben gewesen. Menschen, die sich wie Marionetten bewegten. Die das Leben weder hassten noch liebten. Die weder Neugier noch Begeisterung zeigten. Nur reine Langeweile.«

Als Mikey seinen Job in der Bank aufgab und zu Escape the City stieß, ging er zurück in seine Heimatstadt New York, um dort den US-amerikanischen Ableger aufzubauen. Im Lauf des ersten Jahres kam er mehrere Male nach England und erzählte uns jedes Mal, wie aufregend sein neues Leben war. Wann immer er nach London kam, spürte er den Gegensatz zwischen seinem neuen pulsierenden Leben und dem alten, das er zurückgelassen hatte.

Wir werden definiert durch unser tägliches Treiben und die Menschen in unserem Leben. Verändert sich das Umfeld, dann verändert sich auch unsere Selbstwahrnehmung. Wer seine Zeit damit verbringt, durch eine große Wildnis zu reisen oder in einer Gemeinschaft zu leben, die sich stark von seiner gewohnten unterscheidet, sieht sich nicht länger von Menschen umgeben, die er als seinesgleichen und somit als ständige Konkurrenz betrachtet. Er ist frei, sein Leben als das wahrzunehmen, was es ist, und es gemäß seinen eigenen Werten zu beurteilen.

Sie müssen nicht gleich Ihren Job kündigen, eine Auszeit nehmen oder Urlaub machen, um die Vorteile des Abenteuers zu genießen. Wenn Sie das Gefühl haben, in einer Sackgasse zu stecken oder eine Richtungsänderung zu brauchen, ist es möglicherweise an der Zeit, Ihre Fühler bis zur Welt jenseits Ihres unmittelbaren Radius auszustrecken.

> ▶▶ »Nichts ist vergleichbar mit der Rückkehr an einen Ort, der unverändert geblieben ist, nur um festzustellen, wie sehr wir uns selbst verändert haben.«
>
> **Nelson Mandela**

esc Trotzen Sie den Widrigkeiten

Eines Tages marschierte Paul Archer in sein Büro, kündigte seinen Job und machte sich in einem Londoner Taxi auf die Reise nach Australien. Fünfzehn Monate später kehrte er nach einer vollen, nicht vorher geplanten Weltumrundung mit zwei Weltrekorden und 20 000 britischen Pfund an Spendengeldern für das Rote Kreuz nach London zurück.

»An einem meiner ersten Abende auf Reisen erzählte mir ein Couchsurfing-Gastgeber, dass man niemals gute Geschichten bekommt, wenn immer alles nach Plan verläuft. Das ist nicht unbedingt eine Handlungsanweisung, hilft aber, wenn mal wieder alles schiefgeht. Und als ich in Moskau war und gerade in den Hundezwinger eines russischen Polizeilastwagens mit dem Ziel ›Gefängniszelle‹ gestoßen wurde, kam mir dieser ›Rat‹ wieder in den Sinn, und anstatt mich zu fürchten, dachte ich: ›Das wird eine fantastische Geschichte!‹ Im Rückblick war es natürlich ein grausamer Rat, was die eigene Sicherheit betrifft … aber er brachte mir tatsächlich einige spannende Geschichten ein!«

Vor ein paar Jahren reiste Rob in 100 Tagen von Kapstadt bis Kairo. Zuerst fuhr er einen 30 Jahre alten Landrover (der täglich mindestens einmal liegen blieb); anschließend bewegte er sich per Bus, Zug, Schiff, Kamel oder zu Fuß weiter! Die besten Momente gab es immer, wenn etwas Unerwartetes geschah.

Schlechte Erfahrungen zwingen Sie, sich mit den Seiten Ihres Charakters auseinanderzusetzen, mit denen Sie im normalen Leben wenig in Berührung kommen. Sie zwingen Sie, mit schwierigen Situationen klarzukommen, und lehren Sie, eher auf Ihren Instinkt als auf antrainierte Standardmethoden zu vertrauen. Vielleicht beschließen Sie, dass Sie mit dem Leben zu Hause, wie es ist, vollauf zufrieden sind. Aber woher wissen Sie, ob Sie nicht doch eines Tages zur Haustür hinausgehen und eine Richtung einschlagen, vor der Sie sich eigentlich fürchten?

▶▶ »Wenn sich alles gegen Sie verschworen zu haben scheint, denken Sie am besten an das Flugzeug, das gegen den Wind abhebt und nicht mit ihm.«

Henry Ford

esc Machen Sie die Planlosigkeit zu Ihrem Plan

Es ist sehr einfach, sich in die Details eines Abenteuers zu verbeißen, wenn eine Planung in Wahrheit mehr schadet als nützt. Wie bei den meisten Dingen, die wir in diesem Buch vorstellen, gibt es auch hier keine Regeln! Dieser Abschnitt behandelt eine Vielzahl von Ansätzen, die von den unterschiedlichen Aussteigern gewählt wurden.

Planen Sie nicht

Tom Allen erlebte fast vier Jahre lang große Fahrradabenteuer; er reiste wahllos durch Europa, Asien, den Nahen Osten und Afrika und lebte unterwegs in diversen Städten – so auch in Eriwan, der Hauptstadt von Armenien.

» *Wir legten unsere Route mit Absicht nicht genau fest, fanden ein paar Ausrüstungssponsoren aus der Fahrradbranche, bestimmten ein Abreisedatum und überließen den Rest weitgehend dem Zufall. Ich beschloss, dass ich, sollte mir das Bargeld ausgehen, schon eine Möglichkeit finden würde, um meine Reise fortzusetzen. Ich weiß, es klingt, als ob sehr vieles ungeplant blieb, und so war es – mit Absicht. Wenn man gezwungen ist, aus der eigenen Initiative heraus Hindernisse zu überwinden und Pläne umzustellen, hat das einen enormen Lerneffekt, und ich wünsche es mir auch gar nicht anders.* «

Geben Sie nichts aus

Pete Waterman ist mit unkonventionellen Fahrzeugen durch Peru, Bolivien, Indien und ganz Nordamerika (bis über den Polarkreis) gereist. Er hat Kampfsport in Thailand trainiert, ist durch Nepal und Kambodscha gereist und hat Tausende US-Dollar für Wohltätigkeitsorganisationen gesammelt.

»*Ich lebe mitten in Washington, D.C., und genieße gerne gutes Essen, Wein und Bier. Als ich darauf zu achten begann, war ich geschockt zu sehen, wie viel Geld ich jeden Monat für Alkohol ausgab, von vielleicht zwei Barbesuchen mit Freunden in der Woche bis zu teuren Weinflaschen beim abendlichen Restaurantbesuch. Ich begann, die Happy Hour zu nutzen, wo man für die Getränke eines Abends nur einmal 20 US-Dollar bezahlt, und ich richtete meine Abendessen häufiger zu Hause aus. Das Geld, das ich auf diese Weise in einer Woche sparte, reichte fast schon, um wochenlang durch Asien oder Südamerika zu reisen. Ich bin natürlich in der glücklichen Lage, dass ich von Anfang an ein gutes Gehalt bekam, aber ich legte – weil ich mich irgendwie freier fühlte – eineinhalb Jahre lang mehr als die Hälfte dessen, was ich nach Hause brachte, zur Seite, ohne mich dadurch jemals sonderlich einschränken zu müssen.*«

Sparen Sie ein Abenteuerbudget an

Rob hat schon immer für irgendwelche absurden Pläne Sparkonten angelegt. Als er 18 war, beschlossen er und ein Freund, eines Tages Afrika der Länge nach zu durchfahren. Folglich eröffneten sie ein gemeinsames Bankkonto (sehr zur Belustigung ihrer Freunde) und begannen, jeden Monat pro Person 50 britische Pfund einzuzahlen. Fünf Jahre später hatten sie über 5000 Pfund angespart. Sie kauften sich einen 40 Jahre alten Landrover und reisten in 100 Tagen damit von Kapstadt nach Kairo.

Vor einiger Zeit eröffneten Rob und fünf Schulfreunde ein Sparkonto, um sich den lang gehegten Traum von einem eigenen Doppeldeckerbus zu erfüllen. Diesmal richteten sie alle Daueraufträge über wöchentliche 10 Pfund ein. Ein Jahr später hatten sie 3000 Pfund auf dem Konto und kauften davon einen alten orangefarbenen Bristol-VR-Doppeldeckerbus, den sie Esmeralda tauften. Zum Preis von ein paar Drinks in der Woche erfüllten sie sich einen Traum, über den sie schon seit Jahren gesprochen hatten!

Beschaffen Sie sich Mittel

Alastair Vere Nicoll gab seinen Job als Partner in einer der Großkanzleien des Magic Circle auf, um Autor zu werden und auf Skiern durch die Antarktis zu reisen. Nach seiner Rückkehr schrieb er über seine Erfahrungen ein Buch mit dem Titel *Riding the Ice Wind*.

> *»Ich verließ die Kanzlei und verschaffte mir einen Teilzeitjob als Juradozent. Während der übrigen Zeit plante ich die Expedition und schrieb. Mein Gehalt betrug anfangs weniger als ein Drittel dessen, was ich zuvor verdient hatte, und ich hatte Mühe, Zeit für mich zu finden, weil die Unterrichtsvorbereitungen aufwendiger waren als erwartet. In der übrigen Zeit schrieb ich, oder ich bereitete Sponsorendokumente vor, plante die Expedition, stellte ein Team zusammen und jobbte wieder hier und da in der City. Zwei Jahre später hatten wir 400 000 britische Pfund zusammen, und ich flog in einer runtergekommenen russischen Frachtmaschine in das Land, das die Zeit vergessen hatte. Jetzt haben wir dieselbe Erfahrung auf dem Weg zu meinem eigenen Unternehmen wiederholt, für das wir bislang 80 Millionen Euro eingeworben haben.«*

Suchen Sie sich Sponsoren

Paul Archer, der bereits erwähnte Taximane, fand tatsächlich Sponsoren für seine Reise. Vermutlich gerade deshalb, weil die Idee so bekloppt war …

> *»Obwohl ich jeden Penny sparte, den ich hatte, hätte ich ohne Sponsoren sehr viel länger in meinem Job ausharren müssen, um das erforderliche Geld zusammenzubekommen. Wir hatten das Glück, einen Wettbewerb namens ›Performance Direct Non-Standard Awards‹ zu gewinnen, der Geld an Unternehmungen mit verrückten Fahrzeugen vergibt, und wir bekamen genug, um damit unser Benzin bis Australien zu bezahlen. Und los ging die Reise. Wir wurden dann von der Taxibestell-App Get Taxi angesprochen, die uns auch den gesamten Rückweg bis nach London im Taxi finanzierte.«*

Finden Sie einen Geldgeber

Dave Turner hatte zehn Jahre lang als Computernetzwerkingenieur gearbeitet, bevor er Abenteuerradfahrer und freier Autor wurde.

> *»Mehrere Monate bevor ich auf Reisen gehe, überlege ich mir gut, was ich damit erreichen will. Das ist wichtig und gibt mir einen Halt, wenn ich die Orientierung verliere. Zum Glück habe ich Rücklagen von meinen Büchern, meiner Fotografie und meinem alten Job. Die Australian Geographic Society hilft ebenfalls mit Geld aus, wenn eine Bewerbung erfolgreich ist – das ist gut, denn dadurch kann eine ganz neue Generation von Abenteurern, Sozialarbeitern, Wissenschaftlern und Forschungsprojekten entstehen.«*

Buchen Sie einfach einen Flug

Aukje van Gerven ist Direktorin von RespecttheMountains.com, freie Reiseautorin und Gründerin von beet-route.com. Sie bestieg vor Kurzem den Kilimandscharo und radelte anschließend heim nach Europa.

> *»Mein neuer Partner und ich waren es so satt, über große Abenteuer immer nur zu ›reden‹ – wir wollten es endlich einmal ›tun‹! Im Prinzip kauften wir uns einfach nur die Tickets, luden unsere Fahrräder ins Flugzeug, kauften, was wir zu brauchen meinten, planten eine ungefähre Route (wir hatten keine Vorstellung, wo wir enden und wo uns das Geld ausgehen würde), und das war es. Drei Monate später setzten wir unseren Fuß auf afrikanischen Boden ...«*

Private Gelder

Das Atlantic-Rising-Team führte eine 15-monatige Expedition rund um den Atlantischen Ozean entlang der 1-Meter-Höhenlinie durch (der Höhe, von der Wissenschaftler erwarten, dass das Meer sie bis zum Jahr 2100 erreicht haben wird).

> *»Wir sprachen Unternehmen und private Fonds mit einem Interesse an Bildung, Umwelt und Abenteuer an und baten um Bar-*

oder Sachspenden. Auf dem Höhepunkt der Rezession war Ersteres sehr viel schwerer zu bekommen. Wir bauten unser Schulnetzwerk von null auf und mussten uns auch einen ganz neuen Lehrerstamm zulegen, bis wir uns allmählich einen Ruf erwarben und eine Onlinepräsenz entwickelten, die ihre Eigendynamik entwickelte. Wir entwarfen unsere erste Website selbst, bis wir genügend Geld zusammenhatten, um uns etwas gestalten zu lassen, das mehr interaktive Beteiligungsmöglichkeiten für Schüler und andere Beteiligte bot.«[2]

▶▶ »Pragmatische Unverfrorenheit war meine Philosophie.«

Alastair Humphreys – radelte um die Welt

esc Abenteuer anders

Auf den folgenden Seiten lesen Sie, wie Menschen über diverse Arten von Abenteuern und Reisen zu neuen Karrieren gefunden haben. Wie die Geschichten zeigen, gleicht kein Weg dem anderen. Manchmal braucht es auch einen kleinen Vertrauensvorschuss beziehungsweise die Bereitschaft, sich auf Unbekanntes einzulassen, um zu der Karriere zu finden, von der man immer schon geträumt hat.

Auszeit

Manchmal ist eine Auszeit ideal, um sich darüber klar zu werden, wie die nächsten Schritte aussehen könnten. Lea Woodward gehörte zu den Ersten, über die wir im Netz etwas fanden, als wir unseren eigenen Ausstieg planten. Lea lebt und arbeitet von dort aus, wo es ihr gefällt. Sie ist eine Expertin im Sich-selbst-neu-Erfinden. Sie begann als festangestellte Managementberaterin, bevor sie in die Freiberuflichkeit wechselte und anschließend erst zur persönlichen Fitnesstrainerin und dann zum ganzheitlichen Gesundheitscoach umschulte. Seither hat sie an den unterschiedlichsten Projekten in aller Welt mitgearbeitet.

Und all das begann mit einer befristeten Auszeit:

> »Als ich am Krankenbett meiner Mutter saß und sie an den Folgen ihres Krebsleidens sterben sah, wurde mir bewusst, dass ich nicht einfach dort weitermachen konnte, wo ich aufgehört hatte.
>
> Ich beschloss, eine Auszeit zu nehmen, die mir dann nur das bestätigte, was ich schon lange gefühlt hatte. Ich hatte niemals geplant, so lange im Beraterberuf auszuharren, steckte dann aber in der Falle des ›Ich weiß nicht, was ich sonst tun könnte‹ (und des verführerischen Gehalts) fest. Sobald ich etwas Raum zum Atmen hatte, wurde mir klar, dass ich etwas anderes machen musste. Also entschied ich mich für etwas, von dem ich meinte, dass es mir Spaß machen würde.

Mein erster Ausstiegsplan erwies sich noch nicht als das Richtige für mich, aber eins kam zum anderen (wie es meiner Überzeugung nach immer geschieht, wenn wir erst einmal aktiv werden), und heute machen wir tatsächlich meinen ›Traumjob‹, von dem ich nicht einmal zu träumen gewagt hätte. Ich hätte mir niemals träumen lassen, ortsunabhängig zu sein, weil ich nicht wusste, dass diese Möglichkeit überhaupt existierte.

Wie stießen zufällig darauf, als mein Mann seinen Arbeitsplatz verloren hatte. Ich war überzeugt, dass wir denselben Lebensstandard zum halben Preis bekommen konnten, wenn wir nur irgendwohin umziehen würden, wo das Leben billiger war. Das taten wir auch und stellten dabei fest, wie gut es uns gefiel, häufiger einmal den Ort zu wechseln. Bislang haben wir in Panama, Buenos Aires, Grenada (mein Traum von der tropischen Insel wurde wahr!), Südafrika, Thailand, Dubai, Italien und Hongkong gelebt und befinden uns gegenwärtig in der Türkei.«

Freiwillig arbeiten

Nach zehn Jahren in London beschloss Jessica, dass es an der Zeit war, etwas anderes zu machen, und sie meldete sich für einen sechsmonatigen Afrikaeinsatz, um etwas Zeit zu haben, sich etwas auszudenken … Als sie den Flug buchte, war ihr nicht bewusst, dass sie ihre Idee schon gefunden hatte.

»*Ich war Managerin für Geschäftsentwicklung und Partnerschaften bei einem Dot.com in London und hatte zehn Jahre lang bei diversen wachstumsstarken (und hoch spannenden), von anderen geleiteten Start-ups in London in den Bereichen Onlinemarketing, Partnerschaften und Vertrieb gearbeitet.*

Ich fand, dass ›meine Zeit‹ gekommen war – aber wenn ich ehrlich bin, dachte ich nicht, dass Afrika bereits ›die‹ Idee war; ich wollte lediglich eine sechsmonatige Pause einlegen, um mir während des Freiwilligeneinsatzes meine eigentliche Idee durch den Kopf gehen zu lassen.

Als aber das Konzept für die Reise nach Westkenia stand, wurde mir bewusst, dass ich, sollte der Einsatz erfolgreich sein, Afrika viel mehr zurückgeben konnte als ein paar Monate meiner Zeit, in denen ich unterrichtete und an gemeinnützigen Projekten mitarbeitete.

Als ich in der ersten Woche in Kisumu, Kenia, von der Spitze eines Berges aus den zweitgrößten Frischwassersee der Welt, umgeben von kilometerweiten Zucker- und Reisplantagen, vor mir ausgebreitet sah, dachte ich: ›Wie kann es sein, dass niemand von diesem Ort weiß?!‹

Ich weiß nicht genau, warum ich nicht schon vorher in den sauren Apfel gebissen und etwas Eigenes begonnen hatte – aber ich denke, es war eine Kombination aus der Furcht vor dem Unbekannten und dem Scheitern und der fehlenden Bereitschaft, meinen bequemen und sicheren Lebensstandard aufzugeben.

Das Leben in einer so armen Gegend Afrikas und die Erfahrung so anderer Lebensumstände mitsamt der Tragödien, Hoffnung und primitiven Not, die damit einhergehen, haben mein Bild vom Leben von Grund auf verändert und mir jene Ängste ausgetrieben.«

Von unterwegs aus arbeiten

Im Jahr 2006 schmiss Lisa alles hin – Fernsehkarriere, Auto, Wohnung und Freund – und machte sich auf, um arbeitend um die Welt zu reisen. Sie hatte ihr Leben lang davon geträumt und nahm schließlich die Chance dazu wahr! Sie arbeitete in einem Café in Melbourne, unterrichtete Englisch in Istanbul und leistete gemeinnützige Arbeit in London. Sie begann, freie Reiseberichte und Blogbeiträge zu verfassen … und der Rest ist Geschichte!

»Jahrelang hatte ich Zeitschriftartikel übers Reisen und das Leben im Ausland gesammelt. Ich verschlang die Reiseberichte und träumte davon, es selbst genauso zu machen. Jedes Jahr wählte ich mir ein Ziel für eine große Reise aus. Aus der Idee wurde jedoch nie etwas – bis zu dem Jahr, als ich den Absprung schaffte. Meine elfjährige Katze war gestorben, ich machte mit meinem Freund Schluss, und so gut mein Job als Fernsehproducerin auch war, hatte *er mich zuletzt nur noch gelangweilt. Plötzlich wurde mir bewusst, dass ich frei war ... jetzt oder nie. Als der Entschluss einmal feststand, war ich nur noch wie ein Ball, der bergabwärts rollt und immer mehr Schwung aufnimmt. Als mir klar geworden war, dass ich es tun konnte ... wusste ich auch schon, dass ich es wahrhaftig tun würde. Der Rest war einfach.*

Nach vier Jahren Reiseleben habe ich vor etwas über einem Jahr meine Sachen wieder ausgepackt und mein eigenes Videokonferenzunternehmen gegründet: LLmedia. Ich habe meine fünfzehn Jahre Erfahrung als Fernsehproduzentin mit meinen Online- und Social-Media-Kenntnissen kombiniert und helfe nun kleinen Unternehmen und Unternehmensgründern bei der Erstellung von Videos für das Web und ihr Geschäft. So viele können heute ihre eigenen Videos erstellen, und ich helfe ihnen, sie besser zu machen. Ich habe ein E-Book voller Tipps und Ratschläge für Videoneulinge geschrieben.

Ich habe auch mehrere Vorträge gehalten – in einigen ermuntere ich andere ebenfalls zum Reisen (ich betreue den Chicago-Ableger der Meet-Plan-Go-Bewegung) – und über Video auf Konferenzen wie dem World Travel Market in London gesprochen. Daneben schreibe und fotografiere ich.«

Übers Abenteuer zum Start-up

James und Thom Elliot verließen beide das Londoner Hamsterrad, um »Pizza Pilgrims« zu gründen – sie wollten frische neapolitanische Pizza aus einem Steinofen, den sie in einen dreirädrigen Piaggio Ape einbauten, verkaufen. Auf der Suche nach Ideen für die Speisekarte unternahmen sie eine sechswöchige »Pizzapilgerreise« durch Italien, die sogar in einem Film dokumentiert wurde.

Wir haben uns mit ihnen zu Beginn ihrer Reise getroffen, um mehr darüber zu erfahren:

» Wir trafen uns mit einer Kollegin und ihrem Mann, einem Gastronomiekritiker, um über unseren Plan zu sprechen, einen Pizzaliefer-

wagen einzurichten, und er war höchst interessiert und begeistert.
Wir erzählten ihm von der Idee einer Pilgerreise nach Italien, um
dort einen Piaggio-Lieferwagen zu erstehen, und von dem Plan,
einen Teil der Reise zu filmen, um Social-Media-Material zu ha-
ben.

Er schlug vor, dass wir es an einige Fernsehproduktionsfirmen
schickten, und wir hatten das Glück, dass zwei Firmen antworteten
und ihr Interesse an der Idee bekundeten.

Das Härteste war, uns von unserem gewohnten Gehalt zu verab-
schieden – ein solcher Schritt erfordert viel Mut. In demselben Mo-
nat, in dem Thom seinen Job kündigte, machte er seiner Freundin
einen Heiratsantrag; nun fiel es ihm doppelt so schwer, das Land
für einen ganzen Monat zu verlassen.

Das Beste daran ist das Gefühl, eigene Ideen zu entwickeln und
umzusetzen, ohne ständig irgendwelche Vorgesetzten um Erlaubnis
fragen zu müssen. Zu sehen, wie aus einer nebenbei entwickelten
Idee plötzlich Realität wird, ist eine tolle Belohnung.

Und auch während der Reise haben wir so viele unglaubliche
italienische Speisen kennengelernt. Wir machten Pizza für eine ita-
lienische Familie, probierten Rote-Zwiebel-Eis in der Küstenstadt
Tropea und machten unsere ganz eigene Nduja, eine spezielle wür-
zige Wurst aus Kalabrien.«

Karrierewechsel durch Abenteuer

Nachdem Katherine beschlossen hatte, dass die Vermögensverwaltung
nicht ihre Welt war, verließ sie London und verbrachte ein Jahr damit,
durch Amerika zu reisen und für ihr Buch zu recherchieren. Heute ist sie
Autorin, Vortragsrednerin und Creative Director eines jungen Start-ups in
New York.

»Ich wollte schreiben, solange ich mich erinnern kann. In der Ver-
mögensverwaltung war ich nur gelandet, weil sich damit gutes Geld
verdienen ließ und weil es die ›vernünftige‹ Wahl zu sein schien.
Ende 2008 wurde mir klar, wie sehr mich das Leben, das ich mir
geschaffen hatte, erstickte und wie gefangen ich durch meine Stim-

me war. Ich beschloss, mich meiner Angst vor dem Stottern zu stellen und mein Leben zu verändern.

Mein Plan: Ich wollte als erste Frau ein kreatives Sachbuch über die Erfahrungen von Leuten schreiben, die stottern. Ich reichte meine Kündigung ein und zog einen Monat später nach Amerika, um dort ein Jahr lang über 100 Stotterer, Sprachtherapeuten und Forscher zu interviewen. Zweifellos hoffte ich anfangs, irgendeine Zaubertherapie zu finden. Zu meinem Glück fand ich mehr, als ich mir je hätte träumen lassen.

Drei Jahre später verkaufte ich mein Buch an Simon and Schuster, und ›Out With It – How Stuttering Helped Me Find My Voice‹ wurde ein autobiografisches Werk, in dem ich meinen eigenen verwirrenden Weg nachzeichnete – wie ich lernte, mich selbst zu akzeptieren – und eine einzigartige menschliche Situation erforschte.

In dem Jahr, in dem ich die Interviews führte, lernte ich auch meinen jetzigen Verlobten kennen und unterstützte ihn bei der Gründung eines Unternehmens – ExchangeMyPhone –, das Mobiltelefone recycelt.

Häufig hatte ich Heimweh nach den Freunden und Familienangehörigen, die ich in England zurückgelassen hatte. Ein Karrierestart als Buchautorin und die Gründung eines Unternehmens aus dem Nichts sind mit viel Stress und Nervenanspannung verbunden. Ebenso aufregend und erfüllend ist es, wenn das Abenteuer schließlich gelingt. Um die Welt zu reisen, von 100 Fremden zu lernen, meinen Freund kennenzulernen und mit ihm durchs ganze Land zu reisen … es war das beste Jahr meines Lebens.«

▶▶ »Sicherheit ist überwiegend ein Aberglauben. Weder existiert sie in der Natur, noch kommen die Menschenkinder insgesamt in ihren Genuss. Gefahrenvermeidung ist auf lange Sicht kein sichereres Rezept als die direkte Konfrontation mit der Gefahr. Das Leben ist entweder ein wagemutiges Abenteuer oder nichts.«
Helen Keller – Autorin

Fazit – Abenteuer

Unsere Leben sind so voll. Da passiert es sehr leicht, dass wir manisches Beschäftigtsein mit Erfüllung verwechseln. Es ist wichtig, dass Sie Abstand zum Alltag gewinnen, um wieder ein Gefühl für die Möglichkeiten zu bekommen. Wer sich auf ein Abenteuer einlässt, kommt verändert zurück. Manche Menschen stellen bei dieser Gelegenheit fest, dass ihre Welt, so wie sie ist, gar nicht so schlecht ist und dass sich ein Leben im Abenteuer nicht für sie eignet. Anderen fällt nach der Rückkehr von einer Reise besonders deutlich auf, wie eng ihr voriges Leben war.

Als wir aus der Tretmühle unserer Jobs ausstiegen, halfen uns Abenteuer auf zweierlei Weise.

Zum einen haben wir viel über die Heldentaten anderer Leute gelesen, haben anregenden Berichten gelauscht und sind gelegentlich den Abenteurern selbst begegnet. Die Erkenntnis, dass normale Menschen zu so erstaunlichen Dingen fähig sind, war für uns sehr wichtig. So gesehen sind die verrückten Abenteuer anderer Menschen nichts, was Sie eins zu eins kopieren müssen, sondern einfach eine Metapher dafür, was im Leben möglich ist.

Zum anderen aber hat uns geholfen, dass wir selbst Abenteuer unternommen haben. Al Humphreys berichtet von Mikroabenteuern (Erfahrungen nicht weit von zu Hause, von kurzer Dauer und erschwinglich – Dinge, die einem normalerweise schlicht nicht in den Sinn kommen).

In wechselnder Besetzung unternahmen wir eine ganze Reihe von Abenteuerreisen (von denen keine für sich genommen besonders bemerkenswert war, die aber in ihrer Summe unser Leben veränderten): Radfahren in Spanien, Kajakfahren in Portugal, Kanufahren in Kanada, Radfahren in Paris, bei Nacht durch die South Downs laufen …

Der Perspektivwechsel, zu dem uns diese kleinen Erlebnisse verhalfen, war höchst wertvoll. Keine der Reisen hatte direkt mit unserem Ausstieg zu tun. Aber diese Miniausstiege stärkten unseren Mut für den großen Ausstieg. Das Gras ist deswegen vielleicht nicht grüner, aber das wissen Sie nicht, solange Sie nicht über Ihre Bürozellenwände hinausgeblickt haben!

▶▶ »Nicht alle, die wandern, sind verloren.«
J. R. R. Tolkien

KAPITEL 8

Gründen Sie Ihr eigenes Unternehmen

Das ist die Ausstiegsroute, die uns dreien am vertrautesten ist – den bisherigen Job kündigen und ein Unternehmen gründen. Auf den folgenden Seiten beschreiben wir, was wir gelernt haben, als wir mit sehr wenig Erfahrung unser eigenes Unternehmen auf die Beine stellten. Wir wollen Ihnen zeigen, was Sie aus unserer Geschichte lernen können und wie wir es anstellen würden, wenn wir noch einmal von vorn beginnen müssten.

Im Nachhinein erscheint vieles an unserer Escape-the-City-Geschichte folgerichtig. Zu Beginn jedoch hatten wir große Befürchtungen. Wir hatten keine wirkliche Vorstellung von der Ausgestaltung unseres Geschäftsmodells. Wir ahnten lediglich, dass es der richtige Weg wäre, eine Community um diese Idee herum zu gründen. Wir hatten keine unternehmerische Erfahrung, wenig Onlineerfahrung und nur begrenzt Geld. Wir hatten keinen detaillierten Plan, aber wir wussten sehr genau um das Problem, das wir lösen wollten. Wir hatten eine Mission; die Details kamen dann erst allmählich hinzu.

Die Gründung eines eigenen Unternehmens hört sich für viele Menschen nach dem perfekten Ausstieg an. Jetzt bestimmen Sie selbst, wann Sie arbeiten, an was Sie arbeiten und mit wem. Anders als in den meisten Angestelltenjobs verdienen Sie – so steht es jedenfalls zu wünschen – desto mehr, je mehr Sie arbeiten. Daneben gibt es jedoch auch die Vorstellung, dass ein eigenes Unternehmen mit großen Risiken verbunden ist. Manche Statistiken besagen, dass neun von zehn Start-ups scheitern. Allein in

Großbritannien gibt es 2,4 Millionen Kleinunternehmer. Sie alle verdienen sich ihren Lebensunterhalt damit, dass sie etwas Eigenes auf die Beine stellen. Lassen Sie sich nicht entmutigen. Neue Unternehmen entstehen an allen Ecken und Enden.

Dieses Kapitel ist keine idiotensichere Anleitung für Unternehmensgründer. Es enthält vielmehr eine Reihe von Beobachtungen darüber, was jemand beachten sollte, der den Weg der Unternehmensgründung einschlagen möchte. Er kann das aus der Sicherheit seines bestehenden Jobs heraus tun, oder er kann all seine Kraft und Zeit in das neue Projekt stecken. Wie bei allem, was mit Karriere und Geschäft zu tun hat, gibt es auch hier keinen Werkzeugkasten und keine Blaupausen. Sie können von den Besten lernen und dennoch scheitern. Es gibt Best Practices und bekannte Fallen. Wir werden auf den folgenden Seiten einiges von dem zusammenfassen, was Sie vernünftigerweise tun können, wenn Sie im Rahmen Ihres Ausstiegs ein Unternehmen gründen wollen.

▶▶ »Wenn Sie nicht Ihren Traum verwirklichen, kommt ein anderer und bezahlt Sie dafür, dass Sie seinen Traum verwirklichen.«
Tony Gaskins – Autor und Vortragsredner

esc Warum ein Unternehmen gründen?

Noch vor zehn Jahren wäre so etwas wie Escape the City unmöglich gewesen. Niemals zuvor stand so vielen Menschen die Möglichkeit offen, ein Unternehmen zu gründen. Die dazu erforderlichen Werkzeuge unterliegen einem unglaublichen Demokratisierungsprozess, und auch der Kapitalbedarf sinkt unaufhörlich.

Das bedeutet, dass jeder, der eine Idee hat und die nötige Entschlossenheit mitbringt, irgendetwas auf die Beine stellen kann. Es bedeutet nicht, dass jeder erfolgreich sein eigenes Unternehmen gründen kann – leider ist der kommerzielle Erfolg heute ebenso hart umkämpft wie eh und je. Noch immer müssen Sie dazu etwas herstellen, was der Markt will. Noch immer müssen Sie die Fallen vermeiden, in die junge Unternehmer nur allzu leicht hineingeraten.

Die Gründung eines Unternehmens ist Ihre Chance, sich Ihre perfekte Welt zu bauen. Sie können nach eigenen Vorstellungen arbeiten und planen. Nie mehr müssen Sie Ihre wenigen Urlaubstage lange im Voraus bei der Personalabteilung beantragen. Nie mehr setzen Ihnen Vorgesetzte willkürliche Fristen. Nie mehr müssen Sie Ihre Abende opfern, weil ein viel beschäftigter Partner Sie bittet, seine PowerPoint-Folien für ihn umzuformatieren. Es gibt keine Regeln!

Sie arbeiten, woran Sie wollen und wann Sie wollen. Sie sagen zu einigen Projekten Nein und zu anderen Ja. Sie können an einem Montagabend bis drei Uhr in der Nacht arbeiten, wenn Sie wollen. Aber ebenso können Sie an irgendeinem Mittwochvormittag ohne Gewissensbisse freinehmen. Auf den folgenden Seiten wird sich zeigen, dass nicht alles eitel Sonnenschein ist, aber wenigstens entscheiden Sie selbst, wie Sie Ihr Leben gestalten.

Gründen Sie ein Unternehmen, weil Sie es satthaben, Ihre professionellen oder finanziellen Fähigkeiten in den Dienst anderer Unternehmen oder Personen zu stellen. Gründen Sie ein Unternehmen, weil Sie etwas erschaffen wollen. Gründen Sie ein Unternehmen, weil Sie selbst darüber bestimmen wollen, wie Sie Ihren Lebensunterhalt verdienen. Oder gründen Sie ein Unternehmen, um keinem Vorgesetzten mehr Rechenschaft ablegen zu müssen.

▶▶ »Es gibt kein Rehaprogramm für Menschen, für die die Freiheit zur Droge geworden ist. Nachdem Sie einmal gesehen haben, wie es sich auf der anderen Seite lebt, wünsche ich Ihnen viel Glück bei dem Versuch, jemals wieder anderer Leute Regeln zu befolgen.«
Chris Guillebeau – *Startup!*

`esc` Vermissen Sie etwas?

Wir brauchten ein Jahr, bis wir auf die Idee mit Escape the City kamen. Vorher hatten wir eine ganze Reihe von zum Teil reichlich absonderlichen Ideen gewälzt: die Arbeitshemdenverleihfirma, der Lieferservice für Erste-Hilfe-Sets gegen Wochenendkater, die speziell für Gespräche optimierte Bar. Es war anregend und frustrierend zugleich – weil wir nicht das Gefühl hatten, dass irgendeine dieser Ideen realisierbar wäre. Zumindest nicht für uns mit unserer begrenzten Geschäftserfahrung und unseren beschränkten Mitteln.

Sorgen Sie sich nicht, wenn Sie nicht sofort eine Geschäftsidee haben – oder wenigstens keine tragfähige. Wichtig ist, dass Sie weiter Ideen erzeugen. Es muss keineswegs etwas sein, an das noch niemand gedacht hat. Kopieren Sie die besten Teile bestehender Geschäftsmodelle und wenden Sie sie auf die von Ihnen gewählte Branche, Gegend oder Idee an. Jeder orientiert sich in gewisser Weise an dem, was andere machen. Der Blogger und Autor James Altucher ist überzeugt, dass Sie Ihre Ideenmuskeln trainieren sollten – die Beschäftigung mit Ideen führt zu neuen Ideen. Lesen Sie seinen hervorragenden Blogbeitrag »How to Become an Idea Machine« auf http://bit.ly/RckO0E.

Die beste Möglichkeit, Geschäftsideen zu entwickeln, besteht darin, sich selbst zu fragen: Welches Angebot, das es nicht gibt, würde ich mir wünschen? Was vermisse ich auf dem Markt? Das ist aus mehreren Gründen ein guter Tipp. Wenn Ihnen ein Problem einfällt, von dem Sie sich wünschen würden, dass es ein Unternehmen gäbe, das es für Sie löst, dann stehen die Chancen gut, dass es auch anderen Menschen so geht. Wenn Sie ein Produkt oder eine Dienstleistung entwerfen und selbst der ideale Kunde sind, werden Sie im Frühstadium, in dem Sie Entscheidungen größtenteils aus dem Bauch heraus treffen, mehr Dinge richtig machen.

Sie brauchen nicht Einstein zu sein, um zu erraten, woher die Idee von Escape the City stammt. Wir waren zunehmend frustriert, weil es anscheinend keine vernünftigen Wege (andere Jobs, Selbstständigkeit) gab, die uns aus der Mainstream-Unternehmenswelt herausbringen konnten. Wir schauten uns unsere Bürozellennachbarn an. Viele von ihnen sahen exakt aus wie wir – in ihren Zwanzigern oder Dreißigern, gute Abschlüsse, gute Ausbildung, ambitioniert und potenziell extrem leidenschaftlich … aber zunehmend verschlissen von der Monotonie der Großfirmenwelt.

Wir begriffen, dass wir bei Weitem nicht die Einzigen mit diesem Problem waren. All diese Menschen würden möglicherweise mit Interesse aufhorchen, wenn wir ihnen die Möglichkeit eröffneten, der grauen Trostlosigkeit des Firmenjobs zu entfliehen und etwas Eigenes aus ihrem Leben zu machen.

Das ist unser bester Rat für die Entwicklung eigener Geschäftsideen – lösen Sie ein Problem. Erzeugen Sie viele Ideen. Erkunden Sie sie, ohne gleich alles zu riskieren. Die Idee, die Sie über Monate verfolgt und die Sie sich nicht aus dem Kopf schlagen können, ist vermutlich die eine, die es wert ist, weiterverfolgt zu werden.

Wir wissen deswegen so genau, was wir mit unserem Unternehmen erreichen und wem wir damit helfen wollen, weil wir dieses Problem selbst am eigenen Leib erfahren haben. Und das ist auch der Grund, warum uns Tausende Mitglieder vertrauen. Wir sind keine gewöhnliche kommissionsgierige Vermittlungsagentur und auch keine geschäftsbeflissenen Karrieregurus – unsere Geschichte ist die unserer Mitglieder.

Eine gute Idee zu haben, heißt jedoch noch nicht, dass Sie der Richtige sind, um sie umzusetzen. Adele, die fantastische Community-Managerin von Escape the City, führt erfolgreiche Start-ups auf vier Zutaten zurück: Frust, Überzeugung, Zeit und Fähigkeiten. Was frustriert Sie in der Welt so sehr, dass Sie es besser machen möchten? Wo juckt es Sie? Sind Sie hinreichend überzeugt, dass dieses Problem einer Lösung bedarf und dass Sie derjenige sein wollen, der diese Lösung bereitstellt?

Adele berichtete uns, dass fast jeder MBA-Student irgendein Unternehmen gründen möchte, aber dass die wenigsten eine Idee finden, die sie wirklich packt. Selbst wenn sie die Fähigkeiten (und die Zeit) haben, ein Unternehmen zu gründen, gelingt es ihnen nicht, herauszufinden, was genau sie frustriert. Ohne Frust keine Überzeugung. Ohne Überzeugung kein Schwung.

Andererseits weiß Adele auch von Freunden zu berichten, die Frust und Überzeugungen en masse haben: Den meisten von ihnen fehlt jedoch die Fähigkeit, Projekte umzusetzen und die Probleme, die sie frustrieren, aktiv anzugehen. Oder sie haben, sagt Adele, nicht die Zeit, um die erforderlichen Fähigkeiten zu entwickeln, weil sie so sehr damit beschäftigt sind, an sich selbst zu arbeiten.

Adele schlägt vor, dass Sie Ihren Frust gefühlsmäßig registrieren und dieses Gefühl anschließend in die Überzeugung verwandeln, dass Sie daran etwas ändern wollen. Anschließend versuchen Sie, sich Zeit zu nehmen, um die erforderlichen Fähigkeiten zu entwickeln.

Manche Menschen behaupten, jedes neu gegründete Unternehmen sollte bemüht sein, Dinge (1) einfacher, (2) billiger oder (3) besser zu machen. Anderen zufolge sollte Ihre Idee drei Bedingungen erfüllen: Sie sollte (1) Ihnen Spaß machen, (2) etwas sein, in dem Sie gut sind, und (3) etwas sein, für das die Leute Geld auszugeben bereit sind.

Wir sagen: Lösen Sie ein echtes Problem – der Rest wird sich auch noch einstellen.

▶▶ »Machen Sie etwas überraschend anderes. Möchtegern-clevere und -intelligente Apps und Websites gibt es ohne Ende, aber viele haben das Wichtigste nicht begriffen. Lösen Sie ein echtes Problem, zeigen Sie Persönlichkeit, verwerfen Sie den Status quo, seien Sie anders, seien Sie besonders, verändern Sie etwas, lernen Sie Neues ...«
Mikey Howe – Escape the City

esc Ideen sind billig, auf die Umsetzung kommt es an

Man hört immer wieder Menschen sagen, dass sie mit Sicherheit ihren Job aufgeben würden, um etwas Eigenes aufzuziehen – wenn ihnen nur die »eine richtig gute Idee« dazu einfiele. Das ist ein Mythos. Die Wahrscheinlichkeit ist groß, dass Sie nicht der Erfinder der nächsten Katzenaugen, Klettverschlüsse oder Haftnotizen sein werden. Sie müssen auch keinen Dyson-Staubsauger erfinden, um eine gute Geschäftsidee zu haben.

Schauen Sie sich die zig Millionen Unternehmen um Sie herum an. Kopieren Sie, was funktioniert. Nur weil Sie nicht das nächste Facebook erfinden werden, heißt das noch nicht, dass Sie nicht auf der Grundlage existierender Beispiele etwas Vernünftiges auf die Beine stellen können. Machen Sie es anders oder besser (schneller, billiger oder unterhaltsamer). Das Warten auf die »eine Idee« ist eine Ausrede, weil es diese eine Idee vielleicht niemals geben wird.

Die meisten Geschäftsmodelle wurden bereits erdacht oder sind längst praktisch erprobt. Gehen Sie innovativ an Ihre Marke, Ihr Marketing und Ihre Botschaft heran … aber machen Sie sich klar, dass Ihr zentrales Geschäftsmodell nicht radikal neu zu sein braucht. Escape the City ist ein professionelles soziales Netzwerk rund um eine bestimmte demografische Gruppe. Unser Konzept mag originell sein, aber unser Geschäftsmodell ist altbewährt.

▶▶ »Es ist so lustig, wenn ich Leute höre, die so viel Angst haben, dass man ihnen ihre Idee klaut. Für mich sind Ideen nichts wert, bevor sie nicht umgesetzt werden [...]. Die brillanteste Idee ist ohne Umsetzung gerade einmal 20 US-Dollar wert [...]. Ich will die Ideen der Leute nicht hören. Ich bin erst dann interessiert, wenn ich sehe, wie sie umgesetzt werden.«
Derek Sivers – Gründer von CD Baby

esc Weg mit dem Geschäftsplan

Die Versuchung, vor oder während Ihrer geschäftlichen Aufbauphase einen 50-seitigen Businessplan zu schreiben, ist groß. Sie fühlen sich verantwortlich, alle Szenarien zu antizipieren und sich dafür zu rüsten. Sie wenden alle Ihre erlernten Fähigkeiten an – und stärken damit Ihre Zuversicht.

Das Problem dabei: Jeder Tag, an dem Sie an Ihrem Geschäftsplan feilen, ist wieder ein Tag, an dem sich in der realen Welt nichts tut. Niemand weiß von Ihrem Geschäft. Sie testen keine Ihrer zentralen Annahmen. Das Einzige, was passiert, ist, dass Sie selbst sich besser fühlen. Natürlich sind Pläne nützlich, aber Sie können keinen echten Plan machen, solange Sie keine echten Marktdaten gesammelt haben.

Vielleicht müssen Sie eine große Investition tätigen oder eine große Partnerschaft unter Dach und Fach bringen, bevor Ihr Unternehmen starten kann. Möglicherweise denken Sie, dass die anderen Beteiligten stapelweise Papier sehen wollen, um sicherzugehen, dass Sie alles bedacht haben. Aber wollen Sie überhaupt mit Leuten zusammenarbeiten, die von Ihnen eine solche Zeitverschwendung verlangen? Wie wäre es stattdessen mit einer Kurzbeschreibung von einer Seite, einem Prototyp, einem Kundenfeedback oder einem anderen echten Beweis dafür, dass Sie in der Lage sind, das, was Sie tun wollen, auch durchzuziehen?

Wir sprachen bereits darüber, wie wichtig es ist, Ihren Karrierewechsel als ein Start-up zu betrachten. Hier kommt dieser Vergleich jetzt voll zum Tragen. Anstatt Jahre und Unmengen Geld zu verschwenden, um schließlich festzustellen, dass Ihr Geschäftsmodell nicht trägt, sollten Sie Ihre Hypothese nach der Lean-Start-up-Methode testen. Entwickeln Sie anstelle Ihres Produkts Ihre Kunden. Wenden Sie das auf Ihr Geschäftsmodell an. Lesen Sie *Lean Startup* von Eric Ries. Die Kernbotschaften sind extrem wichtig. Beherzigen Sie Steve Blanks Tipp: »Kein Geschäftsplan überlebt den ersten Kundenkontakt.« (Eine gute Einführung finden Sie, wenn Sie »Steve Blank Udacity course« googeln.)

Wenn Sie unsicher sind, ob Ihre Geschäftsidee funktionieren wird, sollten Sie lieber echte Tests durchführen, als Geschäftspläne zu verfassen, die lediglich Ihre Vermutungen widerspiegeln. Bekämpfen Sie Ihre Angst damit, dass Sie Ihre Idee den Leuten vorstellen, deren Probleme Sie mit Ihrer Idee zu lösen gedenken. So können Sie viel über eine potenzielle Geschäftsidee in Erfahrung bringen, ohne jemals PowerPoint zu öffnen.

▶▶ »Geschäftspläne sind Firlefanz. Was die Leute wollen, wissen Sie erst, wenn Sie damit loslegen.«
Derek Sivers – Gründer von CD Baby

esc Start-up-Finanzierung

Wir wollen hier nichts beschönigen; ein eigenes Unternehmen zu starten, ist harte Arbeit. Machen Sie sich im Voraus klar, wie Ihr Leben aussehen wird. Wie jeder Karrierepfad – vom Investmentbanking bis zum karitativen Einsatz in Afrika – ist auch die Gründung eines Start-ups mit vielen Vorteilen und einigen Opfern verbunden. Zu den wichtigsten gehört die Sorge ums Geld. Vielleicht werden Sie eine Weile lang arm sein. Darauf sollten Sie gefasst sein, wenn Sie wirklich etwas Eigenes zuwege bringen wollen.

Unten finden Sie eine kurze Zusammenfassung unserer Erfahrungen mit dem Finanzierungsproblem, nachdem wir unsere Unternehmensjobs an den Nagel gehängt hatten.

Bedenken Sie, dass es sich hierbei um unsere persönlichen Erfahrungen mit Escape the City handelt. Lassen Sie sich von Ihrer Intuition leiten. Geben Sie nicht auf. Das Geldthema kann sehr viel Energie abziehen und vom übrigen Unternehmensbetrieb ablenken. Ablehnung tut weh. Sprechen Sie mit anderen, aber denken Sie immer daran, dass auch deren Tipps von persönlichen Erfahrungen geprägt sind.

Plan A – aus eigener Kraft

Bleiben Sie in Ihrem Job und starten Sie Ihr Unternehmen aus der Sicherheit eines monatlichen Gehalts heraus. Sparen Sie weiter für Ihr Ausstiegsbudget. Vermutlich benötigen Sie für den Anfang keine zusätzlichen Mittel – zumindest, solange es sich um etwas handelt, das keine große Startfinanzierung benötigt. Natürlich gibt es Produktideen, bei denen allein schon die Erstellung eines Prototyps sehr kostenintensiv ist; aber wann immer möglich, sollten Sie auf eine externe Finanzierung verzichten.

Wenn Sie Ihr Unternehmen starten, müssen Sie sich um Ihr persönliches Bankkonto kümmern, bevor überhaupt an irgendwelche Gehaltszahlungen vom Geschäftskonto oder anderen Quellen zu denken ist. Beantworten Sie also zuerst diese Frage: »Wie finanziere ich mich selbst?« (Denken Sie an den Tipp mit der »Lücke« im Kapitel zur Geldfrage.) Sie können heutzutage mit weniger als 1000 britischen Pfund ein Unternehmen gründen. Sie können eine Website gestalten, Ihre Idee kommunizieren und erste Bestellungen für ein Produkt entgegennehmen, das vorläufig noch nicht einmal zu existieren braucht.

Die beste Art, ein Unternehmen eigenständig zu finanzieren, besteht darin, sich für etwas bezahlen zu lassen; das Unternehmen wächst dann organisch aus den erzielten Einkünften. Knauserigkeit hilft. Ein Unternehmen zu starten, kostet heute (vor allem online) nichts mehr: kein Büro, keine Angestellten, keine PR-Firma, keine Anwälte, keine Markenpolitik, keine unnötigen Extras. Machen Sie es, so lange Sie können, aus eigener Kraft. Seien Sie kreativ. Wir bezahlten unsere erste Website mit den Eintrittsgeldern einer Vortragsveranstaltung mit 600 Besuchern im Zentrum Londons.

Plan B – unabhängige externe Quellen
Setzen Sie so viel Eigenkapital ein, wie Sie können. Langfristig, wenn Ihr Unternehmen erfolgreich ist, wird Ihre Teilhabe mehr wert sein als das Geld, für das Sie in den Anfängen Ihre Anteilsscheine verkauft haben. Natürlich ist das nicht immer möglich; dann aber gibt es andere Möglichkeiten, Bargeld in das Unternehmen zu bringen, als Anteile an Business Angels oder Risikokapitalgeber zu verhökern.

1. **Bringen Sie neue Partner in das Unternehmen** – bitten Sie sie, sich einzukaufen. Das Unternehmen gewinnt auf diese Weise Bargeld und ein neues Teammitglied.

2. **Beschaffen Sie sich einen Bankkredit** – wir bekamen mit wenigen Mausklicks einen Barclays-Geschäftskredit über 20 000 britische Pfund. Auf diese Weise gewannen wir einige wertvolle Monate, in denen wir das Team vergrößern konnten.

3. **Schauen Sie sich nach Gründerzentren um** – manche geben Ihnen Bargeld für eine Beteiligung. Sie erhalten Rat, Unterstützung, Räumlichkeiten und Kontakte zu ebensolchen Start-ups wie Sie selbst, mit denen Sie den Weg gemeinsam zurücklegen können.

4. **Kümmern Sie sich um Fördermittel** – es gibt viele Unterstützungsangebote für Ideen mit positiven gesellschaftlichen Auswirkungen; staatliche Stellen vergeben häufig Fördermittel für Hightechprodukte.

5. **Schnorrer-»Crowdfunding«** – beschaffen Sie sich Geld, ohne auf Anteile zu verzichten. Kickstarter steht seit Juni 2012 auch Projekten aus Großbritannien offen. Emilie Holmes sammelte vor Kurzem 15 000 britische Pfund für ihren »Good & Proper Tea«-Transporter (wozu auch Rob und Dom mit zehn Pfund beitrugen!).

6. **Freunde und Familie** – häufig bekommen Sie die besten Konditionen von Menschen, die Sie schon Ihr ganzes Leben lang kennen. Sie sind eher bereit, Sie schon in einem sehr frühen Stadium zu unterstützen. Achten Sie darauf, dass Sie keinen Anlass für spätere Missverständnisse geben, falls es sich um eine informelle oder mündliche Vereinbarung handelt.

Plan C – Crowdfunding

Im Juli 2012 sammelten wir von 395 unserer Escape-the-City-Mitglieder 600 000 britische Pfund ein, indem wir über eine in Großbritannien angesiedelte Plattform namens www.crowdcube.com echte Anteile verkauften. Wichtig war, dass wir unseren eigenen »Schwarm« mitbrachten. Ohne eigenen Interessiertenstamm wird es Ihnen schwerer fallen, ein solches Konzept durchzuziehen. Außerdem ist die Wahrscheinlichkeit, dass die Finanzierung auf diesem Wege gelingt, größer, wenn es sich um ein reales Unternehmen (mit einer Marke, Einkünften und Kunden) handelt.

Gegenwärtig gibt es in Großbritannien zwei große Anbieter nämlich: www.seedrs.com und www.crowdcube.com. Das Crowdfunding steckt in Großbritannien und den USA noch in den Kinderschuhen, und noch sind nicht alle Kinderkrankheiten ausgestanden. Sprechen Sie mit den Websitebetreibern über behördliche Genehmigungsfragen, den Ablauf des Einzahlungsprozesses und andere potenzielle Verzögerungsgründe.

Offensichtlich ist es beim Crowdfunding wichtig, die magische Grenze von 40 Prozent zu erreichen. Laut Darren Westlake, CEO von Crowdcube, ist das die Schwelle, von der an die Eigendynamik entsteht, die für das Erreichen der 100-Prozent-Marke nötig ist – Stichwort sozialer Beweis und so weiter. Können Sie Ihrem Anliegen den Anschein von Einmaligkeit geben? Zusagen sammeln, bevor es offiziell losgeht, um quasi eine Art Warteschlange zu erzeugen? Auch das ist sicherlich schwierig, solange Sie nicht Ihren eigenen großen »Schwarm« mitbringen.

Versuchen Sie, wenn möglich, einige größere Investoren hinzuzuziehen. Das hilft Ihnen, Schwung in die Sache zu bringen und von der beängstigenden Null-Prozent-Marke wegzukommen. Achten Sie darauf, dass Ihre Beschreibungen und F&As glasklar formuliert sind. In Großbritannien bieten Enterprise Investment Scheme (EIS) und Seed Enterprise Investment Scheme (SEIS) attraktive Steueranreize für Privatinvestoren. Wir verkauften unseren Schwarminvestoren B-Anteile – sie haben genau die gleichen Rechte wie A-Anteilseigner, jedoch ohne Stimmrecht auf den Jahreshauptversammlungen.

Crowdcube lässt gegenwärtig keine Unterscheidung zwischen Vor- und Nachher-Geldwertbestimmung zu. Sie können nur einen Wert angeben, und das ist die Post-Geldwertbestimmung. Das bedeutet: Wenn Sie Ihre Runde nach Erreichen der 100-Prozent-Marke noch fortführen wollen, müssen Sie etwas mehr für das zusätzliche Eigenkapital bezahlen, als wenn der Mechanismus von Vor- und Nachher-Geldwertbestimmung zur Verfügung stünde.

Sie müssen in Großbritannien eine Crowdfunding-Plattform verwenden, weil es gesetzlich untersagt ist, ohne die behördliche Financial-Services-Autorisierung (FSA) öffentlich Investments anzubieten. Es gibt zwei interessante Beispiele von Unternehmen, die in Großbritannien ohne Verwendung einer Crowdfunding-Website Investitionen eingeworben haben. Trampoline Systems bat die Investoren, sich selbst als »High Net Worth Individuals« zu qualifizieren (siehe http://crowdfunding.trampolinesystems.com/). Brewdog ließ sein Investitionsangebot von einem FSA-autorisierten Wirtschaftsprüfer genehmigen (siehe http://www.brewdog.com/equityforpunks).

Sie sollten aus unserer Sicht zunächst versuchen, Ihre Unternehmung selbst auf die Beine zu stellen. Wir haben fast drei Jahre lang von den eigenen Mitteln gelebt, bis wir mittels Crowdfunding externes Kapital hinzugezogen haben. Gehen Sie den Weg der externen Kapitalbeschaffung erst dann, wenn Sie Ihre Unternehmung aus eigener Kraft so weit wie nur möglich gebracht und einen klaren Plan davon haben, was Sie mit dem zusätzlichen Geld machen wollen. (Wenn Sie es benötigen, um zu überleben, könnte das ein Warnsignal sein.)

Mehr über unsere Crowdfundinggeschichte können Sie hier lesen: http://www.startups.co.uk/why-one-startup-shunned-the-city-and-turned-to-the-crowd.html.

Plan Z – Risikokapital / Business-Angel-Investment
Es wäre ein Irrtum, zu glauben, eine Unternehmung lasse sich nur mit Risikokapital und der Hilfe von sogenannten Business Angels finanzieren. Damit können Sie zwar auf einen Schlag mehr Geld einwerben, jedoch sind die Erfolgschancen geringer. Auf jedes erfolgreich mit Risikokapital oder Angel-Geldern finanzierte Unternehmen kommen mindestens fünf, bei denen der Erfolg zu wünschen übrig lässt. Und auf jedes mit Risikokapital oder Angel-Geldern finanzierte Unternehmen kommen Dutzende unabhängiger, organisch gewachsener und verantwortlich geführter Unternehmen.

Um Risikokapital zu bekommen, muss bereits ausreichend Schwung in der Sache sein. Risikokapitalgeber wollen Demos, Prototypen, Teams, Leitungsgremien, Nutzer, Technologie, Einkünfte, Kunden und Wettbewerbsvorteile sehen. Sie finanzieren nur selten Ideen, es sei denn, Sie haben bereits zuvor erfolgreiche Unternehmungen gestartet. Nicht viele Personen erhalten Risikokapital. Und die Einwerbung von Geld lenkt massiv vom Aufbau des Unternehmens ab. Es ist sehr schwer und kann ziemlich entmutigend sein. Seien Sie darauf gefasst und legen Sie sich eine dicke Haut zu. Nur die wenigsten Menschen haben damit Erfolg. Lassen Sie sich nicht entmutigen. Konzentrieren Sie sich vor allem auf eine klare Kommunikation.

Erzählen Sie den Investoren nicht nur, was diese hören wollen. Erzählen Sie ihnen, wie groß das Unternehmen, das Sie auf die Beine stellen wollen, tatsächlich sein soll. Groß ist nicht besser; besser ist besser. Sehen Sie sich also nicht genötigt, ein 500-Millionen-Pfund-Unternehmen aufzubauen, es sei denn, Sie wollen es wirklich. Definieren Sie »Erfolg« für Ihr Unternehmen: Wie groß, wie viel Gewinn, wie viele Beschäftigte, welche Bewertung? Machen Sie sich klar, ob Ihre Vision von Ihrem Unternehmen für Risikokapitalgeber interessant ist (in Anbetracht der Exits / Bewertungen, die diese benötigen). Sie müssen eine große Vision anbieten, um Risikokapitalgeber hinterm Ofen hervorzulocken. Achten Sie jedoch darauf, dass es auch Ihre Vision bleibt.

Risikokapitalgeber bilden einen kleinen Klub, zu dem nicht viele Zugang bekommen. Lassen Sie sich nicht abwimmeln. Belassen Sie es nicht beim Pitch. Bitten Sie stattdessen um Treffen / Chats / Demos / Kaffee. Es passiert viel zu leicht, dass ein formeller Pitch verunglückt. Es ist ein Zahlenspiel – nicht anders als bei Jobinterviews. Je mehr Gespräche Sie führen, desto besser werden Sie. Und je mehr Leute Sie sprechen, desto größer ist die Chance, dass Sie auf jemanden treffen, der (a) Ihre Sprache spricht und (b) die Welt ähnlich sieht wie Sie.

Verbiegen Sie sich nicht für potenzielle Investoren – entwerfen Sie die Dokumentation, die Sie zeigen wollen. Lehnen Sie Anfragen nach anderen Formen der Datenaufbereitung ab. Sie haben schlicht nicht die Zeit, und vermutlich ist es das auch nicht wert. Im Idealfall sind Sie nicht darauf angewiesen. Es ist wie Dating oder jedes andere Katz-und-Maus-Spiel. Je weniger Sie die Investition benötigen, desto attraktiver erscheinen Sie. Verlassen Sie sich auf Ihre eigenen Kräfte, erzielen Sie Einkünfte, schaffen Sie Nachhaltigkeit.

Verbeißen Sie sich nicht in Ihre Dokumentation (Sie werden es tun, wie wir alle, aber es sei trotzdem erwähnt!). Formulieren Sie Ihren Fahrstuhl-Pitch: »Wir wollen [dieser Kundschaft] dabei helfen, [dies] zu tun. Wir sehen den unverwechselbaren Wert unseres Produkts oder unserer Dienstleistung in [diesem Feature]. Wir glauben, dass wir [auf diese Weise] damit Geld verdienen können.« Bringen Sie Ihren Plan auf eine Kurzformel: »So viel brauchen wir, das werden wir damit tun, und so viel werden wir bis zum Ende dieser Periode geschafft haben.«

Verhandeln Sie nicht lange. Wenn es gute Investoren sind, werden Bewertung und prozentualer Anteil fair ausfallen (hüten Sie sich lediglich vor Hackentricks wie dem Option Pool Shuffle). »Wie lautet Ihre Bewertung?« ist im Prinzip eine Trickfrage. Sie geben zwischen 25 und 35 Prozent Ihres Unternehmens ab, und der Geldgeber entscheidet, ob er Ihren Plan finanziert oder nicht. Die Bewertung ist der Multiplikator dieser zwei Zahlen.

Wo finden Sie Investoren? Über Empfehlungen. Werden Sie niemals ohne Empfehlung vorstellig. Es ist ein bisschen wie Schatzsuche. Beginnen Sie mit Ihrem Netzwerk, und hangeln Sie sich dann durch LinkedIn, Twitter und die Angel-Investment-Netzwerke. Bislang weniger üblich ist das Gespräch mit Wirtschaftsprüfern, Anwälten, Vermögensverwaltern und Fondsmanagern. Sie alle haben häufig Kunden, die daran interessiert sein könnten, einen Teil ihres Portfolios in riskantere Anlagen zu investieren. Zahlen Sie niemals für die Möglichkeit zu pitchen. Die anderen haben das Geld. Wenn Sie an einer Finanzierung mit Risikokapital oder Angel-Geldern interessiert sind, fangen Sie am besten auf folgenden Seiten an zu lernen: AVC.com, Both Sides of The Table, Angel.co, Venture Hacks.

Risikokapitalgeber und Business Angels sind keine Übeltäter, aber Sie müssen das Spiel verstehen, das sie spielen. Natürlich wollen sie, dass Sie erfolgreich sind, aber damit dieser Weg funktioniert, müssen Sie eine klare Vision vermitteln. Es wird eine Reise von fünf, sieben oder zehn Jahren, an deren Ende Erfolg oder Scheitern steht. Der Spielraum für den Aufbau eines Unternehmens in eher bescheidener Größe wird geringer, und Sie geben viel Kontrolle ab, wenn Sie sich auf diese Art von Handel einlassen. Diese Leute investieren in Unternehmungen, die das Zeug für einen massiven Bewertungszuwachs haben. Aus den Wahrscheinlichkeitsgesetzen folgt, dass die Mehrzahl dieser Investitionen ihre Ziele nicht erreicht. Sie müssen entscheiden, ob (a) die Größe Ihrer Vision in das Beuteschema von Risikokapitalgebern und Business Angels passt und ob (b) die geringe Chance auf den Riesengewinn das ist, was Sie wollen.[1]

▶▶ »Zerbrechen Sie sich nicht den Kopf über eine Finanzierung, wenn Sie keine benötigen. Heute ist es billiger denn je, eine Unternehmung zu starten.«
Noah Everett – Gründer von Twitpic

esc Schaffen Sie Bedeutung

Sie haben also das Problem identifiziert, das Sie mit Ihrer Unternehmung lösen wollen, und sind dabei, Ihr Start-up auf die Beine zu stellen. Wenn es Ihnen ähnlich geht wie uns und Sie wenig oder kein Geld für Marketing und Mundpropaganda übrig haben: Wie wollen Sie dann erreichen, dass die richtigen Leute (Ihre Kunden) von Ihnen erfahren?

Die Antwort lautet: Seien Sie bemerkenswert. Beherzigen Sie Seth Godins Rat. Versuchen Sie, eine lila Kuh zu sein (die einzige auf der Weide, die ins Auge fällt). »Ideen, die sich verbreiten, gewinnen.« Den Menschen ist Ihr Unternehmen egal. Was sie interessiert, sind gute Geschichten. Erzählen Sie mit Ihrem Unternehmen eine Geschichte. Die Menschen werden die Geschichte Ihres Unternehmens ihren Freunden weitererzählen – vorausgesetzt, sie ist interessant und hat einen Bezug zu diesen Menschen. Die Menschen interessieren sich für sich selbst, nicht für Sie und Ihr Unternehmen.

Marketing hatte einmal mit bloßem Informieren in Radio und Fernsehen zu tun – mit Werbepausen, die sich den Menschen aufdrängten. Achten Sie noch auf diese Unterbrechungen? Vermutlich zeigen die Marken, denen Sie sich heutzutage wirklich verbunden fühlen, echte menschliche Eigenschaften und Gefühle. Sie stehen für eine echte Geschichte, mit der Sie sich in irgendeiner Weise identifizieren können. Unternehmen, für die Sie Sympathien haben, tun etwas, das Ihnen etwas bedeutet.

Wir sagen immer, dass Escape the City dann erfolgreich sein wird, wenn es in jener Art von Gesprächen eine Rolle spielt, die die Menschen nach der Arbeit im Pub führen und in denen sie sich über ihre Jobs beklagen (besonders weil diese Gespräche ständig stattfinden!). Das ist der wichtigste Grund, warum Sie heute unser Buch lesen und warum sich die Menschen für Escape the City interessieren. Weil wir eine Unternehmung mit einem genau definierten, klaren Ziel gestartet haben.

Was braucht es, damit die Menschen im Pub sich Ihre Geschichte erzählen? Wir selbst sprechen mit unseren Freunden über Unternehmen wie Threadless, 37 Signals, Toms Shoes, Zappos und Kiva. Warum? Weil uns fasziniert, was sie machen, wie sie es machen und warum sie es machen. Sie haben Meinungen. Sie stehen für etwas.

Toms Shoes verkauft einfach nur Schuhe. Aber das Firmenmotto sagt alles: »Ein Paar gekauft = ein Paar gespendet.« Die Leute von 37 Signals verkaufen Projektmanagementsoftware. Subjektiv langweilig, aber sie schreiben für eine Community aus Unternehmensgründern, Programmierern und Designern. Vor Kurzem verfassten sie ein Buch namens *Rework*. Sie haben Mut genug, eine klare Grenze zu ziehen, Streit anzuzetteln und eine Meinung zu vertreten.

Die meisten mundpropagandatauglichen Unternehmen erzeugen Bedeutung und Geld. Sowohl Toms Shoes als auch 37 Signals stellen Produkte her, die oberflächlich betrachtet langweilig erscheinen könnten, aber die Leute sprechen dennoch darüber. So haben wir davon erfahren, und so haben Sie jetzt davon erfahren. Warum sprechen wir darüber? Weil es sich lohnt, darüber zu sprechen …

▶▶ »Die Menschen kaufen nicht, was Sie tun; sie kaufen, warum Sie
es tun.«
Simon Sinek – *Start With Why*

esc Definieren Sie »Erfolg«

Machen Sie sich klar, warum Sie das tun. Versuchen Sie, ein Unternehmen im Wert von 100 000, einer Million oder 100 Millionen britischen Pfund aufzuziehen? Wollen Sie Geld verdienen, persönliche Freiheit erlangen oder ein Problem lösen?

Als wir uns nach einer Investition umsahen, um die Zukunft von Escape the City zu finanzieren, erhielten wir ein großartiges Angebot von einem hochkarätigen Londoner Risikokapitalgeber. Das sind die Leute, zu denen Sie nicht leichtfertig Nein sagen. Es war eine echt harte Entscheidung. Einerseits waren wir in der Position, zu etwas Ja sagen zu können, für das Hunderte andere Unternehmensgründer über Leichen gehen würden. Andererseits fragten wir uns: Wozu haben wir Escape the City eigentlich ursprünglich ins Leben gerufen?

Wir machten uns klar, dass wir Escape the City gegründet hatten, weil wir unsere Unabhängigkeit über alles schätzten. Wir wollten ein nachhaltiges, rentables Unternehmen aufbauen. Aber wollten wir uns auf ein Ziel von 100 Millionen Pfund einlassen, um das Unternehmen dann zu verkaufen und dies als Erfolg zu verbuchen? Wollten wir Escape the City lediglich an eine große Firma veräußern? Oder sah unsere eigene Definition von »Erfolg« vielleicht doch anders aus?

Wir haben uns ständig gefragt, was »Erfolg« für uns bedeutet. Überall um uns herum haben wir Menschen gesehen, die sich mit den Symbolen des Erfolgs zufriedengaben, ohne dass sich dieser Erfolg für sie echt anfühlte. Nein, wir haben keine Millionen verdient, und nein, wir sind mit dem Aufbau unseres Unternehmens noch nicht fertig (es bleibt noch viel zu tun). Warum haben wir unsere früheren Jobs gekündigt? Was schwebte uns damals vor? Wie stellten wir uns Erfolg vor? Wir wollten frei sein, um eine Arbeit zu tun, die uns wirklich etwas bedeutet, eine Arbeit, die wir wirklich lieben.

Natürlich wollten wir Geld verdienen, um uns einen passablen Lebensstil leisten zu können (und wir sind auf dem besten Wege), aber nach Maßgabe unserer ersten beiden Kriterien – Freiheit und Liebe – sind wir schon angekommen.

Wenn Sie ein Unternehmen gründen, geschieht es leicht, dass Sie die kleinen Siege und den Fortschritt, den Sie erzielen, aus den Augen verlieren. Je mehr Sie erreichen, desto mehr eilen Ihnen Ihre Ambitionen voraus. Von Zeit zu Zeit sollten Sie sich an Ihre ursprüngliche Erfolgsdefinition erinnern und die kleinen Siege entlang des Weges feiern.

▶▶ »Erfolg heißt, zu bekommen, was Sie wollen. Glück heißt, zu wollen, was Sie bekommen.«

Dale Carnegie – Verfasser von *Wie man Freunde gewinnt: Die Kunst, beliebt und erfolgreich zu werden*

esc Legen Sie los mit dem, was Sie haben

Wir sind oft versucht zu sagen: »Lass uns warten, bis wir das bisschen noch fertig haben«, oder: »Wir sind so weit, wenn x, y oder z eintritt«. Es ist absolut wichtig, dass Sie sich eines klarmachen: Nichts wird jemals perfekt sein, und Sie können in der Regel jederzeit Dinge ändern. Escape the City wird vermutlich niemals »fertig« sein. Es gibt immer noch eine Verbesserung. Kämpfen Sie gegen Ihren natürlichen Perfektionismus an und kommen Sie mit etwas raus. Sie können die Dinge rascher korrigieren, wenn Sie damit schon an die Öffentlichkeit gegangen sind.

Wir starteten einen Blog und begannen, unsere Idee publik zu machen. Keine Idee bleibt, wie sie ist, wenn sie erst einmal von den Leuten wahrgenommen wird, für die Sie sie entwickeln. Das andere, was Sie bedenken müssen: Machen Sie sich klar, dass Sie so öffentlich gar nicht sind. Nach drei Jahren, wenn Sie Ihren Kundenstamm massiv ausgebaut haben, können Sie von Öffentlichkeit sprechen. Gerade jetzt, in diesem Moment, haben lediglich Ihre Mama, ein paar Freunde und einige zufällige Facebook-Fans eine Idee, was Sie da tun. Entwickeln Sie also vor diesem Kreis Ihre Idee und betrachten Sie Fehler als Chance für Verbesserungen. Behalten Sie die Probleme, deren Lösung Sie mit Ihrer Unternehmung bezwecken, klar im Auge, aber seien Sie mutig genug, notfalls Ihre Taktik zu ändern.

Treffen Sie Entscheidungen rasch. Langes Brüten über Entscheidungen macht die Sache nicht einfacher. Manches muss natürlich gut überlegt sein. Manchmal benötigen Sie zusätzliche Informationen und Tipps, oder es müssen bestimmte Ereignisse stattfinden, bevor Sie eine Entscheidung treffen können. Und was Sie auch noch bedenken sollten: Selten ist eine Entscheidung »richtig« oder »falsch« ... es bieten sich Ihnen lediglich verschiedene Wege an, die Sie gehen können. Das gilt fürs Leben ebenso wie fürs Geschäft. Wir haben festgestellt, dass es sehr viel besser ist, eine Entscheidung zu treffen und mit dem Plan fortzufahren (ohne zurückzublicken), als uns mit den Entscheidungen allzu lange aufzuhalten.

Je eher Sie jemanden finden, der Ihnen Geld zahlt, desto besser. Es spielt keine Rolle, ob das, was Sie ihm verkaufen, in Ihrem fantastischen Businessplan auftaucht. Solange Sie genügend Einkünfte haben, um Ihre Grundkosten zu decken (die Sie so niedrig wie möglich halten sollten), wird Ihre Unternehmung nicht sterben. Ist das nicht ein aufregender Gedanke?

Escape the City hat während der vergangenen zwei Jahre über 50 000 britische Pfund mit der Ausrichtung von Veranstaltungen verdient. Kern unseres Geschäftsmodells war von jeher die Vermittlung zwischen bestehenden Organisationen und talentierten Fachkräften, die etwas anderes machen wollen. Uns war aber von Anfang an klar, dass dies einiges an Mitgliederdaten und entsprechende Technologien voraussetzt. Wir mussten also andere Möglichkeiten entwickeln, um uns über Wasser zu halten, während wir an der Verwirklichung unseres idealen Geschäftsmodells arbeiteten.

Arbeiten Sie also auf Ihre erste Rechnung hin, die Sie schreiben können, und freuen Sie sich darüber, dass Sie niemanden um Erlaubnis bitten müssen, um weiterzumachen.

▶▶ »Lassen Sie sich von der Angst nicht davon abhalten, etwas zu tun. Ich hatte Momente, in denen ich damit stark zu kämpfen hatte – ich hatte das Gefühl, dass mein Unternehmen nicht reif oder nicht gut genug war. In Wahrheit machen die Menschen Geschäfte mit Leuten, die sie mögen, die glaubwürdig sind und Enthusiasmus und Leidenschaft mitbringen für das, was sie tun. Was in Ihren Augen gerade einmal ›gut genug‹ ist, ist in den Augen Ihrer Kunden häufig ›richtig gut‹.«

Anna McKay – Ex-Managementberaterin, Unternehmensgründerin – Spinach Health & Wellbeing Ltd.

`esc` Bereiten Sie sich auf die Reise vor

Zu den wenigen Vorteilen, die es hat, für jemand anderen zu arbeiten, gehört, dass Sie am Ende des Tages (mehr oder weniger) abschalten können. Natürlich haben Sie Verantwortlichkeiten, aber meistens muss letztendlich jemand anderes für das Ergebnis geradestehen. Außerdem legen Sie sich für einen Großfirmenjob einfach nicht so ins Zeug wie für Ihre eigene Geschäftsidee. Wenn Sie verrückt genug sind, ein Unternehmen zu gründen, sind Sie vermutlich in Ihre Geschäftsidee verliebt. Machen Sie sich darauf gefasst, dass Sie *niemals* aufhören werden, mit den Gedanken bei Ihrer Idee zu sein. Hier sind einige unserer wichtigsten Tipps für diejenigen, die sich auf die Achterbahn der Unternehmensgründung begeben wollen:

Schützen Sie sich selbst. Es gibt so viel Lärm rund um eine Unternehmensgründung, dass es häufig schwerfällt, noch die eigene Stimme zu hören. Vermeiden Sie Ablenkungen, wo immer es geht (Konferenzen, Blogs, Twitter, E-Mail – E-Mail ganz besonders!), und machen Sie mit Ihrer jetzigen Arbeit weiter. E-Mails beantworten ist nicht dasselbe wie ein Geschäft aufbauen. Die E-Mail-Sucht kann Sie ernsthaft daran hindern, das zu tun, was für das Überleben Ihrer Unternehmung wichtig wäre. Laden Sie sich die Self-Control-App herunter (sie kappt Ihre Internetverbindung für eine von Ihnen vorgegebene Zeit – und dieser Befehl lässt sich durch nichts revidieren, nicht einmal durch das Löschen der App!). Beantworten Sie Ihre E-Mails einmal täglich. Das ist die wichtigste Maßnahme zur Verbesserung der Produktivität, die wir bei Escape the City eingeführt haben.

Niemand interessiert sich dafür so sehr wie Sie. Verlassen Sie sich nicht auf andere. Niemand nimmt die Sache so ernst wie Sie. Beteiligen Sie die Menschen, die mit Ihnen im Boot sitzen. Engagieren Sie Fans und keine Beschäftigten. Wenn Ihr Start-up online ist, können Sie frühzeitig nach Programmierern Ausschau halten. Die Arbeit mit Freelancern und Agenturen ist kein Ersatz für die Entwicklung einer Website im eigenen Haus. Es gibt einfach zu viele Unsicherheiten und Gespräche und Wiederholungen, als dass Sie alles in einem Anlauf bauen könnten. Und wenn Sie Ihre externen Programmierer dann immer noch einmal beanspruchen müssen, wird es rasch teuer und frustrierend langsam.

Es ist persönlich. Wir waren irrtümlicherweise davon ausgegangen, dass der Aufbau eines Unternehmens eine rein berufliche Herausforderung ist. Sie haben eine Idee, schuften, was das Zeug hält, und versuchen, aus der Idee Wirklichkeit werden zu lassen. In Wahrheit ist der Start eines Unternehmens eine höchst persönliche Erfahrung. Sie können gar nicht verhindern, dass Sie sich so stark mit Ihrem Unternehmen identifizieren. Es ist Ihr Baby, Ihre Idee. Wenn jemand es kritisiert oder etwas schiefläuft, fühlen Sie sich persönlich angegriffen oder suchen den Fehler bei sich. Dagegen können Sie wenig tun, außer sich klarzumachen, dass Sie ebenso viel über sich lernen werden wie über das Unternehmen. Versuchen Sie, es nicht allzu persönlich zu nehmen!

Konzentrieren Sie sich auf das Machbare. Was braucht es für Sie persönlich, damit Sie Ihr Start-up als Erfolg empfinden? Versuchen Sie, ein Ein-Personen-Unternehmen (Freelancer) zu werden, oder bauen Sie etwas auf, das größer ist als Sie? Heißt »Erfolg« für Sie, sich und Ihre Familie ernähren zu können? Oder haben Sie ein ehrgeizigeres Ziel? Behalten Sie Ihre Definition von »Erfolg«, wie immer sie aussieht, im Auge und achten Sie darauf, dass Ihre Ziele Ihre eigenen sind. Solange Sie nicht beabsichtigen, das nächste Facebook in die Welt zu setzen, sollten Sie sich nicht mit unrealistischen Zielen unnötig unter Druck setzen.

Nehmen Sie Kritik als Ansporn. Seien Sie auf Gegenwind gefasst. Nutzen Sie Ihre Zweifler als Antrieb. Als wir Escape the City starteten, erhielten wir eine E-Mail vom Kollegen eines Bekannten (jemandem, dem wir niemals begegnet waren). Er hatte dies und das über uns und unsere Geschäftsidee gehört und beschlossen, uns eine (zweifellos gut gemeinte) E-Mail zu schreiben. Darin führte er aus, warum es sich um eine schlechte Idee handelte und warum wir nicht die geeigneten Leute dafür waren. Wie Sie schon ahnen werden, war die Mail für uns lediglich Motivation, so weiterzumachen wie bisher. Wer ein Unternehmen auf die Beine stellt, lernt einerseits, Menschen mit ins Boot zu holen, und andererseits, sie komplett zu ignorieren.

Passen Sie auf sich auf. Es kann schnell passieren, dass Sie allein im Pyjama zu Hause sitzen, dreimal am Tag Müsli essen und sich mit Ihrem Projekt herumschlagen. Es braucht nicht viel, und Sie geraten dabei etwas aus der Spur! Gehen Sie so häufig aus dem Haus, wie Sie können. Machen Sie Sport, ernähren Sie sich gut, und schlafen Sie ausreichend. Das schlägt in dieselbe Kerbe wie die Warnung vor der E-Mail-Sucht. Indem Sie die kleinen schlechten Angewohnheiten von Anfang an vermeiden, schützen Sie sich langfristig vor den Burn-outs und Durchhängern, wie sie der übermäßige Einsatz für das neue Start-up mit sich bringt.

Sie werden echte High-five-Momente haben. In den Anfängen der Unternehmensgründung darf jeder kleine Sieg gefeiert werden. Der Augenblick, in dem Sie sich im Handelsregister eintragen. Das erste Mal, dass jemand Sie für irgendetwas bezahlt. Das erste Mal, dass ein Fremder Ihnen aus heiterem Himmel eine Mail schreibt. Der erste Pressebericht über Sie. Wir persönlich kannten solche Momente in unseren alten Jobs nicht. Es gibt kaum etwas, das mit diesen echten Luftsprungmomenten mithalten kann. Es fühlt sich an, als wäre nichts unmöglich.

Es gibt keinen Übernachterfolg. Leute, die Escape the City gerade erst kennengelernt haben, sagen uns häufig: »Wow, ihr seid ja wie aus dem Nichts aufgetaucht – ihr müsst echt zufrieden sein.« In Wahrheit haben uns drei Jahre harter Schufterei dahin gebracht, wo wir heute sind (und vor uns liegt noch ein langer Weg). Viele Unternehmen, die Sie heute kennen und lieben, haben sich lange in relativer Dunkelheit abgestrampelt, bevor sie groß rauskamen. Uns macht dieser Gedanke Mut. Machen Sie sich auf eine lange Schinderei gefasst, und schauen Sie, dass Sie dennoch genug Spaß dabei haben, um bei der Stange zu bleiben.

> ▶▶ »Alles, was ich über Aufbruch in die Selbstständigkeit sagen kann, ist, dass die Höhen wirklich hoch und die Tiefen unglaublich tief sind.«
>
> **Nic Pantucci – Aussteiger, CEO von Siasto.com, Silicon Valley**

esc Fazit – gründen Sie Ihr eigenes Unternehmen

Es ist wichtig, dass Sie Start-ups nicht blind idealisieren. Häufig sind sie so aufregend, wie sie klingen, aber sie sind auch mühseliger, als Ihnen irgendwer erzählen wird. Sie stellen eine extrem persönliche Erfahrung dar. Wir hatten gedacht, dass der Aufbau eines Unternehmens vor allem unsere beruflichen Fähigkeiten auf die Probe stellen würde. In Wahrheit aber fechten Sie die Hauptschlacht gegen die eigene Psyche aus. Nicht alle Start-ups sind gleich. So könnten Sie beispielsweise beschließen, ein kleines Lifestyle-Unternehmen zu gründen, das Sie vom Laptop aus leiten können. Dazu braucht es nicht notwendigerweise drei Jahre Schweiß und Tränen. Machen Sie sich klar, worauf Sie sich einlassen, und genießen Sie anschließend die Reise!

Zu den bislang aufregendsten Dingen im 21. Jahrhundert gehört, dass immer mehr Menschen Unternehmungen mit einer starken sozialen Ausrichtung gründen. Aus unserer Sicht steht dabei in den meisten Fällen der Gedanke Pate, das eine oder andere Problem zu lösen. Es ist aufregend zu sehen, wie Menschen auf der ganzen Welt die Kraft des wirtschaftlichen Engagements nutzen, um Dinge zu tun, die ihnen (und der Welt) etwas bedeuten. Ob das Ganze einen Gewinn erwirtschaftet oder nicht, spielt dabei kaum eine Rolle. Welches Projekt könnten Sie starten, das die Welt ein klein wenig besser machen würde?

Ein abschließendes Wort zu den Vorteilen einer Unternehmensgründung: Ganz gleich, ob Escape the City sich in den kommenden Jahren als Erfolg oder als Misserfolg herausstellt (definieren Sie »Erfolg«, definieren Sie »Misserfolg«) – es war die Mühe wert. Abgesehen von allen offensichtlichen Vorteilen und Erfahrungen war es das allein schon um des reinen Vergnügens willen, vorübergehend einmal Herr über das eigene Leben zu sein. Wir alle verbringen zu viel Zeit damit, das zu tun, was andere Menschen uns auftragen.

Sehen Sie eine Möglichkeit, ein Leben nach Ihren eigenen Vorstellungen zu leben?

Was machen Sie daraus?

▶▶ »Wenn Sie sich nützlich machen wollen, können Sie jederzeit starten, indem Sie ein Prozent Ihrer großen Vision umsetzen. Der Prototyp Ihrer großen Vision wird bescheiden ausfallen, aber Sie sind schon mal im Spiel.«
Derek Sivers – *Anything You Want*

KAPITEL 9

Eine Schritt-für-Schritt-Anleitung gibt es nicht

Wir drei haben unseren Ausstieg um mindestens ein Jahr hinausgezögert, weil wir zuvor wissen wollten, wie es anschließend genau weitergeht. Geprägt von unserer Erziehung und der traditionellen Karrierementalität, schienen wir darauf zu hoffen, dass uns jemand erzählen würde, wie so ein Ausstieg funktioniert. Wenn Sie von dieser Lektüre eine Sache mitnehmen, dann, so hoffen wir, ist es die Erkenntnis, dass es eine Schritt-für-Schritt-Anleitung nicht gibt. Der Ausstiegszauberkoffer existiert nicht. Wenn Sie nur gründlich genug suchen, werden Sie reichlich Tipps und Informationen finden. Zuletzt aber müssen Sie Ihre eigene Landkarte erstellen.

Unsere Geschichte ist nur eine von vielen – mittlerweile haben sich Hunderte von Menschen die Zeit genommen, ihren Ausstieg aus der Unternehmenswelt auf unserer Website zu schildern. Etwas über Menschen zu lesen, die der Tretmühle des Unternehmensjobs entflohen sind, kann unter die Haut gehen. Es ist, als wäre jeder von ihnen im Besitz eines anderen Geheimnisses, das er kennt, Sie aber nicht. Das wahre Geheimnis lautet, dass es dieses Geheimnis nicht gibt. Jeder, der damit beginnt, Dinge zu tun, die ihm wirklich etwas bedeuten, muss sich außerhalb des Mainstreams Chancen erarbeiten. Alle, die Sie für ihr Leben bewundern und um ihre Arbeit beneiden, haben Strapazen durchlitten. Sie haben mit Angst und Unsicherheit gekämpft. Sie sind auf die Nase gefallen. Sie sind Risiken eingegangen und haben Opfer gebracht.

Der Autor Joseph Campbell schrieb ein Buch mit dem Titel *Der Heros in tausend Gestalten*. Darin geht er dem Phänomen nach, dass die Heldengeschichten aller Zeiten stets demselben Erzählschema folgten, selbst wenn sich die Geschichten im Einzelnen unterschieden. Dasselbe gilt für Ausstiege. Die Geschichten sind unterschiedlich, aber es gibt bestimmte Zutaten, die sich in allen wiederfinden. Wenn Sie einige dieser Merkmale übernehmen können, sind Sie in der besten Position, Ihren eigenen einzigartigen Übergang anzugehen.

Auf den folgenden Seiten werden wir die Themen behandeln, die den »Aussteiger mit den tausend Gestalten« definieren, und zehn Eigenschaften vorstellen, die Sie für Ihren eigenen Ausstieg übernehmen könnten. Es sind die Themen, die in fast allen Geschichten eine Rolle spielen, in denen jemand den Status quo, die gesellschaftlichen Normen und seine eigenen begrenzten Erwartungen an sich selbst über den Haufen wirft. Die zentrale Botschaft lautet, dass es unglaublich mühselig ist, aber dass es sich, Erfolg hin oder her, in jedem Fall lohnt. Wenn Sie Unsicherheit und harte Arbeit scheuen, tun Sie vielleicht besser daran, sich mit Ihrer gegenwärtigen Situation zufriedenzugeben. Wäre es einfach, wäre jeder dabei. Dass Sie das Buch noch immer nicht aus der Hand gelegt haben, spricht jedoch dafür, dass Sie, wie wir, nicht bereit sind, sich mit weniger zufriedenzugeben. Genießen Sie das letzte Kapitel, und beginnen Sie anschließend zu planen!

▶▶ »Die meisten Menschen verkennen ihre Chancen, weil diese in Overalls daherkommen und nach Arbeit aussehen.«
Thomas Edison

esc Knien Sie sich rein

Jeder, der etwas Bewunderns-, Beneidens- oder Nachahmenswertes erreicht hat, hat irgendwann einen klaren Entschluss gefasst. Er hat die Zähne zusammengebissen und die Ärmel hochgekrempelt. Dazu musste er nicht notwendigerweise seinen Job kündigen und jedem, der ihm über den Weg lief, von seinem Vorhaben erzählen (obwohl das manchmal hilft). Aber er hat seine Angst vor dem Unbekannten überwunden und einen beherzten Schritt in Richtung große Welt getan.

Es gibt eine ziemlich sichere Methode, wie man sich zum Tun zwingen kann: Legen Sie sich einfach vor Publikum fest. Sobald Sie allen Ihren Freunden davon erzählt haben, dass Sie eine Benefizradtour nach Rom unternehmen werden, fällt es schwer, diese Tour dann nicht zu machen. Sobald Sie Ihren Job gekündigt und Ihrem Vorgesetzten erzählt haben, dass Sie einen mobilen Teeladen eröffnen wollen, würde es Ihrem Stolz einen ordentlichen Schlag versetzen, wenn Sie ihn plötzlich doch wieder um Ihren alten Job bäten.

Beginnen Sie klein und zielen Sie hoch hinauf. Wenn jemand uns vor drei Jahren gesagt hätte, dass wir heute ein Unternehmen leiten würden, das Menschen beim Ausstieg aus ihrem Job hilft, mit über 100 000 Community-Mitgliedern, einem veröffentlichten Buch, einem Ableger in New York und einem achtköpfigen Team … wir hätten ihn ausgelacht. Hätten wir jedoch im Jahr 2009 nicht den festen Entschluss gefasst, Escape the City zu gründen, wären wir niemals so weit gekommen, und Sie würden heute nicht dieses Buch lesen.

> ▶▶ »Gesucht: Männer für riskante Reise. Geringer Lohn. Bitterkalt. Lange Stunden kompletter Dunkelheit. Sichere Heimkehr ungewiss. Ehre und Anerkennung im Falle des Gelingens.«
> **Ernest Shackleton – 1907, *The Times***

`esc` Vertrauen Sie auf den Lauf der Dinge

Jason Fried, einer der Gründer von 37 Signals, verfasste vor Kurzem einen Blogbeitrag zum Thema: »Connecting the dots – How my opinion made it into the New York Times today«[1] (dt. »Aufgefädelt – wie meine Meinung in die New York Times von heute gelangte«). Der Artikel liest sich wie die umgekehrte Geschichte seiner Karriere seit seinem Studium, von dem Moment an, als er sein erstes Programm schrieb, weil er »kein einfaches Tool fand, um den Überblick über [seine] wachsende Musiksammlung zu behalten«. Damit wollte er nicht zeigen, wie großartig er ist. Er wollte vielmehr deutlich machen, dass Leben und Karriere sich nicht entfalten wie ein vorgefertigtes Ikea-Möbel. Das Leben ist voller Zufälle, launisch und größtenteils unkontrollierbar.

Das Einzige, was Sie kontrollieren können, sind Ihre Gedanken und Handlungen. Sie wissen nie, wohin eine neue Erfahrung, ein Projekt oder ein Gespräch führen kann. Beteiligen Sie sich also an den richtigen Gesprächen und sagen Sie Ja zu neuen Gelegenheiten. Seit wir Escape the City starteten, haben wir erlebt, wie Menschen infolge von Blogbeiträgen Jobs angeboten wurden, wie Menschen aufgrund von Twitterbotschaften Geschäftspartner fanden, wie ein Gespräch auf einer unserer Veranstaltungen in einer Eheschließung mündete (Glückwunsch, Ben und Susie Keene!). Die Idee zu unserem Unternehmen war das Resultat einer Google-Suche nach dem Stichwort »escape«.

Wir erwähnten bereits Steve Jobs' Rede, in der er darüber sprach, wie sich die Punkte im Rückblick zu einem Bild zusammenfügen.[2] Jetzt, nachdem wir seit drei Jahren an Escape the City bauen, können wir die Punkte im Nachhinein zu einem Bild zusammenfügen, aber der Vorwärtsdurchgang war ziemlich beängstigend. Wir trafen Entscheidungen aus dem Bauch heraus, auf der Grundlage unserer Werte und unter dem Einfluss dessen, was wir unterwegs lernten. Mehr konnten wir nicht tun.

Was bedeutet das? Es bedeutet, dass Sie aufhören müssen, immer wissen zu wollen, was das Leben als Nächstes mit sich bringt. Sie können sich aber Verhaltens- und Denkweisen zu eigen machen, die möglicherweise eine Zukunft schaffen, die es gut mit Ihnen meint. Dazu brauchen Sie eine gehörige Portion Zuversicht. Sie können das Ergebnis nicht steuern. Sie können nur steuern, was Sie heute, in dieser Woche, in diesem Monat tun.

Einstein sagte, Wahnsinn beginne dort, wo wir ein ums andere Mal dasselbe tun und unterschiedliche Resultate erwarten. Unsere Definition von »Karrierewahnsinn« ist: Wir tun Dinge, die uns nichts bedeuten, und hoffen gleichzeitig auf eine Zukunft voller Kontrolle, Autonomie und Sinn. Erkennen Sie die Unmöglichkeit, dass das eine zum anderen führt?

Sie werden niemals absolut sicher sein, ob eine Entscheidung richtig ist, bis Sie sie treffen. Häufig stolpern wir über unsere Leidenschaften. Nur wenige der eindrucksvollsten Karrierepfade waren im Voraus geplant. Auch Ihrer wird es nicht sein. Machen Sie das Beste aus jeder zufälligen Gelegenheit (besonders wenn Sie nicht sicher sind, welcher Nutzen für Sie dabei herausspringt), geben Sie mehr, als Sie bekommen, und behandeln Sie die Menschen gut. Sie können die zufällige Kette der Ereignisse nicht kontrollieren; vertrauen Sie stattdessen auf den Lauf der Dinge.

▶▶ »Die Punkte fügen sich nicht in der Vorausschau, sondern immer erst im Rückblick zu einem Bild zusammen. Wir müssen also darauf vertrauen, dass sich die Punkte künftig als Teil eines Ganzen erweisen. Auf irgendetwas müssen wir uns verlassen – auf unseren Bauch, unser Schicksal, Leben, Karma, was auch immer.«
Steve Jobs, Ex-Apple-CEO, in einer Rede an der Stanford University

esc Bekämpfen Sie die Furcht

Treten Sie der Stimme in Ihrem Kopf entgegen. Meistern Sie Ihre Psyche. Niemand kennt die vollständige Lösung. Fast jeder hat Probleme und setzt ein tapferes Gesicht auf – denken Sie nicht, dass andere es leichter haben. Sie sehen von den Menschen nur das, was diese Sie sehen lassen. Sie haben keinen Schimmer, was sie durchmachen oder was sie durchstehen mussten, um dorthin zu gelangen, wo sie heute stehen. Behaupten Sie niemals, dass ein anderer ein »einfaches Leben« hat, solange Sie nicht die ganze Geschichte kennen.

Anstatt Theorien darüber zu entwickeln, warum andere etwas erreicht haben, sollten Sie sich lieber überlegen, warum Sie es sich selber nicht zutrauen. Die Wahrscheinlichkeit ist groß, dass Ängste dabei eine große Rolle spielen. Wir machen Ihnen das nicht zum Vorwurf ...

Etwas anders zu machen, macht Angst.
Den eigenen Job zu kündigen, macht Angst.
Ein eigenes Unternehmen zu gründen, macht Angst.
Für eine Weile kein Einkommen zu haben, macht Angst.
Ein Jobwechsel macht Angst.
Einen Standpunkt einzunehmen, macht Angst.
Kaltakquise macht Angst.
Öffentliche Auftritte machen Angst.
Herausforderungen machen Angst.
Mitarbeiter zu führen, macht Angst.
Neinsagen macht Angst.
Sich für eine lange Zeit festzulegen, macht Angst.
Mit aggressiven Journalisten zu sprechen, macht Angst.
Manchmal entsteht das Gefühl, als sei es einfacher, die Angst machenden Dinge schlicht zu unterlassen.

Sich ein bisschen ausklinken ...
In einem Job ausharren, den Sie in Wahrheit nicht mögen.

Sich treiben lassen.
Am Wochenende Dinge tun, die Sie gern machen.
Sich hübsche Dinge leisten können.
Insgesamt zufrieden sein … wenn auch ein bisschen unerfüllt.

Es ist unglaublich verführerisch.
Es ist bequem.
Es ist wirklich ziemlich nett.

Oder …

Sie könnten die Angst als Radar nutzen.
Und sich unmittelbar mit den Dingen befassen, die Ihnen am meisten
Angst machen.

Hören Sie in Ihrem Kopf eine kleine Stimme sagen …
»Wow, vielleicht kann ich das machen.«
»Wie wäre es, wenn mir das tatsächlich gelänge …?«

Wie wäre es, wenn Sie auf die Stimme hörten … und danach handelten?
Wer weiß, was Sie dann erreichen könnten?

Ziemlich beängstigend, oder?

> ▶▶ »Wenn Sie sich davon überzeugt haben, dass das Risiko die Angst
> hinreichend rechtfertigt und dass die Angst ausreichend Grund zur
> Sorge bietet, stehen Ihnen ein paar lange Nächte bevor … [oder]
> Sie machen sich klar, dass es möglich ist, mit Risiken (einer guten
> Sache) ohne lähmende Angst oder ihren treuesten Begleiter, den
> grenzenlosen Sorgen, zu leben.«
> **Seth Godin – *Risk, Fear and Worry*[3]**

Vergeuden Sie keine Zeit

Viele Menschen, deren Leben uns anderen zu furchteinflößend, riskant und unrealistisch erscheint, nutzen ihre eigene Sterblichkeit als Motivation, um ihre Ängste zu überwinden und das Leben zu führen, das sie führen wollen.

Al Humphreys, der auf allen drei Jahresveranstaltungen von Escape the City in London gesprochen hat, scheint eine morbide Befriedigung daraus zu ziehen, die Seite www.deathclock.com aufzurufen, um zu sehen, wie viele Sekunden er noch zu leben hat. Dass die Sekunden vor unseren Augen rückwärts zählen, ist ein besonders überzeugender Grund, uns ins Zeug zu legen und unseren Plan im Hinterkopf (wie auch immer er aussehen mag) endlich umzusetzen.

Die andere Technik, mit der Al sich selbst dazu antreibt, sein Leben nach den eigenen Vorstellungen auszurichten und auf die erstickende Langeweile konventioneller Karrieren zu verzichten, ist seine Angst vor der Reue. »Wenn ich heute die Chance hätte, etwas zu tun, es aber nicht tue, werde ich es möglicherweise ewig bereuen.« Aber es ist das Thema Tod, auf das er in *There Are Other Rivers* zurückkommt – seinem Bericht über seine Wanderreise quer durch Indien entlang eines heiligen Flusses.

»Jeder Tag bringt mich meinem Tod einen Tag näher. Ganz gleich, wie bewusst ich mir dessen bin – es fällt mir bisweilen schwer, an meinen eigenen Tod zu glauben.« Al sagt, dass er, trotz der prognostischen Kraft der Todesuhr, nicht weiß, wann er sterben wird …, »und somit ist es ziemlich dämlich, Dinge auf ein nicht näher bestimmtes Datum in einer ungewissen Zukunft zu verschieben«.

Er ist auch kompromisslos hart zu sich selbst: »Es gibt so viele interessante Orte, die ich noch sehen, und so viele interessante Leute, die ich noch treffen möchte, so vieles, das noch zu tun wäre. Und die Zeit ist so kurz. Bevor ich es merke, werde ich tot sein, und was ist das für eine Verschwendung, wenn ich meine Zeit nur so vertrödele.«

Wie John Lennon in »Beautiful Boy (Darling Boy)« singt: »Leben ist, was sich ereignet, während du lauter andere Pläne machst.« Mit Warten und Aufschieben ist es nicht getan. Genauso wenig können wir erzwingen, dass das, was wir beginnen, augenblicklich zum Ziel führt und uns Belohnung verschafft. Entscheidend ist vielmehr, dass wir unsere Zeit verschwenden, solange wir nicht etwas tun, das uns Spaß und Freude bereitet, und solange wir nicht eine ungefähre Vorstellung davon haben, was wir tun wollen, sobald wir »so weit sind« (mehr Geld / mehr Zeit / mehr Erfahrung / mehr Kontakte haben).

Obgleich Al seinen Lebensunterhalt mit Vorträgen verdient und dabei häufig seine eigenen Heldentaten als Anschauungsbeispiele heranzieht, ist er unglaublich bescheiden. Und er ist realistisch. Nicht jeder möchte über den Atlantik rudern, und die wenigsten Menschen würden Gefallen daran finden, einen Abschnitt der Ringautobahn M25 rund um London zu Fuß abzulaufen. Seine Botschaft ist einfach: »Ich bin am glücklichsten, wenn ich weiß, wozu das alles gut ist.«

Sein Rat an Sie wäre zweifellos derselbe.

> ▶▶ »Das Leben ist zu kurz, um klein zu sein.«
> **Benjamin Disraeli**

esc Machen Sie sich frei von Normen

Wir verbringen so viel Zeit unseres Lebens damit, uns sagen zu lassen: »Das kannst du nicht tun« oder »Das darfst du nicht tun«. Das Leben ist häufig eine erdrückende Folge von Beschränkungen und Regeln. Wer macht diese Regeln? Die Antwort lautet: niemand, jeder, Sie selber.

Normen sind keine formellen Regeln, aber sie sind das Ergebnis von gesellschaftlicher Konformität. Seit wir unsere Jobs an den Nagel gehängt und damit begonnen haben, ein Unternehmen aufzubauen, wurde uns bewusst, dass es in Wahrheit keine Regeln gibt, wie Sie Ihre Karriere gestalten können.

Nonkonformität um ihrer selbst willen ist die Karriereversion des launischen Teenagers, der einfach nur anders sein will. Wir ermuntern nicht zu störrischer Rebellion. Aber wir raten Ihnen nachdrücklich, sich bewusst von der etablierten Vorgehensweise abzusetzen – die Chancen stehen gering, dass Sie damit erreichen würden, was Sie sich wünschen. Sich einzufügen, mag sich nach Sicherheit anfühlen. In einem stark vom Wettbewerb geprägten Arbeitsmarkt und einer schwächelnden Wirtschaft ist der sicherste Weg in die Irrelevanz der, den Kopf unten zu halten. Sie müssen sich exponieren. Wenn es hart auf hart kommt, wollen Sie nicht der sein, der um Erlaubnis fragt.

Paul Graham, Unternehmensgründer, Start-up-Mentor und Essayist aus dem Silicon Valley, vergleicht jobsuchende Akademiker mit Tieren, die aus ihren Käfigen gelassen werden, aber nicht begreifen, dass ihre Tür bereits offen steht. Wir alle sind beeinflusst von den Käfigen in unserem Leben. Dass wir sie nicht unmittelbar wahrnehmen, macht sie nur umso wirksamer. Die Überzeugung, dass der Weg zum Erfolg über einen guten Job führt, ist uns so eingebrannt, als handele es sich um ein Glaubensdogma. Menschen reagieren auf alternative Ratschläge häufig mit absolutem Horror. Genauso entsetzt sind sie, wenn sie hören, dass jemand einem jungen Menschen vom Universitätsstudium abrät. Das sind mächtige Normen.

Wie wir schon mehrfach gesagt haben: Die vergangenen Jahre haben deutlich gezeigt, dass Jobs und Abschlüsse keine Garantie für Erfolg oder Sicherheit sind. Die beste Garantie, auf die wir unsere Zukunft aufbauen können: nützliche Fähigkeiten zu erwerben, unser Projektportfolio und unsere Kontakte zu pflegen und – wenn das möglich ist – etwas Wertvolles für uns selbst zu schaffen. Wie Graham sagt: »Sie brauchen nicht für eine bestehende Firma zu arbeiten, um etwas Wertvolles zu schaffen. Häufig können Sie das auf andere Weise sogar besser tun.«[4]

Normen sind nicht hilfreich, weil sie uns Einheitsdefinitionen liefern, was wir unter »Erfolg« zu verstehen haben. Die Unternehmenschefs alter Schule gierten nach Status, Macht und Geld. Mittlerweile wissen Sie, dass Ihre Aussichten auf Glück und Erfüllung gering sind, solange Sie anderer Leute Vorstellungen von Leistung und Erfolg übernehmen. Glaubenssysteme sind so gefährlich, weil sie laut Definition die Leugnung oder Zurückweisung alternativer Denkweisen implizieren. Eine dogmatische Lebens- und Arbeitseinstellung hindert uns daran, auf neue Informationen zu reagieren und uns auf Veränderungen in unserem Umfeld einzustellen.

Häufig heißt es, zur wahren Intelligenz gehöre der Mut, sich umzubesinnen. Wir wagen zu behaupten, dass Sie ohne diese Form der Intelligenz auch zu keiner eigenen Erfolgsdefinition gelangen werden.

▶▶ »Regeln – besonders die dogmatischen Spielarten – nützen vor allem denen, die nicht den Mut haben, ihre eigenen Entscheidungen zu treffen. Für uns übrige gibt es Wodka – um mit den Entscheidungen klarzukommen, die zu treffen wir leichtsinnig und klug genug waren. Also hilf uns, Grey Goose! Amen.«

Ashley Ambirge – *The Middle Finger Project*

Hinterlassen Sie Spuren

Wenn gesellschaftliche Normen, Regeln und feste Glaubenssysteme nicht hilfreich sind, woran sollten wir uns dann bei unseren Entscheidungen orientieren? Die Antwort lautet: an Prinzipien. Wie Regeln beruhen Prinzipien auf elementaren Gesetzen, Wahrheiten oder Annahmen. Der Unterschied ist, dass Sie Ihre Prinzipien selbst wählen. Sie sollten sie als Orientierungshilfe für Ihre Entscheidungen verwenden und nicht als Regeln, was Sie tun und was Sie nicht tun dürfen. Wenn Sie sich einem Glaubenssystem verschreiben, das Sie nicht zu verändern bereit sind, machen Sie sich verwundbar, sobald sich das Umfeld verändert – denken Sie nur an die Dinosaurier.

Bret Victor schuf den ersten Entwurf für die Benutzerschnittstelle des iPad. Vor Kurzem hielt er einen interessanten Vortrag zum Thema »Inventing on Principle«.[5] Schauen Sie sich den Film an. Der Inhalt ist ziemlich technisch, aber die Kernbotschaft überraschend. Darin geht es um die aktive Entwicklung von »Leitprinzipien«, die alle Ihre Karriereentscheidungen beeinflussen und Ihrer Arbeit Sinn verleihen. Insbesondere erklärt Bret, wie Ihre Leitprinzipien darauf ausgerichtet sein können, in der Welt etwas zu richten oder zu verändern, von dem Ihr Gefühl sagt, dass es falsch ist.

Wir sprechen hier nicht davon, die Welt zu retten (obwohl es häufig um ganz konkrete Veränderungen geht). Brets spezielles Leitprinzip ist die leidenschaftliche Überzeugung, dass Schöpfer einen unmittelbaren Bezug zu dem haben müssen, was sie erzeugen. So sollten beispielsweise Programmierer, die eine Codezeile verändern, die Auswirkungen dieser Änderung unmittelbar sehen können. Diese Überzeugung bestimmt alles, was Bret tut. Sie treibt ihn an, sie fokussiert ihn und ist der zentrale Grund, warum er mit seiner Arbeit so viel Wirkung erzielt.

Es braucht jedoch unter Umständen Zeit, bis wir unser Prinzip finden. »Die Suche nach dem Prinzip kommt einer Selbsterforschung gleich; Sie versuchen herauszufinden, wofür Sie auf der Welt sind. Wofür wollen Sie als Mensch stehen?« Bret erzählt uns, dass es bei ihm ein Jahrzehnt dauerte, bis er ein klares Bewusstsein für seine Prinzipien entwickelt hatte. »Als ich jung war, hatte ich eine Ahnung davon, was für mich wichtig war, aber kein Gesamtbild. Alles war unscharf. Das hat mich sehr genervt. Dagegen half nur, ganz viele Dinge zu tun.«

Die Lösung für Bret – und, wie es scheint, für viele Menschen – sah so aus: die Ärmel hochkrempeln, loslegen und dabei vieles lernen. Bret nutzte sein Jahrzehnt des Erfahrungen-Sammelns, um sich selbst zu analysieren: »[Ich fragte mich in Bezug auf all diese Erfahrungen]: ›Löst das etwas in mir aus? Stößt mich das ab? Bedeutet mir das etwas?‹ So sammelte ich Erfahrungen, die mich aus irgendeinem Grund stark berührten, und versuchte, mir darauf einen Reim zu bilden.«

Das Leitprinzip des Escape-the-City-Teams gründet auf der Tatsache, dass so viele Menschen die Arbeit in großen Unternehmen als nicht erfüllend empfinden. Das allein ist aber noch nicht konkret genug, um als unser Leitprinzip zu dienen. Unsere konkrete Überzeugung lautet, dass der Zugang zu neuen Chancen, gleichgesinnten Menschen und nützlichen Informationen den betroffenen Menschen helfen kann, bessere Entscheidungen in Bezug auf ihre Zukunft zu treffen. Wir haben also für das breitere Problem eine konkrete Lösung definiert, an der wir arbeiten wollen. Über dieses Prinzip versuchen wir, etwas Wirkungsvolles in diesem Leben zu tun.

Auf der Titelseite der *Harvard Business Review* vom November 2011 war folgende Schlagzeile zu lesen: »Die Unternehmen des 21. Jahrhunderts tun etwas für die Gesellschaft, lösen die Probleme der Welt und verdienen damit auch noch Geld.« Wenn das auf die Organisationen zutrifft, in denen Sie arbeiten oder die Sie in den kommenden Jahren gründen werden, dann besteht Hoffnung – sowohl für Sie persönlich als auch für die Welt insgesamt. An etwas zu arbeiten, das größer ist als Sie selbst – etwas, das mit Ihrem Leitprinzip zu tun hat –, ist ein Win-win-Rezept. Es ist der Schlüssel zur persönlichen Zufriedenheit, und die Chancen stehen gut, dass Sie die Welt damit in positiver Weise beeinflussen.

Wenn Sie dieses Buch lesen, haben Sie höchstwahrscheinlich gewisse Entscheidungsfreiheiten, was Ihre berufliche Zukunft betrifft. Das bedeutet, dass Sie auch die Verantwortung haben, etwas für die Welt zu tun. Die Menschheit steht vor einigen gravierenden Herausforderungen: Die Erderwärmung und die globale Bevölkerungszunahme sind nur zwei Dinge, die im Verlauf des Jahrhunderts alle Branchen und alle Menschen betreffen werden. Wollen Sie, dass sich Ihre Lebensgeschichte wie ein Teil des Problems oder wie ein Teil der Lösung liest?

▶▶ »Wo sich deine Talente und die Bedürfnisse der Welt kreuzen, da liegt deine Berufung.«
Aristoteles

esc Bereiten Sie sich auf den Berg vor

Ein Unternehmen zu gründen, ist wie das Besteigen eines ungeheuren Berges. Im Hügelvorland sind Sie voll seliger Ignoranz und voller Optimismus. Das Gehen fällt Ihnen häufig leicht, und Sie legen rasch größere Strecken zurück (schließlich fangen Sie gerade erst an, und jede Bewegung ist mehr als der vorherige Stillstand).

Auch wenn Sie anfangs den Gipfel des Berges nicht sehen können, sind Sie absolut sicher, dass Sie ihn erreichen werden. Während Sie mit Ihrer Wanderung fortfahren, erklimmen Sie kleine Zwischengipfel, von denen aus Sie steilere Aufstiege und größere Steilkanten erblicken, die Sie noch bewältigen müssen. Das Gute aber ist, dass Sie kräftiger, fitter und erfahrener werden. Obwohl das Klettern schwieriger wird, kommen Sie mit den Herausforderungen besser klar. Am Ende des Tages ist Entschlossenheit das Einzige, was Sie brauchen, um die meisten Anstiege zu bewältigen.

Dem konventionellen Karrierepfad zu entkommen, ist hart. Wenn es einfach wäre, täte es jeder. Damit rechnen Sie vermutlich. Womit Sie möglicherweise nicht rechnen (und was auch wir nicht voraussahen): dass die Gründung eines Unternehmens oder der Karrierewechsel eine ungeheure emotionale, persönliche und psychische (und nicht nur fachliche) Herausforderung darstellt.

Es gibt viele Aufs und Abs. Sie haben oft nicht unbedingt damit zu tun, wie es mit dem Unternehmen vorangeht, sondern mehr mit dem, was sich in Ihrem Kopf abspielt. Wir haben an Escape the City drei Jahre lang gearbeitet. Es war kein Spaziergang. Es war eine fachliche, persönliche und finanzielle Herausforderung. Es hat uns in Situationen gebracht, in die wir nie gekommen wären, hätten wir weiter in unseren Unternehmensjobs ausgeharrt – und wir hatten sehr viel Spaß. Mikey formulierte es so: »Es ist manchmal hart – aber ich wusste ja, auf welchen Lebensstil ich mich eingelassen habe, als ich mich diesen Jungs anschloss.«

Wenn Sie damit rechnen, haben Sie die Schlacht schon halb gewonnen. Auf diese Weise können Sie sich vorbereiten. Gute Lebensgewohnheiten kommen Ihnen nach Ihrem Ausstieg außerordentlich zupass. Unterm Strich kann Ihr Körper sehr viel aushalten, wenn Sie ihn gut pflegen. Das bedeutet, dass Sie genug schlafen, sich nicht mit Katern herumplagen, Sport treiben, gut essen und Pausen machen. Wir haben dies in den vergangenen Jahren mit Momenten der Erschöpfung und des Burn-outs leidvoll gelernt. Die Ironie, dass uns der Aufbau von Escape the City so viel mehr abverlangte als zuvor unsere Firmenjobs, ist uns nicht entgangen!

Und dann sollten Sie sich vor dem Trommelfeuer an Tipps und Meinungen schützen, das mit Sicherheit auf Sie niederprasseln wird (online oder in der persönlichen Begegnung), sobald Sie danach suchen. Alle diese externen Informationen können einfach zu viel werden. Der ganze Lärm kann Ihnen den letzten Mut rauben. Wenn Sie alles gelesen haben, was es zu lesen gibt, und Sie nur noch Ihre Pläne umsetzen wollen – gleichzeitig aber das Gefühl haben, in einem Strudel von Erfolgsgeschichten und Gurugequatsche festzustecken –, dann ist es an der Zeit, dass Sie die Leitungen kappen und sich ganz auf Ihre Pläne konzentrieren.

Vermutlich geben Sie Ihren Großfirmenjob auf, weil Sie eine Arbeit tun wollen, die Ihnen etwas bedeutet, weil Sie etwas für sich tun wollen und weil Sie allgemein das Leben mehr wertschätzen wollen. Es passiert nur allzu leicht, dass Sie in Ihre alten Arbeitsweisen zurückfallen. Wichtig ist, dass Ihnen Ihre Arbeit Spaß macht. Wenn Sie Ihren Job wechseln, achten Sie darauf, dass Sie in ein Umfeld kommen, in dem Sie sich wohlfühlen. Wenn Sie ein Unternehmen gründen, sollte sich das nicht lediglich wie der nächste Job anfühlen. Gönnen Sie sich eine Pause. Arbeiten Sie von anderen Orten aus. Nehmen Sie sich Tage frei – Sie selbst entscheiden. Arbeiten Sie die Nacht durch und schlafen Sie anschließend bis mittags.

Der Abschied von alten Gewohnheiten ist schwer, aber nicht unmöglich. Schützen Sie sich und genießen Sie Ihren Weg. Menschen, die ihre Unternehmensjobs hinter sich gelassen haben, sagen häufig im Scherz, wenn sie gewusst hätten, wie schwer es werden würde, wären sie womöglich geblieben.

Wir sind überzeugt, dass keiner von ihnen es ernst meint.

Wir jedenfalls nicht.

Und Sie auch nicht – da sind wir uns ziemlich sicher.

▶▶ »Ich sage Ihnen nicht, dass es einfach werden wird – ich sage Ihnen, dass es die Mühe wert sein wird.«

Art Williams – Unternehmensgründer

esc Ignorieren Sie Zyniker

Wenn Sie laut darüber nachdenken, Ihren Unternehmensjob für etwas Aufregenderes, Unkonventionelleres und Abenteuerlicheres aufzugeben, werden Sie von vielen Menschen zu hören bekommen, dass das keine gute Idee sei. Manchmal handelt es sich dabei um Ihre engsten Freunde oder Familienangehörigen. Sie sind von Natur aus dem Risiko gegenüber kritisch eingestellt, weil sie nicht wollen, dass Sie in (finanzielle oder andere) Schwierigkeiten geraten. Andere Menschen werden ihre eigenen Hoffnungen und Ängste auf Sie projizieren, sobald Sie etwas anders machen. Denn damit stellen Sie zugleich deren eigene Lebensentscheidungen infrage. Erwarten Sie Kritik. Nutzen Sie sie als Ansporn!

Hüten Sie sich vor Ratschlägen. Unerbetene und schlechte Ratschläge gibt es ohne Ende. Ratschläge basieren in der Regel auf den Erfahrungen und der Weltsicht der Person, die sie austeilt – nicht auf einem echten Verständnis Ihrer Ziele. Sie sind der einzige Mensch, der wirklich weiß, was Sie erreichen wollen.

Wenn Sie andere Menschen um Rat fragen, werden diese Ihnen häufig das raten, was sie selbst gemacht haben. Es sei denn, es ging schlecht aus; in diesem Fall werden sie Ihnen das genaue Gegenteil raten. Menschen teilen Ratschläge auf der Basis dessen aus, was bei ihnen funktioniert hat. Das muss bei Ihnen aber noch lange nicht funktionieren.

Die Welt ist voll unterschiedlicher Menschentypen. Das ist einer der Gründe, warum das Leben so aufregend ist. Optimisten und Pessimisten, Zyniker und Enthusiasten. Wenn Sie eine große Lebensveränderung in Angriff nehmen, sollten Sie sich tunlichst mit Leuten umgeben, die vom halb vollen statt vom halb leeren Glas reden. Sie brauchen all die Ermunterung, die Sie bekommen können.

Dummerweise sind es häufig die Nächststehenden, die Ihnen von Ihren Plänen abraten. Da gibt es wenig, was Sie tun können – aber Sie können den Betreffenden zumindest versichern, wie begeistert Sie selbst von Ihren Plänen sind und dass Sie ihnen für jede Unterstützung danken.

Illegitimi non carborundum.

▶▶ »Wenn Sie jede Kritik vermeiden wollen, sollten Sie am besten nichts tun, nichts sagen und nichts sein.«
Elbert Hubbard – Autor, Verleger, Künstler, Philosoph

esc Entwickeln Sie drei Eigenschaften

Während wir dieses Buch schrieben, posteten wir einige Blogbeiträge, in denen wir uns über die Kernideen unseres Manifests Gedanken machten. Ein Besucher namens Toby Sims hinterließ einen Kommentar; er schrieb, er habe ganz deutlich das Gefühl, nicht weiterzukommen: »Am schwersten fällt es mir, einen anderen Weg zu finden. Ich weiß, dass ich jetzt nicht glücklich bin, aber ich habe keine Idee, was ich als Nächstes tun könnte.« Er schrieb, dass er keine besonderen Träume hätte, außer »glücklich zu sein«. Er machte sich Sorgen, dass er sich mit seinen Fähigkeiten nicht an anderer Stelle bewähren könnte (»es sei denn, Sie wünschen sich, dass ich Ihren Rasen mähe«), und war ohne Lebenskompass.

Menschen fragen häufig nach dem Geheimnis des Erfolgs. Es verbirgt sich bestimmt nicht hinter dem Trick, an den Sie vielleicht noch nicht gedacht haben. Häufig sind es lediglich ein paar einfache Verhaltensweisen. Wir haben unsere Beobachtungen ausgewertet; wir denken, dass bei den Leuten, die der Tretmühle entronnen sind und einen neuen Pfad eingeschlagen haben, drei Eigenschaften besonders häufig zu finden sind. Das sind die drei Eigenschaften, die wir Toby ans Herz legen würden, wenn er heute in unser Büro marschiert käme:

1. **Neugier** – hören Sie nie auf, Neues zu entdecken.
2. **Mut** – treten Sie einer Zurückweisung oder drohenden Niederlage beherzt entgegen.
3. **Entschlossenheit** – konzentrieren Sie sich mit aller Kraft auf die einmal beschlossenen Ziele.

Von dort, wo Sie jetzt sitzen, kann der Gedanke an das, was geschehen muss, damit Sie jemals erreichen, was Sie sich vorgenommen haben (was immer Sie für sich als Erfolg definiert haben), Sie in höchstem Maße ängstigen. Wie viele Tausende von E-Mails und Millionen von Sekunden braucht es, bis Sie an Ihren Zielen angekommen sind? Das Beste, was Sie tun können, wenn Sie solche Ohnmachtsgefühle zu übermannen drohen:

Konzentrieren Sie sich einfach auf den nächsten Eintrag auf Ihrer To-do-Liste. Seien Sie entschlossen, Ihre Bemühungen zum Erfolg zu führen. Seien Sie tapfer angesichts der Unsicherheiten (Sie werden niemals »wissen«, dass die Sache gelingen wird). Seien Sie neugierig genug, um Ihre Fähigkeiten zu entwickeln und neue Informationen aufzunehmen, die Ihnen auf Ihrem Weg weiterhelfen.

Um auf Tobys Geschichte zurückzukommen: Noch in derselben Woche, in der er seinen »Hilferuf« gepostet hatte, bewarb er sich auf der Escape-the-City-Website für eine fantastische Fortbildung und wurde auch prompt angenommen. Es war ein Stipendium für einen zehnwöchigen Abendkurs in Frontend-Webentwicklung von General Assembly im Wert von fast 3000 britischen Pfund.[6]

» Webentwicklung ist von meinem aktuellen Job so weit weg, wie es wohl nur geht. Das Thema interessiert mich, weil neue Fähigkeiten, so klein sie auch sein mögen, neue Türen öffnen, und ich versuchen kann, ein Umfeld zu finden, in dem ich mich entwickeln und nicht nur existieren kann. Es ist auch weit außerhalb meiner Bequemlichkeitszone und verlangt von mir entsprechenden Mut. ›Vive la resistance, vive l'Escape!‹«

Toby bewies Neugier auf ganz neue Dinge, die Entschlossenheit, sich eine ganz neue Fähigkeit anzueignen, und den Mut, sich dieser Chance zu stellen und sein Leben zu verändern. Diese Eigenschaften sind – ähnlich den zuvor besprochenen Lustprinzipien – so mächtig, dass sie sich auf jeden Karriereweg und jeden Ausstiegsplan anwenden lassen. Wie so häufig im Leben liegt das Geheimnis darin, sich nach guter alter Art durchzubeißen. Sind Sie dazu bereit?

▶▶ »Manches mag auch denen in den Schoß fallen, die einfach nur warten, aber das sind dann Dinge, die von denen übrig gelassen wurden, die sich anstrengen.«
Abraham Lincoln

esc Fazit – eine Schritt-für-Schritt-Anleitung gibt es nicht

Unser Motto lautet: »Tun Sie etwas anders« – und zwar genau aus dem Grund, dass Sie, wenn Sie sich ausschließlich konventionell verhalten, auch nur konventionelle Ergebnisse erwarten können. Versuchen Sie, Ihr Leben und Ihre Karriere neu zu sehen. Sobald Sie Ihre gefühlsmäßige Einstellung zu einigen dieser Dinge verändert haben, wird es Ihnen viel leichter fallen, Veränderungen anzugehen, zu denen Sie sich zuvor außerstande sahen. Häufig scheint die Lösung für ein Problem in immer weitere Ferne zu rücken, je mehr wir uns darum bemühen. Bedenken Sie, was Einstein sagte: »Wir können Probleme nicht mit denselben Denkweisen lösen, mit denen wir sie geschaffen haben.« Wie entwickeln wir neue Denkweisen? Wie erreichen wir, dass uns die Inspiration beflügelt?

Wir glauben, die Antwort liegt im Lernen, Experimentieren und Knüpfen und Pflegen von Kontakten. Sich neuen Ideen, neuen Erfahrungen und neuen Menschen gegenüber zu öffnen, ist der beste Weg, um sich neue Möglichkeiten zu erschließen. Aussteiger sagen häufig, sie hätten das Gefühl, das Schicksal belohne sie dafür, dass sie den großen Sprung gewagt haben. Wir denken, dass die Wirklichkeit sehr viel direkter und eindeutiger ist: Sie haben es schlicht und einfach gewagt, Neues auszuprobieren. Nur wer handelt, darf darauf hoffen, neue Wege aufzutun.

Gratulation, dass Sie zu diesem Buch gegriffen, und danke, dass Sie es bis zu Ende gelesen haben. Nutzen Sie es als zündenden Funken für Ihren Ausstieg, nicht als Endpunkt Ihrer Recherche. Allein die Bibliografie liefert vermutlich Lektürestoff für ein ganzes Jahr. Alles, was wir darin aufgenommen haben, hat uns auf die eine oder andere Weise weitergeholfen. Wir hoffen, dass es auch Ihnen hilft. Wie bei allem empfehlen wir Ihnen, das zu nutzen, was Ihnen hilft, und den Rest zu ignorieren. Treffen Sie Ihre Entscheidungen eigenverantwortlich, besonders wenn es einfacher erscheint, Dingen, die außerhalb Ihrer Kontrolle liegen, die Schuld zu geben.

Viel Glück.

▶▶ »Sie wissen, dass Sie nur ein Leben haben. Sie wissen, dass es wertvoll, außergewöhnlich und unwiederbringlich ist: das Produkt von Milliarden Jahren des Zufalls und der Evolution. Warum also verschwenden Sie es, indem Sie es den wandelnden Toten übereignen?«

George Monbiot – Journalist

Ein abschließendes Wort

Wir sitzen hier und arbeiten die Nacht durch, um das Buch zum Abschluss zu bringen. Wir müssen es morgen an den Verlag schicken. Rob und Dom sind in London, Mikey in New York. Wir hören auf Spotify Tanzmusik in voller Lautstärke. Dom hat gerade die neue Website für hundert Testnutzer freigeschaltet (inzwischen haben auch Sie Zugang). Achtzig Gäste besuchen eine ausverkaufte Escape-the-City-Veranstaltung in The Hub Westminster zur Gründung von Gastronomieunternehmen. Unser »Großes Escape-Bild der Woche« wird über die ganze Welt retweeted. Es passiert etwas.

Wir schreiben dies nicht, um uns selbst zu loben – wir wollen Ihnen nur zeigen, wie drei Menschen, *die genauso sind wie Sie*, etwas bewegen können. Ja, wir wussten nicht, ob es funktionieren würde (und wissen es noch immer nicht), ja, wir waren mindestens 18 Monate lang blank, und ja, es war eine emotionale Achterbahnfahrt. Aber alle Zweifel und alle Ängste sind es wert, wenn Sie sehen, wie aus Ihren Anstrengungen echte Veränderungen in der Welt werden: Veränderungen, die Ihnen etwas – sehr viel – bedeuten.

Der konventionelle Pfad mag sicher sein, vielleicht fühlt er sich gar nicht einmal so schrecklich an, und vielleicht wissen Sie das komfortable Leben zu schätzen … aber wenn Sie das Prickeln spüren möchten, das wir heute Abend spüren … bleibt Ihnen gar nichts anderes übrig, als diesen ersten Schritt zu tun. Glauben Sie, er ist es wert.

Es gibt keinen Zauberkoffer. Sie sind der Einzige, der entscheiden kann, was in Ihrer Karriere und Ihrem Leben als Nächstes kommen soll. Wir wissen, dass das aufwühlend ist; wir haben es erlebt. Wir begleiten Sie auf Ihrem ganzen Weg. Sie werden keine Schritte unternehmen, die wir nicht auch schon unternommen haben. Wir haben die Ungewissheit überlebt, und Sie können es auch.

Das Wichtigste, was Sie von jetzt an lernen können, ist, Ihre Schritte in neue Richtungen zu lenken. Kleine Schritte zuerst. Wenn Sie andere Ergebnisse haben wollen, müssen Sie sie sich andere Verhaltensweisen zulegen. Wir sind leidenschaftlich davon überzeugt, dass eine sinnerfüllte Existenz das Ergebnis harter Arbeit an etwas ist, an das Sie zutiefst glauben.

Wenn Ihnen gefällt, was Sie gelesen haben, kommen Sie einfach zu uns und registrieren Sie sich auf unserer Website. Wir entwickeln die Werkzeuge, die Ihnen helfen werden, die Ideen dieses Buches in die Praxis umzusetzen.

Hören Sie auf zu träumen. Beginnen Sie zu planen und unternehmen Sie etwas Neues!

Alles Gute!

Rob, Dom und *Mikey*
www.escapethecity.org

PS: Wenn Sie den Übergang zu etwas Neuem geschafft haben – sei es ein neuer Job, Ihr eigenes Unternehmen oder ein großes Abenteuer –, schicken Sie uns doch bitte eine E-Mail. Wir würden zu gerne Ihre Geschichte hören und sie mit dem Rest der Community teilen: team@escapethecity.org

▶▶ »Der beste Zeitpunkt, einen Baum zu pflanzen, war vor vierzig Jahren. Der zweitbeste ist heute.«
Sprichwort

Momente[1]

Wenn ich mein Leben noch einmal leben könnte,
würde ich versuchen, mehr Fehler zu machen,
ich würde nicht mehr versuchen, so perfekt zu sein,
ich wäre entspannter,
ich wäre voller, als ich jetzt bin,
ja, ich würde weniger Dinge ernst nehmen,
ich wäre weniger pingelig in Hygienefragen,
ich würde mehr Risiken eingehen,
ich würde mehr Reisen unternehmen,
ich würde mehr Sonnenuntergänge betrachten,
ich würde auf mehr Berge steigen,
ich würde durch mehr Flüsse schwimmen,
ich würde mehr Orte aufsuchen, an denen ich nicht war,
ich würde mehr Eis und weniger (Brech-)Bohnen essen,
ich hätte mehr echte Probleme und weniger eingebildete,
ich war einer von denen, die ein umsichtiges und produktives Leben
*   führen –*
jede Minute ihres Lebens,
natürlich hatte ich Augenblicke der Freude –
aber wenn ich zurückgehen könnte, würde ich versuchen, nur gute Mo-
*   mente zu haben.*

Falls Sie es noch nicht wissen ... dafür ist das Leben gemacht.
Nicht das Jetzt aus den Augen verlieren!
Ich gehörte zu jenen, die niemals irgendwo hingehen
ohne Thermometer,
ohne Thermoskanne,
ohne Schirm und ohne Fallschirm.

Wenn ich noch einmal leben könnte, würde ich mit leichtem Gepäck reisen,
wenn ich noch einmal leben könnte, würde ich versuchen,
vom ersten Frühling bis zum späten Herbst barfuß zu arbeiten,
ich würde auf mehr Fuhrwerken fahren,
ich würde mehr Sonnenaufgänge betrachten und mit mehr Kindern spielen,
wenn ich das Leben leben könnte – aber jetzt bin ich 85 –
und weiß, dass ich bald sterben werde ...

Anhang

Anmerkungen

Einleitung

1 Mehr dazu siehe Gregg Easterbrook, *The Progress Paradox – How Life Gets Better While People Feel Worse.*

Kapitel 1

1 Black Books, Assembly Film and Television, produziert von Big Talk Productions und gesendet auf Channel 4.

2 Einen faszinierenden Bericht, wie Andreas Kluth die Inspiration von Hannibal nutzte, um sich von seinem Investmentbankerjob zu befreien, lesen Sie auf http://tinyurl.com/ax8w988.

3 »Charles Leadbeater – The era of open innovation«, *TEDGlobal 2005*, gepostet im Januar 2007, http://tinyurl.com/a3tewc7.

4 Alison Roberts, »Robert Peston ... life in the eye of a perfect storm«, *Evening Standard*, 4. Oktober 2012, http://tinyurl.com/9wef3ke.

5 Pedro da Costa und Kristina Cooke, »Crisis may be worse than Depression, Volcker says«, 20. Februar 2009, http://tinyurl.com/atnaapw.

6 »›Wake up, gentlemen‹ – world's top bankers warned by former Fed chairman Volcker«, *The Times*, 9. Dezember 2009, http://tinyurl.com/ahlp2ww.

7 Paul Krugman, »Darling, I love you«, The Conscience of a Liberal, *New York Times*, 9. Dezember 2009, http://tinyurl.com/a9flrqv.

8 George Monbiot, »Choose Life«, 9. Juni 2000, http://tinyurl.com/a26cm8f.

9 Giles Coren, »Brilliant! You won't get that high-flying job«, *The Times*, 7. Februar 2009, http://tinyurl.com/a54gnzv.

10 Den vollständigen Vortrag von William Deresiewicz lesen Sie auf http://tinyurl.com/63dzt46.

11 »Alain de Botton – A kinder, gentler philosophy of success«, *TEDGlobal 2009*, gepostet im July 2009, http://tinyurl.com/lnmxle.

12 George Monbiot, http://tinyurl.com/3vk9syq.

13 *Shawshank Redemption*, Castle Rock Entertainment, 1994.

Kapitel 2

1 »10 Reasons You Should Never Get a Job«, 21. Juli 2006, http://tinyurl.com/ju8za.

2 James Altucher, »10 More Reasons You Need to Quit Your Job Right Now!«, http://tinyurl.com/424t289.

3 Steve Jobs, Stanford Commencement Speech, zitiert in: »›You've got to find what you love‹, Jobs says«, *Stanford News*, 14. Juni 2005, http://tinyurl.com/dfbkvo, als Video auf YouTube unter http://tinyurl.com/4lxnfh.

4 Umair Haque, »A Roadmap to a Life that Matters«, www.hbr.org, 13. Juli 2011, http://tinyurl.com/69lqujq.

5 Daniel Gulati, »More Options, More Problems«, *Huffington Post*, 23. Juni 2012, http://tinyurl.com/bhb2ugk.

Kapitel 3

1 Bronnie Ware, »Regrets of the Dying«, http://tinyurl.com/3956ye4.

2 One Tree Hill, The CW Television Network.

3 Accelerating Change, http://tinyurl.com/57fhqq.

4 Sarah Boseley, »Great expectations – today's babies are likely to live to 100, doctors predict«, 2. Oktober 2009, http://tinyurl.com/yb7akpm.

5 Roz' ganze Geschichte können Sie hier nachlesen: http://tinyurl.com/bd53a2v. Einen Überblick über ihre Abenteuer und Umweltaktivitäten vermittelt ihre Website http://www.rozsavage.com/.

6 *Fight Club*, Regency Enterprises, 20th Century Fox

7 David Brooks, »It's Not About You«, *New York Times*, 30. Mai 2011, http://tinyurl.com/b5cwczh.

8 Alastair Humphreys, »20 Questions Worth Answering Honestly«, http://tinyurl.com/auc5h2v.

9 Sherry Moss, »Why We Work – Finding Meaning in Your Job«, HuffingtonPost.com, 2. Februar 2011, http://tinyurl.com/qync4hh.

Kapitel 4

1 Dan Gilbert, »The surprising science of happiness, *TED2004*, aufgenommen im Februar 2004, gepostet im September 2006, http://tinyurl.com/p2nbe9.

2 Daniel Kahneman u.a., »Would You Be Happier If You Were Richer? A Focusing Illusion«, *Science*, 30. Juni 2006, Bd. 312, Nr. 5782, S. 1908–1910, http://tinyurl.com/b7gyuhp.

3 David Myers und Ed Diener, *The Pursuit of Happiness*, Harper, 1993.

4 Tara Parker-Pope, »This Is Your Brain at the Mall – Why Shopping Makes You Feel So Good«, *Wall Street Journal*, 6. Dezember 2005, zitiert in: http://tinyurl.com/dynhut.

5 Emily Yoffe, »Seeking«, 12. August 2009, zitiert in: http://tinyurl.com/acvsckq.
6 Consumerism, http://tinyurl.com/ywh3ms.
7 Marcia Angell, »The Epidemic of Mental Illness – Why?«, 23. Juni 2011, http://tinyurl.com/3nb2z6f.
8 Jules Evans, »Kalle Lasn, founder of Adbusters, on the coming revolution«, www.philosophyforlife.org, 16. Juni 2011, http://tinyurl.com/8yu9mha.
9 http://www.youtube.com/watch?v=MvgN5gCuLac.

Kapitel 5

1 Eine Liste der TED-Gespräche ist zu finden unter https://docs.google.com/spreadsheet/ccc?key=0AsKzpC8gYBmTcGpHbFlILThBSzhmZkRhNm8yYllsWGc.
2 Eric T. Wagner, »How to Make the Leap From Corporate Prisoner to Thriving Entrepreneur«, www.forbes.com, 21. August 2012, http://tinyurl.com/avy6uch.
3 *Jerry Maguire*, TriStar Pictures, 1996.

Kapitel 6

1 Rae Fera, »How To Be A Happy And Successful Creative Freelancer (Or Work With One)«, http://tinyurl.com/a3u9vow.
2 Cal Newport, »Follow a Career Passion? Let It Follow You«, *New York Times*, 29. September 2012, http://tinyurl.com/aa4cfm2.
3 Mark Granovetter, »The Strength of Weak Ties«, *American Journal of Sociology*, Bd. 78, Nr. 6, Mai 1973, http://tinyurl.com/5rmhfnz.
4 Ella Heeks in: Nadja Finer/Emily Nash: *More To Life Than Shoes – How to Kick-start Your Career and Change Your Life.*

Kapitel 7

1 *The Matrix*, Warner Brothers, 1999.
2 Tim, Linn und Will, »Warriors Against Climate Change«, http://tinyurl.com/bjk7zbl. [Diese Quelle ist nur für Escape-Mitglieder zugänglich.]

Kapitel 8

1 Eine umfassende Darstellung dessen, was wir im Rahmen unseres Risikokapital-Pitchings gelernt haben, liefert unser Blogeintrag »Insights and Advice About

Funding Startups – From Last Night's Event«, http://blog.escapethecity.org, 10. Juli 2012, http://tinyurl.com/b8e2m2g.

Kapitel 9

1 Jason Fried, »Connecting the dots – How my opinion made it into the New York Times today«, http://tinyurl.com/c47went.
2 Steve Jobs, Stanford Commencement Speech, zitiert in: »›You've got to find what you love‹, Jobs says«, *Stanford News*, 14. Juni 2005, http://tinyurl.com/dfbkvo, als Video auf YouTube unter http://tinyurl.com/4lxnfh.
3 Seth Godin, » Risk, Fear and Worry«, 24. Juli 2012, http://tinyurl.com/cydmtb9.
4 Paul Graham, »Hiring is Obsolete«, Mai 2005, http://tinyurl.com/7gghs.
5 Bret Victor, »Inventing on Principle«, Vortrag auf der CUSEC 2012.
6 Toby Sims, »Following the shiny light – Toby reports back«, http://tinyurl.com/8qkagxl.

Ein abschließendes Wort

1 Dieses Gedicht wird häufig irrtümlicherweise dem argentinischen Dichter Jorge Luis Borges zugeschrieben. In den letzten Jahren hat es sich über Ketten-E-Mails verbreitet und so etwas wie Kultstatus erlangt. Wer der eigentliche Urheber ist, ist nach wie vor ein Rätsel. Wir fügen es am Ende des Manifests an, weil wir das Gefühl haben, dass es die Philosophie von Escape the City gut wiedergibt – fürchten Sie nicht das Unbekannte, fürchten Sie die Reue.

Empfohlene Ausstiegsquellen

Die folgenden Quellen haben uns bei unserem Ausstieg sehr geholfen. Wir hoffen, dass sie auch Ihnen helfen werden.

Empfohlene Bücher
Finden Sie einen aufregenden Job
Working Identity – Hermina Ibarra

Trust Agents – Chris Brogan, Julien Smith

How to Find Fulfilling Work (dt.: *Wie man die richtige Arbeit für sich findet*) – Roman Krznaric

What Colour Is Your Parachute? (dt.: *Durchstarten zum Traumjob – das ultimative Handbuch für Ein-, Um- und Aufsteiger*) – Richard Bolles

Drive – The Surprising Truth About What Motivates Us (dt.: *Drive – was Sie wirklich motiviert*) – Dan Pink

Linchpin – Seth Godin

Getting Unstuck – Timothy Butler

Unternehmen Sie ein großes Abenteuer
Moods of Future Joys – Alastair Humphreys

There Are Other Rivers – Alastair Humphreys

Walden (dt.: *Walden oder Leben in den Wäldern*) – Henry David Thoreau

The Sheltering Desert (dt.: *Wenn Krieg ist, gehen wir in die Wüste*) – Henno Martin

The Alchemist (dt.: *Der Alchimist*) – Paulo Coelho

Vagabonding – Rolf Potts

Brazilian Adventure (dt.: *Brasilianisches Abenteuer – wie ich versuchte, den größten Amazonasforscher aller Zeiten zu finden*) – Peter Fleming

Philosophy for Polar Explorers. What They Don't Teach You in School – Erling Kagge

Life On Air – David Attenborough

Gründen Sie Ihr eigenes Unternehmen
The Art of the Start (dt.: *The Art of the Start. Von der Kunst, ein Unternehmen erfolgreich zu gründen*) – Guy Kawasaki

Anything You Want – Derek Sivers

Start With Why – Simon Sinek

ReWork (dt.: *ReWork. Business intelligent & einfach*) – Jason Fried, David Heinemeier Hansson

Delivering Happiness – Tony Hsieh

A Book About Innocent: Our story and some things we have learned – Innocent

Evil Plans (dt.: *Keine Skrupel! Schmieden Sie böse Pläne und haben Sie Spaß auf dem Weg zur Nummer 1*) – Hugh MacLeod

Tribes – Seth Godin

Ignore Everybody – Hugh MacLeod

Crush It (dt.: *Hau rein! Erfüll Dir Deinen Traum und werde Unternehmer*) – Gary Vaynerchuk

Purple Cow (dt.: *Purple cow. So infizieren Sie Ihre Zielgruppe durch virales Marketing*) – Seth Godin

Good To Great (dt.: *Der Weg zu den Besten. Die sieben Management-Prinzipien für dauerhaften Unternehmenserfolg*) – Jim Collins

The 100 $ Startup (dt.: *Start-up! Wie Sie mit weniger als 100 Euro ein Unternehmen auf die Beine stellen und Ihr eigener Chef werden*) – Chris Guillebeau

The Tipping Point (dt.: *Der Tipping-Point. Wie kleine Dinge Großes bewirken können*) – Malcolm Gladwell

Escape From Cubicle Nation – Pamela Slim

4-Hour Work Week (dt.: *Die 4-Stunden-Woche. Mehr Zeit, mehr Geld, mehr Leben*) – Timothy Ferriss

How They Started – David Lester

Start Something That Matters – Blake Mycoskie

Screw Business as Usual – Richard Branson

Losing My Virginity (dt.: *Business ist wie Rock 'n' Roll. Die Autobiographie des Virgin-Gründers*) – Richard Branson

The Lean Startup (dt.: *Lean Startup. Schnell, risikolos und erfolgreich Unternehmen gründen*) – Eric Ries

The E-Myth – Michael E. Gerber

The Long Tail (dt.: *The long tail. Nischenprodukte statt Massenmarkt. Das Geschäft der Zukunft*) – Chris Anderson

Founders At Work – Jessica Livingston

Creating A World Without Poverty (dt.: *Die Armut besiegen*) – Muhammad Yunus

Allgemeine Ausstiegstipps

How to Change the World – John-Paul Flintoff

The Dip – Seth Godin

The Thank You Economy (dt.: *Die Thank-you-Economy. König Kunde im Web 2.0 – was Unternehmen tun und was sie lassen sollten*) – Gary Vaynerchuk

The Cluetrain Manifesto (dt.: *Das Cluetrain Manifest. 95 Thesen für die neue Unternehmenskultur im digitalen Zeitalter*) – Rick Levine und Christopher Locke

The Art of Nonconformity (dt.: *Die Kunst, anders zu leben. Erschaffe deine eigenen Regeln und führe das Leben, das du dir wünschst*) – Chris Guillebeau

Outliers (dt.: *Überflieger. Warum manche Menschen erfolgreich sind – und andere nicht*) – Malcolm Gladwell

The Pleasures & Sorrows of Work (dt.: *Freuden und Mühen der Arbeit*) – Alain de Botton

Status Anxiety (dt.: *Statusangst*) – Alain de Botton

Letters to a Young Contrarian (dt.: *Widerwort. Eine Verteidigung der kritischen Vernunft*) – Christopher Hitchens

The Happiness Hypothesis (dt.: *Die Glückshypothese. Was uns wirklich glücklich macht. Die Quintessenz aus altem Wissen und moderner Glücksforschung*) – Jonathan Haidt

The New Capitalist Manifesto – Umair Haque

I Was Blind But Now I See – James Altucher

Mediated: How the Media Shape the World Around You – Thomas de Zengotita

Philosophy For Life And Other Dangerous Situations (dt.: *Philosophie fürs Leben … und für andere gefährliche Situationen*) – Jules Evans

Here Comes Everybody – Clay Shirky

What Would Google Do? (dt.: *Was würde Google tun? Wie man von den Erfolgsstrategien des Internet-Giganten profitiert*) – Jeff Jarvis

The War of Art – Steven Pressfield

How To Live: A Life Of Montaigne (dt.: *Wie soll ich leben? oder Das Leben Montaignes in einer Frage und zwanzig Antworten*) – Sarah Bakewell

The Meaning Of The 21st Century – James Martin

How To Be Free (dt.: *Die Kunst, frei zu sein. Handbuch für ein schönes Leben*) – Tom Hodgkinson

What They Don't Teach You At Harvard Business School (dt.: *Was Sie an der Harvard Business School nicht lernen. Von der Trockenübung zum sturmerprobten Unternehmenslenker*) – Mark McCormack

What They Teach You At Harvard Business School – Philip Delves Broughton

The Seven Habits of Highly Effective People (dt.: *Die 7 Wege zur Effektivität. Prinzipien für persönlichen und beruflichen Erfolg*) – Steven Covey

Seven Day Weekend – Ricardo Semler

Meditations (dt.: *Meditationen*) – Marcus Aurelius

On The Shortness Of Life (dt.: *Von der Kürze des Lebens*) – Seneca

Whatever You Think, Think the Opposite (dt.: *Egal, was du denkst, denk das Gegenteil*) – Paul Arden

The Paradox Of Choice (dt.: *Anleitung zur Unzufriedenheit. Warum weniger glücklicher macht*) – Barry Schwartz

Why Truth Matters – Ophelia Benson

Liar's Poker (dt.: *Wall-Street-Poker*) – Michael Lewis

An Optimists Guide To The Future (dt.: *Morgen ist heute gestern. Eine optimistische Reise in die Zukunft*) – Mark Stevenson

Black Swan (dt.: *Der schwarze Schwan. Die Macht höchst unwahrscheinlicher Ereignisse*) – Nicholas Taleb

What Next? Surviving The 21st Century – Chris Patte

Empfohlene Artikel

»Making the choice between money and meaning«, http://tinyurl.com/9jh9sns

»10 reasons you need to quit your job«, http://tinyurl.com/ao4ebhrn

»Choose Life«, http://tinyurl.com/abhqptl

»A Brief Guide to World Domination«, http://tinyurl.com/ahsn47z

»You Weren't Meant To Have A Boss«, http://tinyurl.com/yp9cbl

Die Artikel von Paul Graham eignen sich alle hervorragend für Unternehmensgründer, siehe: http://tinyurl.com/ar4r57r

»Brainwashed«, http://tinyurl.com/ax6d2nl

»Stop Stealing Dreams«, http://tinyurl.com/au9zfbe

»Unleashing the IdeaVirus«, http://tinyurl.com/bkxhxsv

»How To Become An Idea Machine«, http://tinyurl.com/9448uzc

»Harnessing Entrepreneurial Manic Depression«, http://tinyurl.com/4l2gpl

»Stop Asking ›But How Will They Make Money?‹«, http://tinyurl.com/9lhv7np

»The Career Value Of A Pointless Sabbatical«, http://tinyurl.com/amtz6ly

»Follow a Career Passion? Let It Follow You«, http://tinyurl.com/93337n

»More Options, More Problems«, http://tinyurl.com/bhb2ugk

»10 Reasons You Should Never Get A Job«, http://tinyurl.com/af3wywe

»Fast Exercises To Find Your Purpose And Passion For Work«, http://tinyurl.com/bxon638

»Six-Figure Businesses Built for Less Than $100 – 17 Lessons Learned«, http://tinyurl.com/cl8jlen

Empfohlene Videos

RSA Animate – Changing Education Paradigms, http://tinyurl.com/amyzwh7

RSA Animate – 21st Century Enlightenment, http://tinyurl.com/an65yux

RSA Animate – Crises of Capitalism, http://tinyurl.com/b3f56el

Elizabeth Gilbert: Your Elusive Creative Genius, http://tinyurl.com/d4tmd5

The Last Lecture, http://tinyurl.com/52stko

Steve Jobs' 2005 Stanford Speech, http://tinyurl.com/4lxnfh

Alain de Botton: A Kinder, Gentler Philosophy of Success, http://tinyurl.com/lnmxle

Simon Sinek: How Great Leaders Inspire Action, http://tinyurl.com/768kjbt

The Corporation – Trailer, http://tinyurl.com/a6m763l

Man On Wire, http://tinyurl.com/beyarln

Barry Schwartz: The Paradox of Choice, http://tinyurl.com/akvzt8n

Tony Robbins: Why We Do What We Do, http://tinyurl.com/a7oeosx

Rory Sutherland: Life Lessons From An Ad Man, http://tinyurl.com/yfy7hn8

Malcolm Gladwell: Choice, Happiness and Spaghetti Sauce,
    http://tinyurl.com/a94frph

Jill Bolte Taylor: How It Feels To Have A Stroke, http://tinyurl.com/as5muqz

Sir Ken Robinson: Do Schools Kill Creativity, http://tinyurl.com/bzbddct

JK Rowling: The Fringe Benefits Of Failure, http://tinyurl.com/a3nkau

Matt Ridley: When Ideas Have Sex, http://tinyurl.com/bzaoh7k

Larry Smith: Why You Will Fail To Have A Great Career,
    http://tinyurl.com/a38w5yg

Sheryl Sandberg: Why We Have Too Few Women Leaders,
    http://tinyurl.com/9weachd

Alan Watts: Music and Life, http://tinyurl.com/be84rbw

Alan Watts: What If Money Was No Object?, http://tinyurl.com/a5custp

Alan Watts: On Conforming To Society, http://tinyurl.com/azj5ree

Aussteigergeschichten: Lassen Sie sich inspirieren

Tom Allen – Tom von ride-earth.org.uk

http://escapethecity.org/users/13723/escape_story

Tom verbrachte fast vier Jahre mit großen Fahrradabenteuern und lebte dabei ein Leben, das mit dem Alltag der meisten von uns sehr wenig gemeinsam hat. Er hat einige sehr wertvolle (und ziemlich einfache) Tipps für jeden, der erwägt, etwas ganz anderes zu machen.

Paul Archer – ich kündigte meinen Job und fuhr in einem schwarzen Taxi um die Welt

http://escapethecity.org/users/42703/escape_story

Eines Tages kam ich zur Arbeit, kündigte, setzte mich in ein Londoner Taxi und fuhr gen Australien. Fünfzehn Monate später kam ich nach einer vollständigen, zuvor nicht geplanten Erdumrundung mit zwei Weltrekorden und 20 000 britischen Pfund Spendengeldern für das britische Rote Kreuz wieder in London an.

Selina Barker – eine Karriere, die mir Freiheit und Abenteuer verschafft

http://escapethecity.org/users/9466/escape_story

Vor fünf Jahren kündigte Selina Barker ihren Job als Marketingleiterin und begann, sich eine Karriere zu schaffen, die sie in einer Tasche mit sich herumtragen konnte.

Heute ist sie erfolgreicher Online-Karrierecoach, Autorin und Abenteurerin – ihre letzten Abenteuer waren eine sechsmonatige Reise mit Wohnmobil und PC durch ganz Großbritannien, ein Kajakausflug nach Schweden, ein Surfkurs in Costa Rica, ein Aufenthalt unter Boheme-Künstlern in Buenos Aires, ein Segeltörn um die fernen Inseln Südchiles, ein Roadtrip entlang der nordamerikanischen Pazifikküste und Klettertouren auf so viele Berge und Gipfel, wie ihre Schuhe sie nur trugen. Gegenwärtig richtet sie sich in Kanada ein, wo sie schreibt, malt und sich auf die Skisaison vorbereitet.

Das ist nicht das Leben, das sie geplant hatte – es ist viel besser.

Louisa Blackmore – Ex-Hedgefondsangestellte über den Weg in die Selbstständigkeit

http://escapethecity.org/users/3028/escape_story

Louisa arbeitete ehemals für einen Hedgefonds und (davor) für eine Großkanzlei aus dem Magic Circle. Vor Kurzem hat sie ihr eigenes Unternehmen gegründet, das Möbel und Wohnaccessoires verkauft. Wir lassen sie ihre Geschichte am besten selbst erzählen …

Jessica Butcher – Kenias »ungehobener Chancenschatz«

http://escapethecity.org/users/20266/escape_story

Nach zehn Jahren in London beschloss Jessica, dass »ihre Zeit« gekommen war, und sie meldete sich für einen sechsmonatigen Afrikaeinsatz, um etwas Zeit zu haben, sich etwas auszudenken … als sie den Flug buchte, war ihr nicht bewusst, dass sie ihre Idee schon gefunden hatte.

Piers Calvert – einst exotischer Börsenhändler, jetzt exotischer Fotograf

http://escapethecity.org/users/55726/escape_story

Piers Calvert war einst ein exotischer Derivatehändler für die Deutsche Bank in London. Nach fünf Jahren kündigte er, um nach Südamerika zu gehen. Heute arbeitet er als Fotograf in Bogotá in Kolumbien.

Rob Cornish – ein Fondsmanager wird Onlineunternehmer

http://escapethecity.org/users/5018/escape_story

Rob war Fondsmanager, der Spaß an seiner Arbeit hatte, aber mit der starren Tagesroutine unzufrieden war, die sein Job in der Finanzdienstleistungsbranche mit sich brachte. Er entschied sich für ein Leben, das es ihm ermöglicht, von zu Hause aus über das Internet zu arbeiten und seine Arbeitszeiten frei zu wählen.

Dave Cornthwaite – Skater, Unternehmensgründer und Abenteurer

http://escapethecity.org/users/20/escape_story

Dave war früher Grafikdesigner. Er gab den Job auf und hat seither einige ziemlich verrückte Dinge gemacht. Heute unternimmt er mehrere Tausend Kilometer lange Reisen um die Welt, angetrieben von nichts anderem als seinen Muskeln. Er ist Reiseautor und Rekordhalter im Langstreckenskateboardfahren.

Caroline Dean – von der Welt der Banken zur Gründung von spoonfedsuppers. com

http://escapethecity.org/users/32542/escape_story

Ich arbeitete zuvor in einer Investmentbank als Händlerin in Sachen Devisen und Anleihen in Schwellenländern. Dann verbrachte ich einige Zeit als Partner in einem globalen Hedgefonds mit Schwerpunkt Investor Relations und Marketing. Ich fing 2005 an und kündigte 2009.

James und Thom Elliot – zwei Brüder, ein Kleintransporter und eine Pizza-Pilgerreise durch Italien

http://escapethecity.org/users/85848/escape_story

James und Thom Elliot entflohen beide dem Londoner Hamsterrad, um »Pizza Pilgrims« zu gründen und frische neapolitanische Pizza aus einem holzbefeuerten Ofen zu verkaufen, den sie in einen dreirädrigen Piaggio Ape integrierten. Um sich Inspirationen für ihre Speisekarte zu holen, unternahmen sie eine monatelange »Pizza-Pilgerfahrt« durch Italien, die sie für eine Fernsehdokumentation festhielten.

Nina Elvin-Jensen – aus der City an meinen Küchentisch – und zu littledelivery.com

http://escapethecity.org/users/85881/escape_story

Nina plante ursprünglich, in der City Karriere zu machen, um sich bis ganz nach oben hochzuarbeiten. Nach fünf Jahren als Beraterin für Immobilienanlagen konnte sie ihren Drang nach einem Ausbruch aus der Routine, der monotonen Pendelei und den Großfirmen nicht mehr unterdrücken. Sie ging das Risiko einer Kündigung ein, ohne einen Plan für danach zu haben.

Adam Fenton – vom Bürosklaven zum ortsunabhängigen Berater und Reisenden

http://escapethecity.org/users/15702/escape_story

Ich vollzog meinen Ausstieg im letzten Jahr, als ich meinen IT-Job bei einer großen Firma kündigte und mir ein einfaches Ticket nach Brasilien kaufte. Ich verbrachte über ein Jahr damit, durch Lateinamerika zu reisen, und bin gerade dabei, meine ortsunabhängige IT-Agentur (Webseitenerstellung und andere Programmierjobs) aufzubauen.

Scott Gilmore – Diplomat kündigt, um die Armut zu bekämpfen
http://escapethecity.org/users/85826/escape_story
Scott Gilmore war früher im diplomatischen Dienst; ihn frustrierte die Ineffizienz der Hilfsbranche, und er brannte darauf, diesen Zustand zu ändern. Er gab seinen Diplomatenstatus auf und gründete ein soziales Unternehmen namens Peace Dividend Trust (heute Open Markets). Dessen Mission: Märkte und Arbeitsplätze in Entwicklungsländern schaffen. Es beschäftigt heute 150 Mitarbeiter in aller Welt und hat in einigen der ärmsten Gegenden der Welt insgesamt über 77 000 Jobs geschaffen.

Sarah Hilleary – Ex-Merrill-Lynch-Angestellte und heute Eigentümerin einer Gastronomiefirma
http://escapethecity.org/users/46/escape_story
Sarah stieg aus dem Investmentbanking aus, um ihre eigene Gastronomiefirma zu gründen. Sie entdeckte eine Angebotslücke im Markt (etwas, auf das sie selbst Wert legte) und hat beschlossen, diese Lücke selbst zu füllen.

Keith Jenkins – vom Banker zum professionellen Reiseblogger
http://escapethecity.org/users/22908/escape_story
Keith arbeitete zehn Jahre lang in der Bankenwelt. Es war lange Zeit unsicher, wie er seinen Ausstieg bewerkstelligen sollte, und harrte so lange aus, bis sich eine gute Gelegenheit bot. Er begab sich auf Weltreise und blickte nie mehr zurück. Mit seinen Erfahrungen aus der City zog er seinen eigenen Reiseblog als Unternehmen auf und ist heute so glücklich wie noch nie.

Aggie Jones – wie ich einen Job bei Spotify bekam
http://escapethecity.org/users/79/escape_story
Aggie hinterließ bei ihren neuen Arbeitgebern im Vorstellungsgespräch einen so starken Eindruck, dass diese eine neue Position für sie schufen – sie wollten nicht die Gelegenheit verpassen, sie einzustellen. Gut gemacht, Aggie! Wir freuen uns darauf, dich schon bald in einer Spotify-Werbung zu hören.

Lisa Lubin – Emmy-Award-gekrönte Fernsehproduzentin schmeißt alles hin, um die Welt zu bereisen

http://escapethecity.org/users/46362/escape_story

Im Jahr 2006 schmiss Lisa alles hin – Fernsehkarriere, Auto, Wohnung und Freund – und machte sich auf, um arbeitend um die Welt zu reisen. Sie hatte ihr Leben lang davon geträumt und nahm schließlich die Chance dazu wahr! Sie arbeitete in einem Café in Melbourne, unterrichtete Englisch in Istanbul und leistete gemeinnützige Arbeit in London. Sie begann, freie Reiseberichte und Blogbeiträge zu verfassen ... und der Rest ist Geschichte!

Dave Mayer – einstiger Cisco-Mitarbeiter gründet innovatives Trinkflaschenunternehmen

http://escapethecity.org/users/85848/escape_story

David Mayer brach aus dem Großfirmengefängnis aus, wo er als Projektmanager für Cisco tätig war, und gründete Clean Designs LLC (heute Clean Bottle), ein innovatives Trinkflaschenunternehmen in Nordkalifornien.

Anna McKay – Anna stieg aus dem Beratergeschäft aus und gründete eine moderne Gesundheitsfirma

http://escapethecity.org/users/85840/escape_story

Anna war frustriert, weil es vonseiten ihres »Big Four«-Arbeitgebers keinerlei moderne, relevante und proaktive Gesundheitsdienstleistungsangebote gab (und auch keine anderen externen empfehlenswerten Anbieter). Sie sah ihre Chance darin, mit ihrer Leidenschaft für Sport und Gesundheit ein wachsendes Problem in der Unternehmenswelt zu lösen. Sie gab ihren Beraterjob auf und gründete Spinach, ein auf die Bedürfnisse von Großfirmen zugeschnittenes Gesundheitsunternehmen.

Matthew McLuckie – Entwicklung nachhaltiger CO_2-Lösungen

http://escapethecity.org/users/10284/escape_story

Irgendwann beschloss ich, dass es in der City zwei Menschentypen gibt. Die einen genehmigten sich lange Mittagspausen, gönnten sich nach Feierabend ihr Bier und beklagten sich ständig über ihren Job. Die anderen hatten offensichtlich Spaß an ihrer Arbeit und widmeten sich ihr mit Leidenschaft und Ausdauer.

Rekha Mehr – Ex-Amazon-Mitarbeiterin läuft vom Dschungel in die Küche
http://escapethecity.org/users/36602/escape_story
Rekha gab ihre Tätigkeit als Einkaufsleiterin bei dem weltgrößten Onlineversandhändler auf und startete ein Projekt, das ihr etwas mehr am Herzen lag … eine indianisch inspirierte Bäckerei. Sie wollte beweisen, dass es mehr indianische Süßigkeiten und Nachtische gab, als damals angeboten wurden, und sah eine Marktlücke für eine neue Luxusmarke. Sie ergriff ihre Chance und gründete die Pistachio Rose Baking Boutique.

Rob Owen – den Wiederholungstäterkreislauf durchbrechen
http://escapethecity.org/users/21940/escape_story
»Ich wollte nicht, dass auf meinem Grabstein steht: ›Missmutiger Investmentbanker‹.« Verfolgen Sie Robs Wechsel von der Bankerrolle zu jemandem, der seiner Leidenschaft folgt und eine Führungsrolle in einer Organisation übernimmt, die wirklich etwas bewirkt. St Giles Trust ist bestrebt, den Kreislauf von Verbrechen und Benachteiligung zu durchbrechen, Wiederholungstätern eine Ausstiegsoption zu eröffnen und das öffentliche Leben sicherer zu machen.

Nic Pantucci – wenn Sie nach San Francisco kommen … sprechen Sie mit Nic
http://escapethecity.org/users/20821/escape_story
Meine Erkenntnis kam plötzlich. Als ich in der Underground zum zweiten Mal in einer Woche den Geruch einer bestimmten Achselhöhle einatmen musste, beschloss ich, dass ich hier weg musste … sofort! Ich reichte noch am selben Tag meine Kündigung ein und war kurz darauf in San Francisco. Verrückte Vorstellung, dass wir alle einmal dort waren!!!!

Trupti Patel – von der Citigroup zu Social Finance
http://escapethecity.org/users/2490/escape_story
Nach vier Jahren im Investmentbanking bei der Citigroup fragte sich Trupti, was sie als Nächstes tun sollte. Heute arbeitet sie bei Social Finance, einer höchst interessanten Non-Profit-Organisation, in der sie ihre fachlichen und finanziellen Fähigkeiten für Dinge einsetzen kann, die ihr leidenschaftlich am Herzen liegen. Großen Dank für deine Antworten, Trupti.

Katherine Preston – von der Finanzexpertin zur Autorin und Unternehmensgründerin

http://escapethecity.org/users/15970/escape_story

Nachdem Katherine beschlossen hatte, dass die Vermögensverwaltung nicht ihre Welt war, verließ sie London und verbrachte ein Jahr damit, durch Amerika zu reisen und für ein Buch zu recherchieren. Sie ist heute Autorin, Vortragsrednerin und Kreativdirektorin eines jungen Start-ups in New York.

Steve Reid – Exbuchhalter startet globales Sportnetzwerk

http://escapethecity.org/users/85844/escape_story

Nach ewig langen Jahren des Zahlenjonglierens und Tabellenerstellens beschloss ich, dass es an der Zeit war, meinen stumpfsinnigen Wirtschaftsprüfer-Brotjob an den Nagel zu hängen und mich ganz auf meine Hauptleidenschaft im Leben zu konzentrieren: den Sport. Bislang hatte es nirgends einen Ort gegeben, wo ich alle meine Bedürfnisse als Sportler befriedigt fand, und so beschloss ich, ein großartiges Team zu versammeln und Tribesports.com zu gründen.

Stephen Ridley – Bühne statt Anzug!

http://escapethecity.org/users/85878/escape_story

Stephen Ridley sagte sich vom Investmentbanking los und wurde im Hauptberuf Musiker: 24 Stunden nachdem er seinen Job quittiert hatte, rollte er ein Klavier mitten auf eine der belebtesten Straßen Londons und begann zu spielen. Binnen eines Monats erhielt er neun Vermarktungsangebote, und er begann, sein erstes Album einzuspielen, »Butterfly in A Hurricane«, das Sie heute auf iTunes finden.

Omar Samra – Banker beendet Topfinanzkarriere und gründet Abenteuerreiseunternehmen

http://escapethecity.org/users/85849/escape_story

Nach acht Jahren im Investmentbanking hängte Omar Samra auf dem Höhepunkt der Finanzkrise seinen Job an den Nagel, gründete ein Unternehmen, das ausschließlich im Freizeitbereich tätig ist, und benannte es nach einer tropischen Frucht. Wild Guanabana bietet eine Alternative zur normalen Reisebranche. Das Unternehmen möchte das Leben seiner Kunden durch Reiseerlebnisse verändern – so wie sich vorher Omars Leben durch das Reisen verändert hat.

Toby Sims – »Keine Hoffnung ohne Vision!« – Toby Sims erhielt ein Stipendium von General Assembly

http://blog.escapethecity.org/categories/there-is-no-hope-without-a-vision-toby-sims-awarded-general-assembly-scholarship/

Lee Strickland – ein Gästehaus in Cornwall

http://escapethecity.org/users/3128/escape_story

Lee und ihr Partner verließen die Stadt für immer, um in Cornwall ein eigenes Gästehaus zu eröffnen. Sehen Sie selbst, wie ein mutiger und aufregender Plan aussieht. Wir wünschen euch alles Gute, und danke, dass wir an eurem Abenteuer teilhaben durften. Wir freuen uns darauf, wieder von euch zu hören.

Tim, Lynn und Will – Atlantic-Rising-Team: Kämpfer gegen den Klimawandel

http://escapethecity.org/users/15012/escape_story

Ein eindrückliches Abenteuer: »Wir kommen gerade zurück von einer 15-monatigen Expedition rund um den Atlantischen Ozean entlang der 1-Meter-Höhenlinie – das ist die Höhe, von der Wissenschaftler vorhersagen, dass der Meeresspiegel sie bis zum Jahr 2100 erreicht haben wird.«

Dave Turner – für Fahrradabenteuer bezahlt werden

http://escapethecity.org/users/1448/escape_story

Dave ist australischer Escape-the-City-Fan – er ist auf dem Sprung zu einem sagenhaften Abenteuer. »Ich erreichte ein Stadium, in dem ich einfach mal etwas auf eigene Faust unternehmen wollte. Ich vermute, ich bin dem Hamsterrad mittlerweile entwachsen. Es ist wunderbar, jeden Tag die Flügel auszubreiten und einfach loszulegen.«

Aukje van Gerven – Aukjes großes Risiko und ihr großes Abenteuer

http://escapethecity.org/users/20429/escape_story

Aukje ist eine echte Multitasking-Künstlerin und Aussteigerin! Zurzeit jongliert sie drei extrem lohnenswerte Projekte. Diese ehemalige Verwaltungsjuristin hat endlich ihre Berufung gefunden.

Alastair Vere Nicoll – vom Magic Circle zum südlichen Polarkreis
http://escapethecity.org/users/10598/escape_story

»Nach meinen ersten fünf Jahren Berufstätigkeit fühlte ich mich ein wenig leer – als ob mich in meinem gegenwärtigen Existenzkreis nichts wirklich anrühren konnte. Zugegeben, nach einer so vergleichsweise kurzen Zeit im Beruf schon so viel Unruhe zu verspüren, klingt etwas pathetisch. Schließlich kennen wir das alle …«

Alastair ist ein gutes Beispiel für jemanden, der beschlossen hat, etwas dagegen zu unternehmen.

Jonathan Walter – aus dem Buchhalter wird ein Surfer und Möbeltischler
http://escapethecity.org/users/6176/escape_story

Jonathan verbrachte 15 Jahre als Buchhalter in einer Investmentbank … »Vor drei Jahren beschloss ich, dass ich mehr über edle Möbel lernen wollte, und so ging ich zurück nach Großbritannien und besuchte in Devon Fortbildungskurse. Ich habe es keinen einzigen Tag lang bereut; ich bin gesünder, glücklicher, ein besserer Surfer und sehr viel entspannter!« Gute Arbeit …

Pete Waterman – IT gegen große Abenteuer eingetauscht
http://escapethecity.org/users/14117/escape_story

Vor rund drei Jahren wurde mir bewusst, dass mich neben meinem karriereorientierten Leben noch andere Dinge interessierten. Nach vielen Experimenten hängte ich schließlich Anfang 2010 meinen Beruf als IT-Spezialist an den Nagel, um mich darauf zu konzentrieren, die Welt zu erkunden, Geld für Wohltätigkeitsorganisationen zu sammeln und andere mit meinen Schriften und meiner Fotografie zu inspirieren.

Lea Woodward – ortsunabhängige Autorin und Guru
http://escapethecity.org/users/85821/escape_story

Lea gehörte zu den Ersten, über die wir etwas im Netz lasen, als wir unsere eigenen Ausstiege planten. Sie hat ganz klare Vorstellungen. Und sie weiß wahrhaftig, worüber sie spricht. Lesen Sie ihre Antworten und entdecken Sie einige echte Weisheitsperlen. Danke, Lea!

Frank Yeung – Burrito-Revolution durch Ex-Goldman-Sachs-Banker
http://escapethecity.org/users/60/escape_story

Frank und Nick sind wahre Ausstiegshelden und machen da, hinter Liverpool Street, etwas ganz Besonderes. Die Burritos sind köstlich, und der Geschäftssinn der beiden lässt ebenfalls nichts zu wünschen übrig!

Über Escape the City

Escape the City wurde in London geboren, wo Rob, Dom und Mikey im Herzen der Unternehmenswelt – der »City« – als Angestellte arbeiteten. Den zwei Managementberatern und dem Investmentbanker wurde irgendwann bewusst, dass die konventionelle Unternehmenskarriere nichts für sie war. Gelangweilt und voller Tatendrang sehnten sie sich nach einer Veränderung, schafften aber lange nicht den Absprung. Wo waren all die aufregenden und realistischen Alternativen? Wie sich herausstellte, kämpften die meisten ihrer Freunde und Kollegen mit demselben Problem: »Wenn nicht dies, was dann?«

Was als einfacher anonymer Blog begann, hat sich mittlerweile in rasantem Tempo zu einem Onlinedienst entwickelt, der Tausenden von Menschen dabei geholfen hat, der Tretmühle ihres Großfirmenjobs zu entfliehen, um einen aufregenden neuen Job zu finden, ein eigenes Unternehmen zu gründen oder das große Abenteuer zu suchen. Escape the City ist ein Unternehmen, vielmehr aber noch eine Bewegung. Die Jungs haben eine Community mit über 100 000 Mitgliedern in aller Welt geschaffen. Das Konzept? Die von allen geteilte Überzeugung, dass das Leben zu kurz ist, um es mit Tätigkeiten zu verbringen, die uns nichts bedeuten.

Das Escape-the-City-Team hat vor Kurzem über Crowdfunding 600 000 britische Pfund von 395 Community-Mitgliedern gesammelt (und gleichzeitig Angebote von einigen hochkarätigen Risikokapitalgebern abgelehnt). Es arbeitet intensiv an der Entwicklung einer intelligenten Plattform. Deren Aufgabe ist es, Ihre Wünsche und Ziele zu analysieren, Sie mit gleichgesinnten Menschen zusammenzubringen und Ihnen neue Chancen zu erschließen, die zentral mit dem zu tun haben, was Ihnen im Leben am wichtigsten ist.

Schließen Sie sich der Revolution an unter www.escapethecity.org.

Danksagung

Wir möchten den Menschen danken, denen wir begegnet sind, seit wir unseren Ausstieg vollzogen haben, und den Menschen, denen wir nicht begegnet sind, die uns aber dennoch online oder über ihre Bücher und Videos großartig geholfen haben.

Wir möchten auch unseren Eltern, unseren Freunden und speziell unseren Freundinnen danken. Sowie den 91 659 Escape-the-City-Mitgliedern, die der Community heute, wo wir dieses Buch schreiben, angehören, und den 395 Investoren dafür, dass sie an unsere Vision glauben.

Wir arbeiten mit einem fantastischen Team – Louisa, Adele, Fabio, Max und Kelly – ohne sie wäre die Zukunft von Escape the City nicht so vielversprechend.

Ein dicker Dank geht an Phil Bolton, Mark Stevenson, Rob Archer, Al Humphreys, Usha Suryanarayan und Soul Patel, die mit ihren Ideen und ihrer Zeit ganz wesentlich zum Gelingen dieses Buches beigetragen haben.

Und an jene, die uns mit Zweifeln begegnen – danke für die zusätzliche Motivation!

Das Leben kann sich auch ganz anders anfühlen, als man Ihnen erzählt hat. Je mehr Menschen es gibt, die aufwachen und erkennen, dass sie mehr Freiheiten haben, als ihnen bislang bewusst war, desto besser. Die Zukunft gehört denen, die den Mut haben, immer weiterzumachen, und die stur genug sind, sich nicht mit weniger zufriedenzugeben.

Leserstimmen: Was andere über das Buch sagen

»*Das Escape-Manifest* ist eine wunderbare Quelle für jeden, der die Welt der Großfirmen hinter sich lassen und sich eine Tätigkeit suchen will, die ihn wirklich anspricht. Von den Warums über das Was bis zum Wie hilft diese Anleitung, den Absprung ein für alle Mal zu wagen.«
Alexis Grant, Wirtschaftsautor und *Brazen-Life*-Herausgeber

»Nicht nur bietet *Das Escape-Manifest* eine grundlegende Schritt-für-Schritt-Anleitung für den Ausstieg aus der Unternehmenswelt und den Wechsel zu einer sinnerfüllteren beruflichen Tätigkeit, sondern es zeigt Ihnen auch, dass Sie mit Ihrer Suche nach einem erfüllteren Leben nicht allein sind und dass die Ängste, mit denen Sie möglicherweise zu kämpfen haben, natürlich und symptomatisch für die Gesellschaft sind, in der wir leben. *Das Escape-Manifest* ist Pflichtlektüre für jeden, der in seiner Bürozelle sitzt und davon träumt, was es wohl sonst noch im Leben gibt.«
Chris Mooney, Ex-IBM, Ex-Citigroup

»Die meisten Menschen wissen nicht, warum sie tun, was sie tun. Sie machen es anderen nach, schwimmen mit dem Strom und folgen vorhandenen Pfaden, ohne selbst welche zu legen. Diese Jungs haben es begriffen – und deshalb braucht die Welt *Das Escape-Manifest*.«
Derek Sivers, Gründer von CD Baby und Verfasser von *Anything You Want*

»Ich betrachte Mikey, Rob und Dom als verlässliche Partner und Mitwirkende in unserem gemeinsamen Bestreben, Großfirmenangestellten, die aussteigen und etwas Eigenes aufziehen wollen, einen klaren, sicheren und gangbaren Weg aufzuzeigen. Ihre Ratschläge sind solide, und ihre Erfahrung basiert auf echtem Erfolgen. Kaufen Sie das Buch!«
Pamela Slim, Verfasserin von *Escape from Cubicle Nation*

»*Das Escape-Manifest* liefert praktische und zuverlässige Ratschläge, wie wir uns mit der Vorstellung vertraut machen, dass unser Arbeitsleben sehr viel erfüllender sein könnte. Wenn Sie das Gefühl haben, hilflos auf der Stelle zu treten, sollten Sie sich zuerst einmal auf eines konzentrieren – lesen Sie dieses Buch. Jeder hat die Freiheit,

sich eine Arbeit zu suchen, die ihm Erfüllung bringt; Rob, Dom und Mikey weisen uns dankenswerterweise den Weg.«
Julie Clow, Verfasserin von *The Work Revolution*

»*Das Escape-Manifest* ist eine an alle nicht ausgefüllten Großfirmen-Drohnen gerichtete Handlungsaufforderung – öffnet eure Augen für das Universum der Möglichkeiten, nehmt euren Mut zusammen und wagt den beherzten Sprung ins Unbekannte. Ihr werdet es nicht bereuen!«
Guy Livingstone, Mitbegründer und Präsident von Tough Mudder

»*Das Escape-Manifest* ist jene Extraermunterung, die die meisten von uns brauchen, um aus unseren traditionellen Denkmustern auszubrechen und in Beruf, Beziehungen und Leben die Erfüllung zu finden, die wir uns wünschen.«
Rachael Chong, Gründerin von Catchafire

»Tun Sie, was diese Jungs sagen, und machen Sie es ihnen nach. Denn sie haben den Schlüssel zu den Ketten, die uns an unsere Tische fesseln. Es ist Zeit, dass wir ausbrechen.«
Jeff Jarvis, Verfasser von *Was würde Google tun?*

»In einer Welt voller Konformisten braucht es Organisationen, die bereit sind, Dinge anders zu machen. Wie viele andere Start-ups würden Risikokapital ablehnen, um stattdessen 600 000 britische Pfund von ihren eigenen Mitgliedern einzuwerben? Ein wichtiges Buch für alle, die bereit sind, der Tretmühle den Rücken zu kehren.«
Darren Westlake, Crowdcube

»Unser Verstand kann zu unserem schlimmsten Feind werden, wenn es darum geht, große Lebensentscheidungen zu treffen. Vor allem dürfen wir nicht vergessen: Wir sind nicht dazu da, ›uns selbst zu finden‹ ... vielmehr erschaffen wir uns im Handeln neu. *Das Escape-Manifest* gemahnt uns in eindrucksvoller Weise daran, die Initiative zu ergreifen und die Entscheidung nicht länger aufzuschieben. Tun Sie etwas. Lesen Sie als Erstes dieses Buch. Aber gehen Sie anschließend los, und verändern Sie Ihr Leben, indem Sie etwas Neues tun!«
Rob Archer, Gründer von The Career Psychologist

»So viele von uns folgen konventionellen Karrierepfaden, ohne sich mögliche Alternativen bewusst zu machen. Es ist so einfach, sich vom linearen Aufstiegsstreben gefangen nehmen zu lassen. Lesen Sie dieses Buch, planen Sie Ihre Verwandlung und gönnen Sie sich eine positive Veränderung. Oder lassen Sie es bleiben, und denken Sie noch in zehn Jahren darüber nach, was ›wäre, wenn ...‹!«

Frank Yeung, Ex-Investmentbanker, Gründer von Poncho No. 8

»*Das Escape-Manifest* lässt Rechtfertigungen, warum Sie die Veränderung des Status quo in Ihrem Berufsalltag nicht umsetzen, auf wundersame Weise verschwinden. Seien Sie gewarnt, dass Unerwartetes geschieht, sobald Sie dieses Buch lesen. Ich habe übrigens auf der Gründungsparty von Escape the City meine Frau kennengelernt. Diese Jungs wissen auf alles eine Antwort.«

Ben Keene, Sozialunternehmer, Gründer von Tribewanted

»Die Welt ist voller potenziell brillanter Menschen, die ein mittelmäßiges Leben führen; jedem, der behauptet, das müsse so sein, sollte man dieses Buch rechts und links um die Ohren hauen.«

Dave Cornthwaite, Abenteurer

»Das ist eine fantastische Quelle für jeden, der der Tretmühle entfliehen und sein Leben im großen Stil verändern will. Es tut gut, ein Buch zu lesen, das bodenständig ist, eine einfache Orientierung ermöglicht und nicht predigt. Es wird sich als der Katalysator herausstellen, den so viele Menschen benötigen, um den entscheidenden ersten Schritt zu tun.«

Sarah Outen, Extremruderin, Abenteurerin

»Im höchsten Maße anregend. Ein revolutionäres Handbuch für die unerfüllten Beschäftigten dieser Welt.«

Roman Krznaric, Verfasser von *Wie man die richtige Arbeit für sich findet* und Mitbegründer von The School of Life

»Menschen sagen häufig zu mir: ›Ich wünschte, ich könnte tun, was du tust.‹ Die korrekte Antwort lautet natürlich: Sie können es. Sie denken bloß nicht, dass sie es können. Hier ist ein Buch, dessen Ziel es ist, diesen Wunsch Realität werden zu lassen.«
Alastair Humphreys, Abenteurer, Buchautor und Vortragsredner

»In Wahrheit lehrte uns Darwin, dass nicht die Besten, sondern die Angepasstesten überleben. Mit dem Ende des Industrialismus erkennen immer mehr Menschen, dass die alten Schubladen nicht länger gelten, weder die emotionalen noch die ökonomischen. Das Escape-the-City-Team hat die Spezialmischung destilliert, die jenen hilft, die sich nicht durch das definieren lassen wollen, was sie besitzen, sondern durch das, was sie erschaffen, um ein Leben der Leidenschaft und Authentizität zu führen und (ganz wichtig) dabei viel Spaß zu haben. Reiten Sie auf der Welle. Escape the City.«
Mark Stevenson, Gründer von The League of Pragmatic Optimists, Verfasser von
Morgen ist heute gestern

»Hätte ich dieses Buch schon vor Jahren gelesen, hätte ich mir damit viele ratlose Stunden und Kopfschmerzen erspart. Rob und Dom verfolgen einen klaren Ansatz, der auf ihren eigenen Ausstiegserfahrungen und denen Tausender anderer basiert, denen sie geholfen haben, das Laufband zu verlassen. Wenn Sie plötzlich in einem Job aufwachen, von dem Sie nicht sicher sind, ob es der richtige für Sie ist, sollten Sie schleunigst dieses Buch lesen.«
Tom Rippin, Gründer von On Purpose (Ex-McKinsey)

Register

Abenteuer 71, 85, 136, 143, 175, 184, 207 ff., 289
Abenteuerbudget 216
Alkohol 47, 216
Allmähliche Offenbarungen 82 ff., 110
Ängste 17, 73, 128, 149 f., 166, 262 ff., 274, 280
Arbeiten von unterwegs aus 222
Aufregende Jobs 60, 179, 205, 289
Ausbildung 16, 20, 44, 51, 90, 119, 233
Ausstiegsannahme 163, 165, 236
Ausstiegsbudget 113, 129, 134 f., 150, 170, 238
Ausstiegsexperimente 156
Ausstiegsfaktoren 184
Auszeit 150, 207, 220
Autonomie 34 ff., 44, 99, 261

Bedeutung 246
Bedürfnispyramide 79, 118
Bedürfnisse 123
Belohnung 120, 265
Bequemlichkeit 71, 91, 183, 280
Bequemlichkeitszone 207
Bergmetapher 271
Bewerbung 164, 196 ff.
Bewerbungsgespräch 44, 179, 196, 202 ff.
Beziehungen 60, 193 ff.
Bildung 16, 20, 44, 90, 119, 233
Blender-Syndrom 62
Blockaden 53, 67 ff., 81, 149
Blog 154, 156, 194
Burn-out 254, 272
Business Angel 242 ff.

Checkliste 165, 170
Crowdfunding 240 ff.

Denkweisen 82, 261, 278
Depression 13, 47, 122

Disziplin 48, 114, 135
Dopamin 120
Drei-Konten-Sparsystem 135

E-Mail 252, 254
Emotionale Bedürfnisse 120
Empfehlung 164, 244
Energie 77
Entscheidungen 25, 45, 65, 73, 75 ff., 144, 146 ff., 179, 250, 261, 268
Entscheidungskriterien 76, 82, 112, 163, 179, 184 ff.
Entschlossenheit 103 f., 205, 230, 271, 276
Erfahrungsvermeidung 73
Erfolg 18, 26, 31 f., 48 f., 95, 99, 104, 112, 174, 230, 243, 248, 253, 266, 276
Erfolgsdefinition 18, 26, 48 f., 243, 248 f., 267
Erfolgskriterien 49, 248
Erlebnishorizont 211
Evolution 110, 146 ff., 174
Exotische Orte 184
Experimentieren 146 ff., 153, 157, 185, 278

Fähigkeiten 16, 35, 53, 62, 154, 179, 187, 189 ff., 233, 236, 255, 267
Familie 70, 87, 99, 165, 172, 240, 274
Feedly-Account 154 f.
Finanzen 78, 112 ff., 127 ff., 238 ff.
Flow-Konzept 187
Fördermittel 240
Freelancetätigkeit 137, 182, 253
Freiheit 36, 44, 89, 133, 141, 207, 248 f.
Freiwillig arbeiten 221
Freunde 70, 83, 87, 145, 172, 185, 194, 240, 259, 274
Frust 34, 153, 232 f.

Gedanken 53, 55 ff., 81
Gefahr 17, 150
Geschäftsmodell 131, 153, 185, 228, 232, 235 f.
Geschäftsplan 18, 202, 236
Geschichten 73, 196, 258
Gespräche 157, 193, 195, 260
Gesundheit 37, 47, 254
Gleichgesinnte 166, 269
Glück 118 ff.
Goldene Handschellen 116
Grundbedürfnisse 79, 112, 118, 122 f., 144
Gründerzentrum 240
Gute Geschichten 196, 213, 246

Halbbewusste Entscheidungen 45
Hedonistische Tretmühle 120
Hypothek 65, 134, 141

Ideen 17, 87, 153, 161, 232, 235, 240, 246
Innere Blockade 73, 112
Inspiration 28, 174, 200, 278
Institutionelles Scheitern 40

Jobsuche 179 ff., 198, 257 f., 266

Kapital 141, 239
Karriereoffenbarungen 97 ff.
Karrieretipps 51, 95
Kleine Schritte 16, 108, 123, 146, 149, 161
Komplizen 166
Konsum 47, 120, 187
Konsumspirale 47, 120, 125
Kosten 113, 128, 131, 133, 135, 251
Kreativität 19, 28, 38, 76, 137, 184, 200, 239
Kredit 112, 239
Kreditkarte 135, 140
Kreislauf von Analyse und Lähmung 17, 75
Kritik 253, 274
Kündigung 53, 56, 129, 155, 159, 170

Laufband 25 ff., 52, 68, 82, 91
Lean-Start-up-Methode 164 f., 236
Lebenshaltungskosten 113, 131
Lebenslauf 19, 59, 191, 197, 198
Lebensoffenbarungen 84 ff.
Lebensstandard 70, 112, 221 f.
Leidenschaft 18, 45, 64, 71, 75, 96, 179, 187 f., 261
Leidenschaftshypothese Siehe Verfolgen der eigenen Leidenschaft
Lernen 146, 153, 157, 174, 185, 191, 278
LinkedIn 49, 164, 193, 197, 244
Loyalität 151
Lücke 113, 123, 129 f., 239

Marken 184, 235, 240
Marketing 235, 246
Matrix 209
Maximierer 49
Meisterschaft 34 ff., 188
Mikroabenteuer 226
Minigemeinschaft 156
Misserfolg 104, 255
Mundpropaganda 246
Mut 12, 53, 67, 103, 150, 165, 175, 227, 272, 276

Nachruf 94, 146
Netzwerk 60, 146, 153, 155, 182, 193 f., 235, 244
Neue Jobs 179 ff., 205
Neugier 17, 276
Normen 266

Offenbarungen 82 ff.
Onlinepräsenz 194, 196 f.

Partnerschaft 236, 239
Persönliche Finanzen 125, 128, 141
Planlosigkeit 215
Planung 114, 125, 215
Positiver Einfluss auf die Gesellschaft 184
Prinzipien 18, 65, 82, 174, 179, 184, 268 ff.

Private Gelder 218
Problemlösung 18, 165, 232 f., 246, 248, 255

Qualifikationen 16, 19, 100 f., 189

Rechtfertigungen 64, 183
Rente 41, 57, 141
Reue 86 f., 264
Revolution 110, 146 ff., 174
Risiken 17, 78, 89, 113, 116, 149, 164 f., 228, 257, 282
Risikoaversion 75
Risikokapital 242 ff., 248
Risikoverständnis 168
»Ruf« 87

Scheitern 20, 59, 70, 79, 114, 150, 172, 189, 228
Schulden 16, 100, 116, 125, 128, 140
Schwache Verbindungen 193
Selbstfindung 29
Selbstfindungsratschläge 95
Selbstschutz 73, 252
Sicherheit 52, 57, 64, 79, 112, 124, 136, 144, 149, 172, 182, 229, 266
Sinn 29, 34 ff., 52, 79, 99, 261, 268
Sinnquellen 99
Soziale Unternehmen 51, 191, 194, 255
Sparen 135 f., 150, 216, 238
Sponsoren 217
Spuren 268
Stabilität 79, 167, 172
Stärken 179, 185
Start-up-Finanzierung 238 ff.
Steuern 128

Teilzeitbeschäftigung 129, 137
Testphase 163 f.
Todesuhr 264
Tragödien 92
Tretmühle 95, 120, 226, 257, 276

Überfliegerfalle 47
Übergang 17, 123, 129, 146 ff., 185, 189, 258
Übertragbare Fähigkeiten 53, 62
Unsicherheit 19, 73, 189, 237, 258, 277
Unternehmensgründung 18, 59, 228 ff., 255, 289
Unternehmerischer Ansatz 184
Unterstützung 165, 172, 240, 275
Unvorteilhafte Gedanken *Siehe* Gedanken
Unzufriedenheit 13, 47, 49, 65, 75, 79, 92, 116, 122

Veränderung 15, 18, 38, 65, 90, 92, 104, 144, 157, 159, 173, 181, 274, 278
Verbindlichkeiten 125, 128, 131, 140 f.
Verbreitete Blockaden *Siehe* Blockaden
Verfolgen der eigenen Leidenschaft 18, 179, 187
Verleihen 138
Verlustaversion 104
Vermögen 125, 128, 131, 141
Vertrauen 194, 197 f., 260
Verunsicherung 73
Vision 163, 184, 243

Warten 18, 64, 82, 235, 250, 265
Weiterbildung 100 f., 143, 189 f.
Werte 42, 49, 74, 82, 96, 106, 112, 118, 136, 143, 182, 185 f., 211
Widerstand 149
Wissen 16 f., 68, 143, 190
Wohltätigkeit 136, 151, 156
Wünsche 50, 76, 95, 99, 112, 118, 121 ff., 144, 196, 266

Zeitpunkt 64, 110, 129, 149
Ziele 50, 73, 99, 123, 129, 163, 202, 253, 274, 276
Zufallskandidaten 46
Zuhören 153
Zweifel 165, 280, 305
Zyniker 172, 274